欢乐数学营

[澳]
亚当·斯宾塞
（Adam Spencer）
著

徐嘉莹 傅煜铭
译

数学
时光机
跨越千万年的故事

Time
Machine

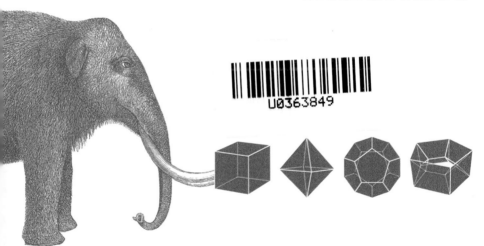

U0363849

人民邮电出版社
北京

图书在版编目（ＣＩＰ）数据

数学时光机：跨越千万年的故事 / （澳）亚当·斯宾塞（Adam Spencer）著；徐嘉莹，傅煜铭译. -- 北京：人民邮电出版社，2020.12（2023.3重印）
（欢乐数学营）
ISBN 978-7-115-54171-0

Ⅰ. ①数… Ⅱ. ①亚… ②徐… ③傅… Ⅲ. ①数学史－青少年读物 Ⅳ. ①011-49

中国版本图书馆CIP数据核字(2020)第093569号

◆ 著　　　　[澳]亚当·斯宾塞（Adam Spencer）
　　译　　　　徐嘉莹　傅煜铭
　　责任编辑　李　宁
　　责任印制　陈　犇
◆ 人民邮电出版社出版发行　　北京市丰台区成寿寺路 11 号
　　邮编　100164　电子邮件　315@ptpress.com.cn
　　网址　https://www.ptpress.com.cn
　　北京九州迅驰传媒文化有限公司印刷
◆ 开本：880×1230　1/32
　　印张：13.625　　　　　　2020 年 12 月第 1 版
　　字数：320 千字　　　　　2023 年 3 月北京第 2 次印刷
　　著作权合同登记号　图字：01-2018-4178 号
定价：88.00 元
读者服务热线：(010)81055410　印装质量热线：(010)81055316
反盗版热线：(010)81055315
广告经营许可证：京东市监广登字 20170147 号

内容提要

在人类社会短暂而又漫长的发展进程中，数学无疑占有很重要的地位，它对我们的生产和生活都产生了重大影响。而数学也不是从来就有的，它一开始以简单的数学记号的形式出现在骨器上，之后经过数万年的发展，才有了我们如今看到的一套比较完整的数学知识体系。本书选取了数学发展史上许多重要的成就和非常有趣的历史故事，按照古代世界、中世纪、文艺复兴时期、启蒙运动时期、工业革命时期、20世纪和现在的时间顺序，为读者描绘了一幅光辉灿烂的"数学美景"。人们从中不仅可以领略数学之美，做一些烧脑的数学题目，还可以看到社会发展过程中那些有趣的人文故事。

本书适合对数学或历史人文故事感兴趣的读者。

目　录

正在读这本书或将要读这本书的读者朋友们：

你们好！欢迎进入时光机！

在这本书中，你将通过人类数学思想和智慧的历史，踏上一段狂野而包罗万象的旅程。从迄今为止发现最早的骨器（可能是某种计数器）到 2016 年使用超级计算机做出的数学证明（读完这个证明过程需要 100 多亿年），这本书让我们在各个历史关键点停下来，环顾四周，说："数学可真酷！"

这本书是我个人对于历史的看法，而绝不是所有重大事件的百科知识，也不是所有重要成就的完整清单。请不要误解我，尽管书中涵盖了许多令人印象深刻的内容：防腐的法老、登陆月球、发现引力波、悉尼天鹅队赢得 2005 年澳大利亚澳式足球联盟联赛冠军……但是如果你认为人类做的另外一些事情也真的很酷，这些事却没有被写在这本书中，那么我必须承认这些事确实也很酷，只是我没有把它们放进来！请给我写信，让我知道这些事。

这本书其实是一本合二为一的书，非常物有所值！页面上方是正文，内容包括科学和技术史上的伟大时刻、烧脑的数学问题以及各种奇异又美妙的事物。贯穿页面下方的内容根据文明的发展形成一条简洁的时间线，并且突出展示了著名的（以及一些不甚著名的）人物、事件、纪念日和有趣的测验。你会注意到页面下方的内容并不总是与上方的故事同步，不要对此感到奇怪，把页面下方的内容当成额外赠送的故事或者隐藏"曲目"就好了。你可以把页面下方的时间线从第一页一直读到最后，也可以随机阅读，这完全取决于你。你只需要让它带你前行，并且享受这趟旅程！

这本书得以完成有赖于许多人的帮助。感谢杰出的研究和校对团队：亚历克斯·唐尼、安德鲁·唐尼、利亚姆·斯嘉丽、凯文·勒、朱利安·英格姆、西奥多·范·亚尼姆、撒克逊·华莱士·奈特、神奇的双胞胎吉姆和利奥·卡尔顿（他们仅有 12 岁，但是具有一种人类最伟大的品质——诚实直率）、美丽的凯特·休森、超级极客[1]加雷斯·怀特；还有极为细致的肖恩·加德纳，如果不是受到了数学世界的召唤，那么他将跻身于全世界最出色的校对者之列；鲁本·米尔曼，他解释复杂知识的能力堪称卓越。感谢 Xoum 出版公司的罗德、乔恩、罗伊和爱丽丝所做的工作，并对艾莉和奥利维亚等人致谢！

和以往一样，我很想听到你们的想法，告诉我你们读完这本书后的感受、想对这本书做的改动、想提出的问题或者想要指出的错误，请发送电子邮件到 book@adamspencer.com.au 和我取得联系。

让自己开始变得极客吧！

亚当

---

[1] 极客是英语单词 geek 的音译，这里指对某一方面具有狂热兴趣，并且投入大量时间钻研的人。

你准备好了吗？
让我们跳进时光
机吧！

让我们回到很久很久很久很久很久以前

现在就设定好时光机,回到科学和数学的起源吧!

你肯定很想回到宇宙大爆炸那么遥远的时候,但那应该会需要另一本书和另一台时光机了。不过我们这台时光机也真的很棒,只是我们需要对它进行一些"升级",并且要有更多的篇幅才能回到很久以前。

现在时光机调试好了,请坐稳,让我们开始这趟旅程吧!

不要调整你的书！

好吧好吧，我要先告诉你关于宇宙大爆炸的一个很酷的事实。

你知道吗？在电视机没有接入电视信号的时候，你会从电视屏幕上看到雪花状的由白噪声产生的图像。事实上，你接收到了一部分来自宇宙大爆炸时的信号。没错，这种白噪声的一小部分其实是百亿年前那场定义宇宙存在的大爆炸遗留下来的宇宙辐射。也许有人会说，这个信号比调试好电视机后看到的99%的电视节目都更有趣！

让我们从头开始……嗯

上面这句话看似简单又合理，但事实并非如此。这是怎么回事呢？

　　究竟谁是最早使用"数学"的人类？这个问题的答案存在很多争议。许多历史学家认为，在非洲发现的那些距今 35000 年至 20000 年的骨器上的数学记号展现了人类中最早的智者所做的杰出工作。不过，这个观点仍然因为两方面的原因而被质疑。首先，由于我们发现的许多骨器都受到了破坏或者有缺损，因此对于它们的用途我们并不绝对清楚。其次，有些物件的年代难以被测定，因为它们并没有附带明确的时间戳，或者类似于商店里退换货所用的小票那样的凭证。

　　我要向喜爱莱邦博骨（在南非和斯威士兰之间发现的一块 44000 年前的狒狒腓骨，它可能是非洲妇女用来标示其生育能力的阴历）的读者们和喜爱 30000 年前的捷克斯洛伐克狼骨以及其他各种骨器（包括发现于纳米比亚的距今 80000 年的骨器）的读者们道歉，接下来我要讲的不是它们，而是伊尚戈骨。

公元前 1000 万年—公元前 400 万年

　　在一本关于人类历史的书中，我们可以将时间追溯到人类的基因谱系和现在的近亲黑猩猩第一次发生分化的时候。分化发生的具体时间到目前为止我们还不清楚，这丝毫不令人惊讶。

　　南方古猿最早出现在大约 400 万年前，它可能是我们的祖先中第一个毫无争议地与黑猩猩产生分化的物种，它也是我们的祖先中最早的两足动物。

　　有些人说，在物种和亚种之间有很多杂交繁殖的情况下，这种分化是在很长一段时间内发生的，这个过程可能早在 1000 万年前就开始了！

伊尚戈骨也是由一块狒狒腓骨制成的（这样做在当时显然很流行），人们于 1960 年在当时的比属刚果[1]发现了它。它可能是古代的一种"计数棒"。骨器的顶端有一块可能被用于书写的石英，而骨器本身更令我们的数学极客们激动不已。为什么？因为它包含了 3 组刻痕。在其中一组中，我们看到 3 条刻痕紧挨着它的两倍，也就是 6 条刻痕。与之类似，有 4 条刻痕也与它的两倍——8 条刻痕相邻，还有 5 条和 10 条刻痕相邻。此外，还有一组刻痕的数量全部是质数，

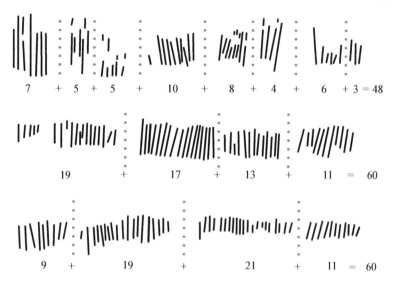

7 + 5 + 5 + 10 + 8 + 4 + 6 + 3 = 48

19 + 17 + 13 + 11 = 60

9 + 19 + 21 + 11 = 60

[1] 今刚果民主共和国，1908—1960 年比利时对刚果殖民统治时期对刚果的称呼。

公元前 190 万年

直立人（即能够直立行走的人）大约在 190 万年前开始出现。

他们的脑容量大约是早期能人脑容量的两倍。

直立人是第一批离开非洲并到达欧洲和亚洲的人类祖先。留在非洲的直立人最终成为智人。

而另一组每一部分的刻痕数量都和 10 的倍数相差 1。

我相信这些标记一定是具有数学意义的。我要向我们的祖先脱帽致敬，因为他们在如此早的历史时期就取得了这些成就。

当然，伊尚戈骨还存在其他解释：有些人认为这些标记代表了月相和季节的变化，这对于管理农事是必要的。

其他人还指出，这些标记仅仅是一个"把手"上的刻痕，为的是方便使用者更好地抓握用具！（恕我直言，这种解释是让人难以接受的。）现在你明白我说的"存在诸多争议"是怎么回事了吧。

尽管伊尚戈骨可能并没有显示出复杂的数学知识（专家们的共识是，这些标记仅仅是当时存在一种基本计数方式的证据），但它确实表明，远古文明理解了数量的概念，并且他们还可能意识到了标示出时间流逝的重要性。

如果你问我，我想说这对于史前的狒狒腓骨来说，是一个不错的作品。

对了，我还想告诉你，你可以在比利时布鲁塞尔的比利时皇家自然科学研究所的第 19 层找到伊尚戈骨。19 有什么特别之处吗？它是质数！

公元前 30 万年

和很多人类史前的故事一样，人们还不清楚烹饪食物是从什么时候开始的。考古证据表明，人类第一次有控制地使用火大约始于 40 万年前。

已知的最古老的灶台是在以色列的一个石灰岩洞穴中发现的，这个灶台可以追溯到公元前 30 万年左右。

给我你的"消息棒"

和制作出伊尚戈骨的那些聪明绝顶的家伙同一时期的澳大利亚原住民正在发展自己独特而复杂的数字排序体系。

你是否知道,澳大利亚原住民在数学和天文学领域有着长达数万年丰富而又精彩的历史?这是真的。这些知识在当时的社会中十分重要,因为它们会影响法律的制定、航海以及狩猎等,涉及生活的方方面面。

让我们再往前追溯一些。两万年前,居住在这片广阔大陆上的人们所面临的最重大的挑战之一却只是简单的沟通问题。在当时的澳大利亚,600多个不同的部落使用着多达250种原住民语言和600种方言!想想我们掌握的语言数量,如果你和我一样,那么也就只能够熟练掌握一两门语言(有时候我使用一门语言都有些费力)。现在在澳大利亚各地,大多数人都会说英语,只是不同地区的人的口音和语调有细微变化而已,比如德文波特市讲英语的人能够与达尔文市讲英语的人交流(除非他们在周六的晚上喝了太多雪碧)。但是,当我们面对250种不同的原住民语言和600种方言时,又该

公元前 20 万年—公元前 10 万年

关于现代人类的起源有几个不同的理论,但最近的(也是最广为接受的)理论通常被称为源出非洲模型。

这个最初的想法实际上源于1871年,查尔斯·达尔文在他的著作《人类的由来》中假设人类有一个共同的起源。20世纪80年代的DNA研究成果证实了他的观点。如今,我们认为解剖学上的现代人(或智人)大约在公元前20万年到公元前10万年之间起源于非洲。

如何向另一个群体或部落传达信息？不要说什么翻译软件，当时它们都还不存在呢。

这些原住民传达信息的一种方法是使用"消息棒"。我在这里使用的是英语中的现在时，因为目前在澳大利亚的某些地方，消息棒仍然存在。

传统的消息棒由木头制成，体积小到可以手持。在每根棒子上刻有不同的通用符号，这些符号有些刻得非常整齐，而有些则像是匆匆而成的。但无论形式如何，这些符号都包含某一部落特有的信息，以及供其他部落识别出消息棒的携带者与其部落关系的信息。

从某种意义上说，消息棒有点像护照——这些符号解释了你是谁、你来自哪里，有时候还记录了你要做什么。携带消息棒意味着你可以远距离旅行，即使进入不友好的部落的领地也不会受到攻击。消息棒还传达了其他重要信息，例如婚讯丧报、交易请求或是即将举行的歌舞会的通知。

当一个携带消息棒的人到达另一个部落的领地的边界时，他会发出一个烟雾信号，然后向所有来见他的人展示自己携带的消息棒。

公元前 5.5 万年

澳大利亚原住民已经在澳大利亚生活了很长一段时间，尽管很难确切地知道到底有多长时间。一些有争议的证据表明，他们可能早在 10 万年前就来到这里了。

更广为接受的说法是，他们大约在公元前 8 万年到公元前 4 万年间出现。Madjedbebe 岩厦遗址（旧称 Malakunanja Ⅱ）位于澳大利亚北领地内陆约 50 千米处，通常被认为是已知最古老的人类定居点，可追溯到公元前 5.5 万年左右（译者注：2017 年的最新研究结果为公元前 6.5 万年左右）。

如果一切都井然有序，那么他会被护送回去与部落的长老见面以便完整地传递他的信息，也许还会坐下来吃点东西。当然，不是每个部落都使用消息棒，时不时也会有误会发生。这当然是人性造成的。

原住民也"追星"

有趣的是，消息棒通常也包含数字——用于计算和辨别时间的数字系统（联系前面我们谈到的内容，这是非常了不起的）。

1889 年，人类学家、博物学家阿尔弗雷德·霍维特有力地反驳了澳大利亚原住民不能对 3 以上的数进行计算的理论。在探索澳大利亚大陆东南部靠近维多利亚州的时候，霍维特发现他见到的大部分部落都给 3 以上的数起了很多名字，这些名字通常基于人的身体部位，下一页中由乌伦杰里人建立的计数体系就是一个例子。

这个计数体系中的数字远远超过了 3，甚至超过了表中展示的16。霍维特发现，从"头顶"开始，计数沿着身体另一侧的相同位置由上往下依次增大，从而为枚举提供了相当大的空间。换句话说，你至少可以用这个计数体系数到 31。

公元前 1 万年

自从人类存在以来，我们就一直在研究用奇异而又可怕的方式来伤害和杀害彼此。2016 年，一名新西兰学生提出了一个关于活人祭祀在决定现代社会结构中的作用的理论。

奥克兰大学的约瑟夫·沃茨研究了亚洲、非洲和大洋洲 93 种不同的文化。他认为，直到公元前 1 万年左右，人类都生活在狩猎采集群体中，在这个群体中基本上是人人平等的。但在公元前 1 万年时，情况发生了变化，人类社会中出现了阶级或等级制度。而活人献祭活动可能是形成阶级的关键。

数字	原住民语名称	字面意思	对应的身体部位
1	Būbūpi-mŭringya	手的小孩	小指
2	Būláto-rável	略大一点	无名指
3	Būláto	更大	中指
4	Urnŭng-mélŭk	Urnŭng：方向；Mélŭk：在一些桉树的树干中发现的害虫幼虫	食指
5	Babŭngyi-mŭringya	手的母亲	朝上的拇指
6	Krauel	手腕	手腕
7	Ngŭrŭmbul	叉子	桡骨肌肌腱的发散处（大致是戴手表的地方）
8	Jerauabil	桡骨肌肉饱满处	桡骨肌肉饱满处
9	Thánbŭr	一个圆的地方	肘关节内侧
10	Berbert	环尾负鼠，或是用负鼠的毛皮制成的臂章	肱二头肌
11	Wūling	肩	肩
12	Krakerap	袋子的位置，或袋子悬挂的位置	锁骨
13	Gürnbert	芦苇项链，或者佩戴项链的地方	颈部
14	Kŭrnagor	山丘、山脊的顶点或末端	耳垂
15	Ngárabŭl	山丘的一段或山脊	头部的侧面
16	Bŭndale	切割处，即丧事上哀悼者剪掉自己头发的位置[这个词源自"bundaga"（剪、切）]	头顶

公元前 8000 年—公元前 5000 年

利用基因检测技术，现在的秘鲁南部和玻利维亚西北部地区被确定为土豆的单一起源地。人们认为该地区的人在公元前6000年左右驯化了这种不起眼的薯类。

然而，直到500年前，土豆才被传入安第斯山脉以外的地区。从那以后，土豆的产量迅速攀升。世界上产量较大的农作物还有甘蔗、小麦、玉米、水稻等。

现在大约有5000种不同种类的土豆，其中大多数都是在安第斯山脉发现的。

另一个名叫威廉·斯坦布里奇的家伙在 19 世纪 40 年代与维多利亚州西北部的博荣人交朋友，研究他们的习俗和消息棒，并记录了一个更为先进的领域：天文学。

自古以来，世界各地的人类都会仰望星空并对星星感到好奇。澳大利亚原住民亦是如此。那时没有路灯的干扰（或写字楼的光污染），夜空的景象一定很壮观！一些原住民使用星星来制定他们的历法。在澳大利亚的北领地中，某些部落有复杂的 6 - 季节历法——通过特定恒星的出现来标记时间，而其他部落则为星星赋予了宗教或神话含义。

雍古部落有一个著名的传说。温暖了大地的太阳是"女人"，而月亮曾经是一个年轻苗条的"男人"（即蛾眉月），但后来它变得又胖又懒惰（即满月）。这个"男人"因违反了法律遭到袭击而死，于是天空中产生了新的月亮。3 天后，它又重新出现在天空中开始重复这个循环，直到今天仍在继续。北领地的库威玛部落认为，这个"男人"吞噬了所有违反部落法律者的灵魂，所以会在每个满月时变胖。

有些部落认为，当猎户座在初冬的早晨出现时野狗会生下小狗；而其他部落认为，天蝎座的出现意味着来自今印度尼西亚的望加锡渔民即将抵达。这些天文学知识发展了数千年，反映了各原住民民族丰富多样的文化。

这些原住民被称为"世界上第一批天文学家"，他们比古希腊

测验

这是一个来自公元前 4000 年左右的苏美尔人的谜语："有一座房子，人进去的时候是眼盲的，出来的时候是眼明的。这是什么地方？"

答案在本书的最后。

公元前 3000 年

已知最古老的骰子来自伊朗东南部的"被焚之城"。

这个城市因被烧毁了 3 次而得名。在最古老的骰子旁边放着迄今为止发现的最古老的双陆棋棋盘。

这样设置很方便，因为如果没有骰子，双陆棋玩起来会有点"慢"。

人提前几千年使用数字巧妙地绘制和解释了天体，这可谓一个惊人的成就。

当你身处丛林之中，远离了大城市的明亮灯光时，可以看看是否能在夜空中发现一只"鸸鹋"（澳大利亚的一种鸟），它伸展的身体像极了银河系的形状。你能在上面的图片中找到它吗？也许下页的提示会对你有所帮助……

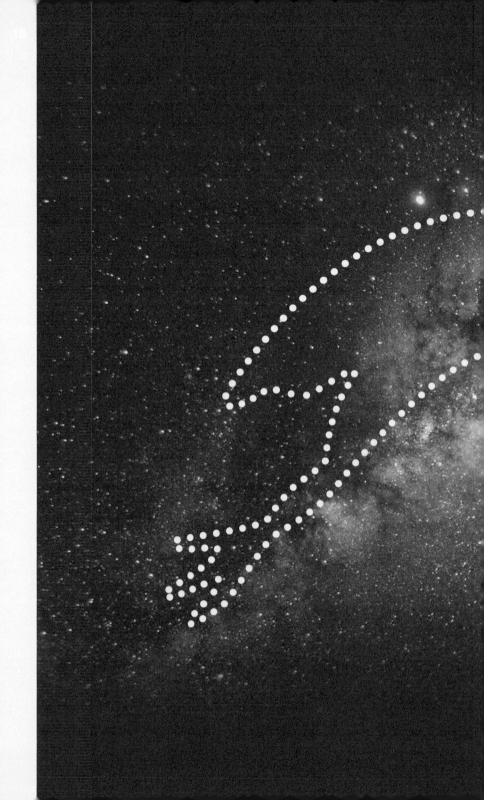

在智利北部海拔5000米的安第斯山脉拍摄的银河系。

图片：瑟奇·布吕尼耶拍摄（美国航空航天局提供）。

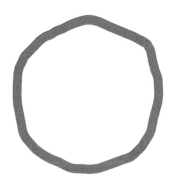

这是一个圆吗？

大约在 5000 年前，轮子首次出现在美索不达米亚。我敢肯定，这些轮子中有的边缘有些粗糙，就像上面这个形状一样。那么我想问问你："这个形状是'圆'吗？"

根据昆士兰大学研究员泰勒·冲本和他的同事德娜·格罗梅特的说法，如果你回答"我认为它相当接近于圆"，那么你更有可能支持政府为无家可归者和失业者提供援助这一类的政策。但是，如果有些人看到这张图并表示"不，这压根儿就不是一个圆"，那么他们更倾向于在政治上比较保守。

这样一个形状还真是有很多可以研究的呢！

测验

我最喜欢的一个圆是……比萨。不需要计算，猜一猜下面的问题。

如果有一个 18 英寸（1英寸 =25.4 毫米）的比萨，两个 12 英寸的比萨和 4 个 9 英寸的比萨，用哪一种大小的比萨才能给更多的人吃呢？答案在本书的最后。

公元前 2000 年

克里特岛的沃丰（希腊克里特岛的一个村庄）的橄榄树至少有 2000 年的历史——也有人说是 4000 年！2012 年，澳大利亚政府要求卷烟制造商使用纯色的包装销售产品，这在世界上尚属首次。这两件事之间的联系是什么？

在一项对吸烟者的调查中，受访者描述潘通色号448C 的颜色（即人们认为很丑的一种棕绿色）让人联想到"肮脏"和"死亡"。政府最初将这种颜色称为橄榄绿，直到澳大利亚橄榄种植者协会抱怨这种做法贬低了橄榄的价值，该颜色才改名。

地球上的树比银河系中的恒星还要多。

这是真的。地球上大约有 3 万亿棵树，而银河系中只有 1000 亿~ 4000 亿颗恒星。相比之下，树的数量确实是相当多了。但一个坏消息是，1.2 万年前（人类从事农业生产之前），地球上树木的数量比这个数字（3 万亿）的两倍还多。

图片：史蒂夫·尤尔韦松拍摄。

在古巴比伦的河畔

有一首歌和本节的标题同名——*BY THE RIVERS OF BABYLON*，你大概只能从出生于20世纪初的老人那里才能问到这首歌[2]。不过我想说的是，古巴比伦拥有卓越的文明。

　　古巴比伦城大约形成于公元前 23 世纪，位置在今伊拉克境内。古巴比伦最著名的统治者是富有魅力且时髦的汉谟拉比国王。古巴比伦王国在相当长的一段时间内统治着两河流域。然而，在汉谟拉比时代结束之后，王国很快便瓦解了。

　　古巴比伦人在艺术、建筑、文学和哲学等方面都占有绝对的地位。但是他们也很残暴：如果你胆敢违抗国王阿苏尔纳西尔帕的旨意，要么被剥皮，要么被活埋。我们是怎么知道这些的呢？阿苏尔纳西尔帕命令将一些叛乱者活埋进了由石头砌成的柱子中，还在外面刻上他们的罪状。很明显，老阿苏尔极为严苛。

---

[2]　歌曲 *By the rivers of Babylon*（或 *Rivers of Babylon*）是一首宗教歌曲，由牙买加乐队"旋律人"的布伦特·多和特雷弗·麦克诺顿于 1970 年创作和录制。歌词改编自《希伯来圣经》中的诗篇 19 和 137，歌名即第一句歌词。1978 年，有乐队翻唱了这首歌，使之迅速风靡欧洲。歌曲的中文名常常被译作"巴比伦河"，许多人因此误以为这是穿过古巴比伦城的幼发拉底河的别名。为避免误会，这里取歌词本意，并参照本节的内容将标题译作"在古巴比伦的河畔"。

公元前 1850 年

　　建造金字塔的人擅长几何？这也许并不奇怪。莫斯科纸草书可以追溯到公元前 1850 年左右（见第 30 页），上面记载了一个计算截断的方形金字塔（将塔的顶部切掉，即方底棱锥台）体积的问题。当时的人给出的解答表明他们对公式很熟悉：

$$V = \frac{1}{3}h(a^2 + ab + b^2)$$

在这个公式中，h 是方底棱锥台的垂直高度，a 和 b 分别是顶部和底部正方形的边长。

古巴比伦人在天文学和数学领域也十分出色。他们在没有电力、计算器甚至钢笔这些现代工具的情况下，计算了最不可思议的东西。你是不是感到很惊奇？

古巴比伦有很多泥土（特别是黏土），但缺少石头。所以古巴比伦人使用泥砖建造房屋和寺庙，并饰以锡和金，有时也用瓷砖装饰。不过，本书并不是一本家庭装修手册，接下来我就切入正题：他们使用当时流行的书写方式，用手中的泥土来制作所谓的楔形文字泥板。楔形文字泥板有点像以坚硬的、焙烧过的黏土做的 iPad。你可以把湿黏土做成长方形泥块，放进烤箱（或者放在太阳底下晒一会儿），然后就可以往上面写东西了。你可以在泥板上用尖锐的芦苇笔雕刻一系列楔形标记，它们是现代文字的祖先。在拉丁文中，"cuneus"表示"楔"，"forma"表示"形状"，所以楔形文字的英文单词就是"cuneiform"。重要的注意事项：请不要尝试把我说的标记刻在你崭新的 iPad 上，除非你有一支超轻柔的、不会划伤玻璃的笔。

人们最早使用楔形文字泥板是在公元前 4 世纪，考古学家从中东各地的遗址中已经挖掘出超过 100 万块泥板。但目前人们只对其中大约 1/20 的泥板进行了翻译，因为在全世界只有几百名合格的楔形文字专家（如果你一直梦想成为人群中从事独一无二的工作的人，那可以考虑成为一名楔形文字研究人员）。

古巴比伦楔形文字最初是一种记数系统，用来记录人们所拥有

测验

莫斯科纸草书上的第 14 题要求计算出图中所示的方底棱锥台的体积。

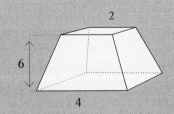

的东西，如羊和谷物的数量或田地的大小。但最近由大英博物馆开展的一系列研究表明，古巴比伦人也是非凡的天文学家。他们不仅发现了黄道带，还能够使用几何方法计算木星的位置，而历史学家先前认为这种技术直到 14 世纪才出现。

在我们的数字系统中，有 10 个不同的符号（0，1，2，3，4，5，6，7，8，9），我们使用这些符号表示所有的数字，而古巴比伦人只有两个不同的符号。他们用这两个符号分别表示 1 和 10，并将它们组合起来表示 59 以内的数。

1	11	21	31	41	51
2	12	22	32	42	52
3	13	23	33	43	53
4	14	24	34	44	54
5	15	25	35	45	55
6	16	26	36	46	56
7	17	27	37	47	57
8	18	28	38	48	58
9	19	29	39	49	59
10	20	30	40	50	

他们没有表示 0 的符号，这使得在表示更大的数时有点混乱。但是，这套系统对他们很管用！

图片：约瑟尔（维基共享资源）。

公元前 1800 年

大约公元前 1800 年，在美索不达米亚——底格里斯河和幼发拉底河之间的山谷（在今伊拉克境内），一些古巴比伦人坐下来，在一块泥板上写了一些楔形文字。这块泥板上有直角三角形的示意图和边长的数值，它比毕达哥拉斯的发现早了 1000 多年！

1922 年，美国出版商乔治·普林顿以 10 美元买下了我们现在称之为"普林顿 322"的古巴比伦泥板，当时他一定以为自己捡了大便宜。科学史学家埃莉诺·罗布森称其为"世界上最著名的数学工艺品之一"。

确定记数方法

古巴比伦人和苏美尔人的数学使用了一种"以60为基数"的系统，这种系统又被称为六十进制系统。

图片：比尔·卡塞尔曼的作品。

你可能知道，我们使用的记数系统叫作十进制。当我们写下 7264 的时候，它指的是 7 乘以 1000 加上 2 乘以 100 加上 6 乘以 10 再加上 4，或者写成 $7 \times 10 \times 10 \times 10 + 2 \times 10 \times 10 + 6 \times 10 + 4$。

如果我们把 7264 块鹅卵石交给那些使用六十进制系统的人，他们会把这些鹅卵石分成 2 组 3600（60×60）块加 1 组 60 块再加 4 块（$2 \times 60 \times 60 + 1 \times 60 + 4$），然后说他们一共有"214"块鹅卵石。

那么他们到底为什么要用 60 为基数来记数呢？ 60 是一个高合成数[3]，有多个因数（1、2、3、4、5、6、10、12、15、20、30 和 60），它也是能被 1 到 6 的所有整数整除的最小整数。例如，由 60 分钟组成的一小时很容易被分成 3 个 20 分钟，这比把 10 分钟作为一小时的方式更简洁。

---

[3] 高合成数也被称为"高度合成数"，指一类整数，任何比它小的自然数的因数数目均比这个数的因数数目少。

测验

你很快就会遇到令人惊叹的毕达哥拉斯和他的"毕达哥拉斯三元数"（又叫勾股数）。毕达哥拉斯三元数 (x, y, z) 满足 $x^2 + y^2 = z^2$。你理解了吗？试求出能使以下数组称为毕达哥拉斯三元数的未知数。

$(5, y, 13)$, $(x, 24, 25)$, $(9, 40, z)$, $(11, y, 61)$, $(13, 84, z)$, $(x, 112, 113)$, $(17, y, 145)$, $(19, 180, z)$, $(x, 220, 221)$, $(23, y, 265)$, $(25, 312, z)$, $(x, 364, 365)$, $(29, y, 421)$, $(31, y, z)$

从时间（一分钟 60 秒、一小时 60 分钟）到圆的角度（一周角 360°，即 60×6）等方方面面，我们仍然能看到六十进制在如今的影响。

在十进制的世界里，当我们写下数字 2.457 时，小数点后的 3 位数分别是十分位、百分位和千分位。古巴比伦人不会采用十进制展开，而是采用六十进制展开，即小数位分别是 $1/60$、$1/60^2$、$1/60^3$ 等。

所以在有将近 4000 年历史的泥板（上一页的图片）上，你可以看到表示 1、24、51 和 10 的楔形文字。这个六十进制数表示的是 $\sqrt{2}$ 的近似值，即 $1 + 24/60 + 51/60^2 + 10/60^3$，约为 1.41421296。结果达到了 99.99996% 的准确度，令人难以置信！

你肯定在想，古巴比伦人是如何做长除法（除法竖式）的？虽然没有除法竖式这样的方法，但是他们通过乘以分数有效地实现了除法计算。如果要将一个数除以 18，他们会把 1/18 写成 $3/60 + 20/60^2$ 的形式，然后愉快地将其和被除数相乘。

你知道吗？在十进制系统中，有的分数在用小数表示后，小数部分不会结束，而是永远重复下去 [4]，比如 1/13 = 0.076923076923 076923…为了避免出现无穷小数，古巴比伦人使用近似数。所以，如果在计算时需要乘以 7/91，他们会用和 7/91 非常接近的 7/90 来代替，而 $7/90 = 7 \times 40/3600 = 4/60 + 40/3600$。

就像我说过的，古巴比伦人出色极了！

---

[4] 即循环小数。

公元前 1700 年

对 π 值最早的记录大约是在公元前 1700 年，它的值被估计为 3.125（古巴比伦）和 3.1605（古埃及），这两个值都是通过近似计算得到的。

古埃及人求出的值是在莱因德纸草书（见第 32 页）上找到的，它是通过将正八边形的面积近似为圆的面积得到的。

在建造胡夫金字塔的那个时代，猛犸象正在地球上游荡。

长毛猛犸象一直生活到公元前 1650 年才灭绝。金字塔建造得更早——公元前 2630 年。不过，应该没有多少猛犸象去古埃及的沙漠旅行过。

因此，如果有一张自拍照片以猛犸象和胡夫金字塔作为背景，那么它可能值得珍藏……

像古埃及人一样行走

在这里，我又要引用一首很有年头的流行歌曲了，这次引用的是1986年洛杉矶的流行摇滚乐队手镯乐队的一首歌。

你知道吗？20世纪80年代一曲走红、随后沉寂的歌手[5]托妮·贝西在手镯乐队之前拒绝了《像古埃及人一样行走》这首歌。想象一下，如果托妮没有犯这个错误，她的职业生涯该会如何发展！

我有点跑题了。为了使你不要以为我只知道20世纪80年代的流行音乐，我应该告诉你，公元前6000年左右，在后来的古巴比伦王国的西边，古埃及人沿着郁郁葱葱的尼罗河河谷定居，并且从一开始就将他们自己标榜为卓越成就者。他们不仅是出色的农民、建筑师、水手和商人，还很快掌握了季节和月亮变化的规律，并发明出一种复杂且非常漂亮的书写体系，被称为"圣书体"。圣书体这个名字的字面意思是"上帝的话语"，它由代表字母、单词和整个

---

[5] 原文中"one-hit-wonder"常被译作"一碟歌手"，但是原词和译名的意义有所差别。"一碟歌手"指只发行过一次唱片、之后没有新作品的歌手；"one-hit-wonder"多指凭借一首单曲冲进排行榜而走红，之后不再有为人熟知的作品的歌手。托妮·贝西在成名曲之后还发布过单曲和专辑，因此这里不采用"一碟歌手"的译法，而意译为"一曲走红、随后沉寂的歌手"。

测验

我正要去圣艾夫斯，
我遇到一个有7位妻子的男人，
每个妻子有7个袋子，
每个袋子里有7只猫，
每只猫都有7只猫崽。
问：猫崽、猫、袋子和妻子一共有多少？

公元前1650年

前面的这个谜语是1730年左右的一首英文童谣，名字是《当我要去圣艾夫斯》。你可能会问，为什么我要这么早就提到它？好吧，圣艾夫斯的问题很可能来自另一个在莱因德纸草书（见第32页）上发现的问题。原文是这样写的：

一个庄园的财产包括7所房子、49只猫、343只老鼠、2401株斯佩耳特小麦（一种粮食），以及16807单位的赫卡特（不管是什么物品，我们假设

Lettres Grecques	Signes Démotiques	Signes Hiéroglyphiques
A		
B		
Γ		
Δ		
E		
Z		
H		
Θ		
I		
K		
Λ		
M		
N		
Ξ		
O		
Π		
P		
Σ		
T		
Υ		
Φ		
Ψ		
X		
Ω		
TO		

图片：商博良于1822年翻译出的圣书体表音字表，同时展示了"僧侣体"和"大众体"的书写形式。

继续

它是一种谷物），请列出庄园的财产清单，包括物品的总数。

聪明的人会注意到这对解决圣艾夫斯的问题很有帮助！

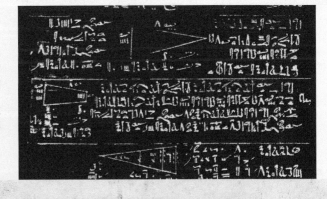

短语的符号组成。

在 19 世纪的学者们解开罗塞塔石碑的奥秘之前,没有一个西方人能真正理解圣书体这种象形文字。罗塞塔石碑是一块巨大的岩石,它的内容实际上是埃及国王托勒密五世在公元前 196 年左右颁布的一项法令。

既然罗塞塔石碑是人类历史上最重要的文字遗迹之一,你可能会认为它讲述了一些引人入胜的故事——或许是两支军队之间发生的一场决定文明走向的灾难性战争,或者是一部解释宇宙如何诞生的古老科学作品。但事实上都不是。我们现在知道托勒密国王是一位神一样的人物,并且古埃及在托勒密时期的确有着卓越的文明,而罗塞塔石碑记录的内容则包括税收、如何避免洪灾以及如何布置神庙以彰显托勒密的国王权威等事项(至少这是我对它的解读)。

那么它为什么这么重要呢?罗塞塔石碑帮助我们破译了象形文字。这块石碑的奥妙在于,它用 3 种不同的语言刻写了一份大致相同的文本。在石碑顶部刻的是古埃及象形文字,中间是另一种被称为"僧侣体"的古埃及文字,而底部则是古希腊语。通过将象形文字与我们认识的僧侣体文字和古希腊语进行比较,我们就可以解读出这种美丽但深奥难懂的语言了。

公元前 1650 年

阿米萨杜卡王的金星泥板是对金星的天文观测记录,它是古巴比伦占星术许多楔形文字泥板中的一块,这套泥板被称为《阿努神和恩利勒神预言书》。

碑文以月历的形式记录了金星的运动及其在地平线上的可见性,对这些观测结果的记录持续了超过 21 年的时间。

像古埃及人一样数数

古埃及人还发明了精巧的记数系统……

　　这种记数系统基于身体部位："一掌"即一个手掌的宽度，"一肘"即从指尖到肘部的距离，此外还有基于我们 10 根手指的十进制记数系统。不仅如此，大多数历史学家都认为是古埃及人首先使用了基数为 10 的记数系统。他们的记数范围达到了 100 万甚至更大。用一个笔画表示 1 的象形文字一开始很简单，但随着数值不断增大，该表示方法越来越复杂（100000 看起来有点像蝌蚪，而 1000000 的写法像一个蹲着的法老）。

　　就我们目前所知，古埃及最古老的数学文本是莫斯科纸草书，一位俄国的埃及学研究者戈列尼雪夫于 1892 年左右在底比斯将它买下。莫斯科纸草书的历史可以追溯到公元前 1850 年左右，其上写有 25 个数学问题和对应的解答。我个人最喜欢的是"啊哈"问题——你需要找到一个数，使它的 1.5 倍加上 4 等于 10。如果使用现在的表示方法就是：$1.5x + 4 = 10$。之所以起这样一个名字，是因为"啊哈"在古埃及意味着"量"，但是我个人喜欢假装这是因为当你解出一道难题时，你会喊"啊哈！"。你也可以称其为"哦耶"问题，甚至是"放马过来！"——这完全取决于你，只要它能表达你计算出答案后的兴奋。

公元前 1500 年

　　公元前 1500 年左右，古埃及人发明了剪刀。我们今天使用的剪刀有两个独立的刀片，它们围绕着一个固定点（支点）旋转，而古埃及人的剪刀是由一块金属制成的。双刃剪刀也已经存在很长时间了，可能是 100 年左右在古罗马发明的。理发师和裁缝是最初使用剪刀的人，直到 16 世纪剪刀才真正在欧洲流行起来。顺便说一句，没有准确的记录显示一位母亲对她的孩子大喊"我告诉过你无数次了，不要在房间里拿着剪刀跑！"是从什么时候开始的！

题目6

上图是莫斯科纸草书上的题目6，来做一做吧。

考虑到你现在还不太可能是一名埃及学家，以下是为你准备的题目译文：

一个长方形的面积为 12 平方厘米，并且长方形的宽是长的 3/4，求长方形的长和宽各是多少。

你可以在本书的最后找到题目的解答。

公元前 1323 年

当埃及古物学家霍华德·卡特第一次进入第十八王朝的法老图坦卡蒙的坟墓时，他最先注意到图坦卡蒙国王的尸体看起来像是烧焦了。考古学家克里斯·农顿受到启发，与埃及古物学家罗伯特·康诺利取得了联系，而罗伯特正好有一些图坦卡蒙尸体的遗存。在电子显微镜下的观察证实了尸体炭化现象的存在，考虑到古埃及人对于将死去的法老制成木乃伊给予了密切的关注和照料，这使专家们十分惊讶。他们提出的理论是，防腐过程中使用的油可能已经浸透了图坦卡蒙的裹尸布，并且在墓穴内与氧气发生作用，导致法老的尸体燃烧，周身的温度超过了 200℃！

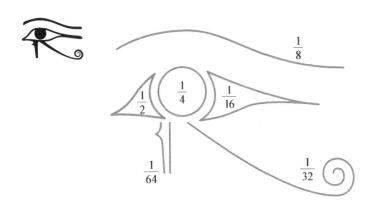

荷鲁斯之眼的秘密

古埃及的数学奇才还留给了我们一个数学小技巧，叫作埃及分数。

我们可以将一个分数写作几个分子为 1 的较小分数的和，这些分子为 1 的分数被称为分数单位。

在莫斯科纸草书中，3/4 会写成 1/2 + 1/4，这很容易被我们发现。但多亏了公元前 1650 年的数学家阿默士的工作，古埃及人建立了用分数单位来表示各分数的换算表。

阿默士记录了 2/17 = 1/12 + 1/51 + 1 / 68、2 / 57 = 1/38 + 1/114，甚至还有 2/101 = 1/101 + 1/202 + 1/303 + 1/606，真是令人难以置信。

公元前 1300 年

有证据表明，公元前 1300 年左右的古埃及已经有类似于在井字中画圈和叉的游戏，这在罗马帝国时期似乎也风靡一时。井字棋也是最早可以在电脑上玩的游戏之一。当然，这不是《使命召唤：无限战争》那类的游戏，但在 1952 年它仍然相当震撼。

测验

你认为在一个标准的 3×3 井字格上玩画圈和叉的井字棋游戏，会出现多少种可能的棋局？（这个问题有一定的难度。）

莱因德纸草书

莱因德纸草书比莫斯科纸草书更有启示性。

莱因德纸草书的历史可以追溯到公元前 1650 年，其中包含了 80 多个数学问题，并且证明了古埃及人已经理解了分数单位、合数、质数、算术平均数、几何平均数和调和平均数 [6]，以及一阶线性方程、等差数列和等比数列等。

这份纸草书还包含了我们前面看到的阿默士的分数单位。目前我们尚不清楚他们是如何将其他分数分解为分数单位的，但是有一些理论试图解决这个问题。

我们在前面已经讨论过，古埃及人喜欢分数单位这种表示形式。这里有一种将 $2/pq$ 的形式分解为分数单位的巧妙方法：$2/pq = [2/(p+1)] \times [(p+1)/pq]$。

让我们来看一个例子。因为 2/21 等于 2/（3 × 7），我们可以得到：

$$2/21 = 2/4 \times [（3+1）/21]$$
$$= 1/2 \times （1/7+1/21）$$
$$= 1/14 + 1/42$$

---

[6]　调和平均数是将所有数值取倒数并求其算术平均数，再将此算术平均数取倒数，其结果等于数值的个数除以数值倒数的总和。

测验

好了，你把这些埃及分数记下来了吗？

根据我们从上面了解到的方法，2/35、2/49 和 2/93 要如何写成埃及分数的形式？

沃恩和来自外太空的金字塔

每当谈到古埃及，我们都免不了要略为深入地了解金字塔、木乃伊和法老。

让我们先从金字塔开始。很多人都知道，最古老的金字塔是为法老左塞尔建造的，它的历史可追溯到公元前 2630 年左右；最大的金字塔是位于吉萨的胡夫金字塔（它由约 230 万块石头组成，高达 146.5 米，重达 590 万吨）；埃及总共有 100 多座金字塔……但如果不提到金字塔背后的奇怪理论，我们对这些古老的建筑奇迹的了解就不够完整。

这些理论就像金字塔本身一样古老。有人说，金字塔是由后来在大洪水中淹没的亚特兰蒂斯城的人们建造的；还有的人则认为，巨大的石块下放有神奇的莎草纸，它们能够把金字塔带到它要去的地方。

20 世纪 30 年代，一个名叫安东尼·博维的法国人声称，如果你把肉放在家里一个小金字塔模型下面，肉就不会变质（你可以自己尝试一下！但是我可能不太敢吃你做过实验的肉）。

而最近一个离谱的言论出现在澳大利亚的电视真人秀《我是一个名人，让我离开这里！》中。板球明星谢恩·沃恩提出了他的个人金字塔建构理论：金字塔是外星人建造的。对此观点的争论从未

公元前 1050 年

撇开残酷的惩罚不谈，古巴比伦的医学在当时是相当先进的。在阿达德－阿普拉－伊丁那统治时期，波尔西帕的首席学者埃萨吉－金－阿普利写了一本绝对经典的书——《诊断手册》。这本书详细地描述了在诊断、体检和治疗中标准和公认的医疗过程。他们用绷带、药膏和药片来治疗常见的疾病，而埃萨吉很可能已经了解了癫痫、痉挛和中风的症状。但是如果药物不起作用，当时的医生并不怕使用驱魔术——嘿，不要笑，从前驱魔人的日程绝对是排得满满的！

停止过。

"看看那些金字塔，邦妮。我们是做不到的，我们不可能用绳子拉动和排布那些巨大的砖块，并且使金字塔完全对称。"

这是沃恩与另一位选手邦妮·莱斯格的交谈。邦妮是一位舞蹈家、导演、电视节目主持人和制片人。

"那么它是由谁建造的呢？"沃恩继续说道。

"它一定来自另一个世界，"邦妮回答道，"一定是。"

沃恩表示赞同："一定是这样。"

公元前 1000 年

我们一周有七天的规定很可能来自公元前 1000 年的古巴比伦人。数字 7 对古巴比伦人来说很特别，因为他们可以看到 7 个天体：太阳、月亮、水星、金星、火星、木星和土星。

公元前 1000 年

在高海拔地区很难制作奶酪，但似乎 3000 年前人类就在阿尔卑斯山的高处尝试过。科学家们分析了从那时留下的陶器碎片中发现的物质，得到了与加热过的牛奶、绵羊奶和山羊奶相同的化学物质。

告别美好回忆

古埃及人相信来世，但在来世你的精神仍然需要一个身体来继续伟大的旅程。

你自己的身体是最好的选择，但是尸体往往会腐烂，或者被野生动物挖出来吃掉（更不用说会产生一些气味了）。

因此，为了让别人可以辨认出你的身体，并且保持身体足够完整，我们必须对你进行防腐处理，或者将你制成木乃伊。当我说"你"的时候，我当然只是在谈论法老或非常富有的人。如果你是平民或者是有稳定收入的古埃及商人，那么很抱歉，我们不能把你的内脏取出再把你包裹在绷带里。

我不是在开玩笑。对于戴着豺狼面具（死神安努比斯）的首席防腐官而言，这是一个郑重的仪式。具体的仪式过程在各地有所不同，并且随着时间的推移有所变化，但典型的防腐处理过程包含下面这些步骤。

1. 除去这个法老或有钱人的大脑。
2. 将尸体从左侧下方切开，取出内脏，然后使其干燥。
3. 将肺、肠、胃和肝放在卡诺匹斯罐里；或者先保存起来，一段时间后再放入尸体中。这取决于你。
4. 不管你怎样处理其他器官，一定要确保清洁过心脏，并且要

把它留在尸体内，因为它被认为是生命的中心（对来世至关重要）。你可以把刀或其他饰品放在心脏上，在将来的旅程中用于保护心脏。

5. 先用酒和香料冲洗尸体内部，再用盐覆盖尸体 70 天。香料有助于防腐，盐类可以使皮肤干燥坚韧。（这样是有用的。如果你见过数千年的木乃伊，应该会希望他们在来世拥有足够多的维生素 E 霜！）

6. 如果你不打算在尸体中放入干燥的内脏，别忘了用亚麻布或沙子填满尸体，使它具有"自然"的形状。

7. 70 天后用绷带从头到脚包裹尸体。

8. 把木乃伊放在石棺里；如果是法老的话，则放在合适的墓室里。

公元前 780 年

1948 年，人们发现了一块可以追溯到公元前 780 年的泥板。这块泥板是在现在的叙利亚被发现的，上面书写了最早的可靠的日食记录。人们认为中国天文学家在公元前 1223 年 3 月 5 日观测到了这次日食。

公元前 668 年

根据古老的人口普查记录，大约在公元前 668 年，亚述城市尼尼微成了世界上人口最多的城市。在公元前 612 年被洗劫和摧毁之前，它的地位保持了半个多世纪。

BuzzFeed的古代竞争对手

早在公元前3世纪，古希腊人就创造了历史上最早的清单体[7]文章：《古代世界的七大奇迹》[8]。

古希腊城市昔兰尼[9]的卡利马科斯（公元前305—公元前240）是科普特人[10]，他还是一个"标题党"。卡利马科斯编写了一本最著名也是现存最早的"钓鱼式"标题文章《世界各地奇迹》，但"世界各地"也主要是地中海地区。由于那时还没有互联网和飞机旅行这类事物，所以我们不要批评他的局限性了。

无论如何，这个把地区或景观做成一个清单的想法激发了古希腊人的想象力，许多作家开始创造他们自己的清单，并且经常反复提到一些建筑奇迹。

为什么是7个奇迹？事实上并非总是如此。例如，古希腊诗人

---

[7]　清单体是一种新兴的社交网络文体，其特点是以数字标注或者分行罗列的清单作为主要形式。在使用清单体的互联网媒体中，以 BuzzFeed（美国的一个新闻聚合网站）最为著名。

[8]　作者注：不要与马修·雷利那本非常出色的同名小说混淆。

[9]　古希腊城市，在今利比亚境内。

[10]　科普特人是当代埃及的少数民族之一，为1世纪信奉基督教的古埃及人的后裔。

公元前 650 年

这枚硬币被称为"吕底亚琥珀金硬币"。它由琥珀金（一种天然的金银合金）制成，来自古希腊城市吕底亚（在今土耳其境内），并且可能是世界上最早出现的硬币。

这些硬币是吕底亚国王阿吕亚泰斯在公元前650年左右铸造的，硬币的一面有狮子的图案。

安提帕特（西顿）在公元前 140 年提到了 7 个奇迹中的 6 个："我凝视着坚不可摧的巴比伦的墙壁，战车可以沿着它飞驰；我凝视着位于阿尔普斯河岸边的宙斯神像；我看到了悬空的花园、太阳神海利欧斯的巨大雕像、由高耸的金字塔所形成的人造山丘，以及摩索拉斯王的巨大坟墓；但是，当我看到阿尔忒弥斯神庙耸立在云层中时，其他奇迹都如被阴影笼罩般黯然失色，因为太阳对奥林匹斯山格外眷顾。"

除了对以弗所的阿尔忒弥斯神庙大加赞誉之外，他显然并没有被托勒密一世所建的亚历山大灯塔的宏伟所震撼——这座灯塔作为候选的"七大奇迹"之一多次出现在其他清单中。

那么回到这个问题：为什么总是 7 个？古希腊人喜欢这个数字主要是因为它是不可分割的，这为它赋予了在数字命理学上的神秘感。它是第 4 个质数（是的，同时它也是双梅森质数、纽曼 - 尚克斯 - 威廉士质数、胡道尔质数、阶乘质数、幸运质数、快乐质数和六质数）。

现在，如果你正要准备遮阳帽和手机充电器，想去这些奇迹中一探究竟，那我不得不提醒你：这七大奇迹中只有一个奇迹留存至今。而其余 6 个奇迹，它们是否存在过都值得怀疑。

但不要害怕，无畏的数字爱好者。我会带你一一了解，你无须再费周折。

7 个奇妙的测验 #1

撇开古代世界七大奇迹不谈，别忘了数字 7 的奇妙之处！

首先，7 是一个质数。回想一下，6 不是质数，因为 6=2×3，而 7 是质数，因为我们可以把它写成 1×7，但是不能把 7 用更小的因数分解。

测验题目：写出从 1 到 100 的所有数。圈出数字 2，然后把所有的偶数都划掉，继续圈出数字 3，划掉所有 3 的倍数。

你是否发现了一个规律？你能通过扩展这个方法得到 100 以内所有质数的列表吗？

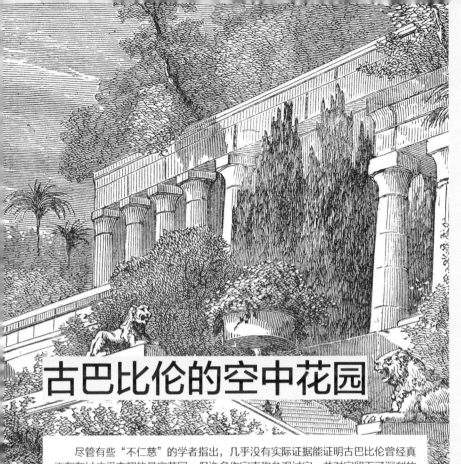

古巴比伦的空中花园

尽管有些"不仁慈"的学者指出,几乎没有实际证据能证明古巴比伦曾经真正存在过广受夸耀的悬空花园,但许多作家声称参观过它,并对它留下了深刻的印象,于是它被列入了七大奇迹(或六大奇迹)的名单。

如果它确实存在过,那可能是由尼布甲尼撒二世(你可能从我 2014 年出版的《数字大百科》中看到过他的名字,有一个巨大的 15 升的香槟酒瓶就是以他的名字命名的)国王为妻子建造的。这位国王真是个浪漫主义者。

#2

7 是一种特殊的质数类型,被称为"双梅森质数"。双梅森质数即形式为 $2^{(2^p-1)}-1$ 的质数,其中 p 为质数。当 $p=2$ 时,得到 $2^{(2^2-1)}-1=2^{(4-1)}-1=2^3-1=7$。

测验题目:找出 7 之后的下一个双梅森质数。

古埃及的胡夫金字塔

胡夫金字塔是为 3 位古埃及国王建造的金字塔中最大的一个。它的中轴线几乎完全指向南北方向，误差在 0.05° 以内，正方形底座的边长平均为 230 米，它包含约 230 万块切割平整的石头，坡度为 51° 52′，原本有 147 米高（它曾经拥有一层石灰石外壳，后来脱落的外包石块被人们运走了）。事实上，它是近 4000 年历史中最高的人造建筑，直到 14 世纪早期被英国林肯大教堂取代。

胡夫金字塔的重量接近 600 万吨。我不说你也知道，它的体积大约是 $V=(1/3)a^2h$，其中 a 是底座的边长，h 是金字塔的高度。这让我们很好地估算出金字塔的体积约为 260 万立方米。

虽然金字塔究竟是如何建造的问题尚有争议（参见第 33 页沃恩的理论），但有一件事是肯定的，那就是它是一项浩大的工程。希罗多德认为，在尼罗河洪水泛滥、谷物收获甚少的季节，大约有 10 万人花费 20 年时间，付出了辛勤的劳动。一些考古学家认为，其实 2 万名劳动力一年就可以完成这项工作。

#3

7 也是一个纽曼－尚克斯－威廉士质数（或 NSW 质数）。这种质数得名于 3 个人的姓氏。对它的完整定义比较复杂，但如果你遵循"递归关系"，NSW 质数产生于如下过程。

当 $n \geqslant 2$ 时，$S_0=1$，$S_1=1$ 且 $S_n=2S_{n-1}+S_{n-2}$。当 $n=2$ 时，$S_2=2 \times S_1 +S_0=2 \times 1+1=3$，以此类推。如果 S_n 是质数且 n 是奇数，则得到一个 NSW 质数。

测验题目：在递归运算中使 $n=3,4,\cdots,10$，看看能找到多少个 NSW 质数。记住，只有 n 是奇数时这个关系式中的质数才是 NSW 质数。

罗德岛的太阳神巨像

我们要说一个在亚历山大大帝驾崩后，试图侵占一方宝地而未果的人。不过更有意思的是，当地人用这个人溃败时留下的兵器建造了古代世界最大的胜利雕塑。公元前294年左右，"围城者"德米特里在罗德岛战败而走，罗德岛人就做了这样的事情。古希腊林多斯的雕刻家查尔斯用了超过12年的时间，打造出一个巨大的太阳神像，它后来被称为罗德岛巨像。

这座雕像由竖立于铁石框架上的青铜部件构成，立在白色大理石底座上。它高33米，基座高15米；此外，历史学家普林尼指出，"在56年后它倒下时，很少有人能用双臂合围它的大拇指"。

对大多数中年人来说，一个形象的比喻是，巨像开始感觉到它的膝盖不行了。公元前226年的一场地震毁坏了罗德岛巨像，震断了雕像的下肢，使其倒塌。人们认为重建它会违背神的旨意，所以让它躺在原地将近800年，直到入侵者将其拆毁并变卖。买主用了900匹骆驼才将雕像残骸带走。

巨像是艺术和工程学上的杰作，在人们的心目中它仍然存在——法国雕塑家奥古斯特·巴托尔迪于19世纪50年代访问了埃及，并受此启发在纽约建造了自由女神像。

#4

7是一个胡道尔质数。胡道尔数是形式为 $W_n = n \times 2^n - 1$ 的数，当 W_n 是质数时，我们称之为胡道尔质数。胡道尔数是以赫伯特·J. 胡道尔的名字命名的，他在1917年对这种数进行了研究。

测验题目：找出1000以内的所有胡道尔数。这些数中哪些是胡道尔质数？广义的胡道尔数是满足 $nb^n - 1$ 的数，其中 $n + 2 > b$。如果质数可以写成这种形式，那么它就被称为广义的胡道尔质数。

测验题目：找出1000以内所有的广义胡道尔数和胡道尔质数。朋友，这可有些难度！

亚历山大港的灯塔

建在古代亚历山大港法罗斯岛上的灯塔又被称为"亚历山大的法罗斯"。这座建筑实在是令人惊叹，以至于在英语中"法罗斯"这个词的意思就是"灯塔"。它高 120 米，建在 30 米高的地基上，在过去的许多世纪当中，都是最高的人造建筑之一；它发射的光可以被 50 千米外的人们看见。

这座具有几何之美的宏伟杰作由 3 层组成：底层是一个带有中心内核的方形结构，中间是八角形，而顶部是圆形。在它的顶端，白天用一面镜子反射太阳光，晚上则用火光引导船只。有人认为，在战争中也可以利用镜子反射的光线点燃敌舰的风帆，这可能失实了！当然，如果塔顶没有海神波塞冬的巨大雕像，"世界上最伟大的灯塔"是不完整的。

这座灯塔建于公元前 280 年至公元前 247 年之间，虽然在 956 年至 1323 年的 3 次地震中遭到严重破坏，但它的废墟仍矗立在原地，直到 1480 年它的石灰石残骸被破坏，并被用于建造当地的另一座建筑。因此，它是继胡夫金字塔和位于哈利卡纳苏斯的摩索拉斯王陵墓之后，现存留时间第三长的古代奇迹。

#5

7 也是一个阶乘质数（你很快就会遇到阶乘！）。阶乘是以例如 5! 这种形式表示的数，$5!=5×4×3×2×1=120$，我们将它叫作"5 的阶乘"。

7 是阶乘质数，因为它比一个阶乘大 1，即 $7 = 3×2×1 + 1$，且它是质数。

测验题目：尽可能多地找出阶乘质数，这种质数的形式为 $p=n!+1$ 或 $p=n!-1$。你能找到最小的 8 个阶乘质数吗？

哈利卡纳苏斯的摩索拉斯王陵墓

波斯的统治者摩索拉斯死后，他的妻子，也是他的妹妹（当时他们的做法和现在不同）非常伤心，于是她决定建造人类历史上最伟大的神庙来纪念他。摩索拉斯的王后妹妹邀请来自古希腊各地的艺术家建造了一个如此壮观的建筑。现在英语中"陵墓"（mausoleum）一词便是源自摩索拉斯的名字"Mausolus"。

陵墓长 19 米，周长 125 米，高 11 米。它的四周被内刻有 6 级雕像的 36 根支撑柱环绕，顶部是一个有 24 级阶梯的金字塔，总高度约为 43 米。而这座建筑的建造完全没有依靠卡车！

在那些被摧毁的古代奇迹中，摩索拉斯王陵墓屹立的时间最长。这座寺庙的大部分倒塌不是因为公元前 334 年亚历山大大帝的入侵，也不是因为海盗和其他人的各种袭击，而是因为 13 世纪的一系列地震震裂了支撑柱，石头上覆的重物轰然倒地。在陵墓建造完成 1700 年后，它的大部分已经倒塌。占领它的侵略者掠夺了珠宝，并将残存的部分拆毁，用作战争物资。

#6

从数学上讲，7 也是一个幸运质数。如果你想要得到幸运数，请完成以下步骤。从 1 开始按顺序依次写下一长串整数；现在每两个数划去一个，只留下奇数，你会发现留下的数中第 2 个数是 3；然后从 5 开始，每 3 个数划掉一个。下一个留下来的数是 7。从 19 开始，每 7 个数划掉一个。以此类推。

测验题目：找出 1 到 100 之间的幸运数。哪些又是幸运质数呢？

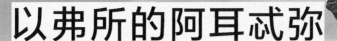

以弗所的阿耳忒弥斯神庙

阿耳忒弥斯神庙实际上是被摧毁的一系列神庙中的最后一座。其他几座中包括 4 世纪被古希腊纵火犯希罗斯特拉特斯烧掉的神庙，他之所以这么做，仅仅是因为想出名！当时还没有真人秀节目，所以烧毁世界上最好的建筑就成了狂妄自大的蠢货的选择。

以弗所的阿耳忒弥斯神庙的统计数据解释了为什么几乎所有看到它的人，都会像手提包被风吹跑了一样吃惊。神庙的建造花费了 120 多年的时间（但在短短一夜间被摧毁）。它是用大理石建造的，有 127 根主柱，每根主柱高 18 米。神庙长 130 米，宽 70 米。可悲的是，在 268 年，哥特人认定他们不是这座神庙的忠实信徒，并将其毁于一旦。

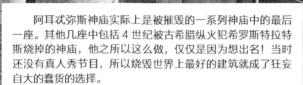

#7

我们在介绍七大奇迹时提到过，7 是一个快乐质数。"7 可真不错！"我听见你这么说，可这意味着什么？例如 23，算出它每一位数字的平方后求和，将 23 变为 $2^2 + 3^2 =$ 13，然后通过同样的计算将 13 变为 10，然后是 1。如果一个数字和它一样，通过这样的计算方式最后能变成 1，那它就是一个"快乐数"。一个不快乐数的例子是 25，它依次变成了 29, 85, 89, 145, 42, 20, 4, 16, 37, 58, 89，一直被困在这个循环中。

测验题目：找出 1 到 100 之间所有的快乐数。其中哪些是快乐质数？

奥林匹亚的宙斯神像

古希腊人对老宙斯评价颇高。他不仅是天神和雷神，也是告诉其他神职责所在的众神之王。在业余时间，宙斯也非常善于管理诸神和英雄。古希腊人非常喜爱宙斯，为他举办了古代奥运会，还为他建造了一些非常神奇的东西，其中最著名的是宙斯神庙，里面有一座雕像，叫作"宙斯神像"。

雕像高约 13 米，宽约 6 米，由古希腊雕塑家菲迪亚斯在公元前 445—公元前 435 年用象牙和黄金制成（是的，花了 10 年时间！）。它刻画的是坐在王座上的众神之王（众神之王坐的不是豆袋，而是真正的王座，谢谢），拥有黄金做的胡子和宝石做的眼睛。靠着橄榄油清洗，雕像一直保存良好，并在圣殿中保存了 827 年。它在被转移到君士坦丁堡 60 年后，被大火摧毁。

还有一个额外的奖励

我把最好的留作奖励：7 是六质数！如果你读过我的前两本书，你就会知道我对六质数情有独钟。7 和 13 是六质数，因为它们相差 6。类似地，

如果两个质数相差 2，比如 3 和 5，我们就把它们称为孪生质数；而相差 4 的质数，比如 19 和 23 就是表兄弟质数。

测验题目：找出 1 到

100 间的所有孪生质数、表兄弟质数和六质数。

如同天书[11]

虽然这个标题可能是在说希腊语，但如果我没有花费许多时间研究那些2500年前古希腊人努力创造出的杰出作品，我今天就不会写这本书了。

不管你相不相信，几乎我们每个人都从古希腊人的努力中获益。因此，我会多花一些篇幅介绍这部分内容。

虽然古希腊人的一些发明备受争议，但历史学家的确认为他们的智慧创造了很多有史以来最具开创性的发明，例如水车、锚、闹钟（实际上是一个会发出哨声的"水钟"，利维·哈钦斯和塞思·E.托马斯之后将其机械化）、水泥、弹弓、暖气、奥运会、管道、雨伞，还有医学、哲学以及我最喜欢的几何学！现在我不打算讨论这些发明里哪个最重要，事实上每个都非常棒。

古希腊作为一个松散的城邦联盟蓬勃发展了大约1000年。哲学家柏拉图曾将这些城邦描述为一群坐在池塘周围呱呱叫的青蛙（也可能是唧唧叫的，见第338页）。

当各个城邦建立起来时，古希腊人向小亚细亚和美索不达米亚

---

[11] 原文"All Greek to me"是英语习语，字面意为"对我而言都是希腊文"，表示令人费解的事物。

公元前 612 年

当尼尼微被洗劫后，古巴比伦成了世界上人口最多的城市，也是第一个居民数量超过 20 万的城市。这个数量比悉尼现在人口的 4% 多一点。

公元前 600 年

克诺索斯的埃庇米尼得斯是一位来自克里特岛的古希腊哲学家，生活在公元前 600 年左右。你可能知道他，也可能没听过他。他有一句著名的自相矛盾的话："所有克里特人都是骗子。"

地区的邻居，特别是古巴比伦人和古埃及人那里借用了许多知识，并且有一段时间内记数系统也和他们的非常相似。但在公元前3世纪，古希腊人遥遥领先，为人类思维做出了深远的贡献。

希腊记数系统大约在公元前450年的时候被人们使用。 这个系统有些类似古埃及的记数系统，以10为底数并且反复使用代表1、5、10、100和1000的符号，因此它们可以组成50500和5000这么大的数字。等等，有趣的还不只这些！

Ι   Π   Δ   Η   Χ   Μ

1   5   10   100   1000   10000

Χ Χ Χ Η Η Δ Δ Δ Π
3245

希腊数字有时被称为截头表音[12]的阿提卡数字，因为它们与5、10、100等符号中的第一个字母相关。例如，Δ（读作"德尔塔"）是希腊字母，而 ΔΕΚΑ（读作"德卡"）是希腊单词，即希腊数字10。

_____

[12] 截头表音法指字母名称是以该字母开头的单字。

公元前 600 年

大约在这个时候，几乎每个古希腊城市都有一个阿哥拉。这是什么？

阿哥拉是古希腊城市的中心集会场所，是城市的心脏，更不必说它也是重要的市集了。

最著名的阿哥拉在雅典，它有几个足球场那么大，也是我们之前遇到的许多令人惊叹的古希腊极客讨论科学、数学、艺术和哲学等话题的地方。

先哲泰勒斯

在公元前624年左右，有一位名叫"米利都的泰勒斯"的圣人，他是古希腊最早的英雄之一。

请注意，他的名字可能会被读为两个音节，但你知道，我只是很喜欢双关语 [13]。

当我特别说他是一位圣人时，表明他不是一位普通的老圣人。泰勒斯是古希腊七贤 [14] 之一。这 7 个人就像是当时最活跃的书呆子中的正义联盟。在这 7 位政治家、立法者或僭主 [15] 中，只有泰勒斯将他自己视为真正的数学家。事实上，一位作家关于这个问题提出

---

[13]　泰勒斯的希腊语名字为"Θαλῆς"，其对应的拉丁字母形式"Thales"可以有多种发音，如['θeɪliːz](英语，两个音节)、[talɛs](法语，两个音节)、['θeɪlz](英语，一个音节)等。原文的标题"Wind in his Thales"中，"Thales"(['θeɪlz])和"sails"([seɪlz])谐音，因此有双关的意味；"wind in one's/the sails"本意为船帆上的风，"to have the wind in one's sails"意为"全力以赴"。

[14]　古希腊七贤：雅典的梭伦、斯巴达的契罗、米利都的泰勒斯、普林纳的毕阿斯、林度斯的克莱俄布卢、米蒂利尼的庇塔库斯、科林斯的佩里安德。

[15]　僭主是古希腊独有的统治者称号，一般指通过政变或其他暴力手段夺取政权的独裁者。不过，也有一些僭主通过公开辩论和选举而获得统治权的。

公元前 600 年

妙闻是一名印度医生，是有记载以来最早的外科医生之一。他生活在公元前 6 世纪，比希波克拉底早了近 150 年。他有时被认为是"外科之父"。

他的著作《妙闻本集》是一部关于医学和外科的巨著，共有 184 章，描述了 1120 种不同的疾病、700 多种药用植物和 120 多种药用制剂。这本书还详细描述了一些其他的内容：处理骨折、治疗肠阻塞，甚至是切除前列腺！不仅如此，妙闻还是第一个描述剖腹产的人。

的观点是，"除了泰勒斯，他们中没有人声称自己是数学家"。

　　泰勒斯很早就认为，比起诉诸魔法和神话，其实有更好的方式可以解释自然现象。例如，他认为地震不是众神的活动，这挑战了当时传统的看法。但最重要的是，泰勒斯开创了一些简洁的几何理论，这些理论是之后几个世纪数学蓬勃发展的基石。

　　泰勒斯定理表明，如果一个三角形的3个顶点都在同一个圆周上，而三角形的长边恰好是圆的直径，那么三角形最大的角始终是直角。据说当发现这一点时，他非常高兴，甚至用了一头牛作为祭品——不要感到诧异，这是当时常见的做法。

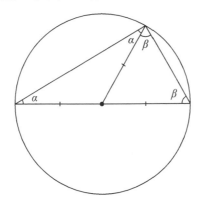

　　将圆心和三角形长边对应的角的顶点相连，这将构造出一条新的半径，形成两个较小的等腰三角形。大三角形中3个角的和为180°，即 $2\alpha+2\beta=180°$，因此 $\alpha+\beta=90°$。

继续

他也是第一个修复断鼻的医生。他使用的技术和今天的整形外科医生使用的并没有太大的不同，因此一些人也称他为第一个整形外科医生。

泰勒斯对几何学的另一个重要贡献是泰勒斯截线定理，涉及两条相交线被一对平行线穿过时产生的长度比。

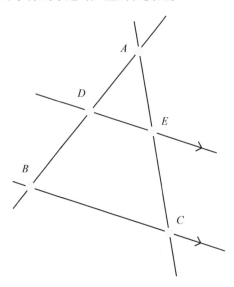

过点 D、E 和点 B、C 的两直线平行，泰勒斯截线定理告诉我们，$DE/BC = AE/AC = AD/AB$。

这个定理可能看起来像现在标准的高中数学知识，但在公元前 600 年，它可是一个重大发现。

公元前 600 年

大英博物馆曾经把米尔斯与布恩出版公司的言情小说保存在拱形屋顶阅览室中。当图书馆迁址时，这些小说被亚述国王巴尼拔的楔形泥板所取代。这位国王是公元前 600 年亚述最后一位伟大的国王。这些泥板最初被保存在位于尼尼微的宫殿中的亚述图书馆里，这是最早按照体裁对作品进行分类的皇家图书馆之一。目前还不清楚米尔斯与布恩出版公司的言情小说是否属于其中的一类！

没有人真正数清了希腊到底有多少岛屿。

但是我们的确知道有很多岛屿。

根据估计，这些岛屿的数量在 1200 到 6000 之间，具体取决于判别岛屿的标准（通常是岛的最小尺寸）。但有人居住的岛屿数量就少很多了，估计的数量在 166 到 227 之间，这取决于你询问的对象。

哦，如果你还想知道……我可以告诉你，沿着澳大利亚的海岸线有超过 8000 个岛屿。

干得漂亮，毕达哥拉斯！

虽然在我的另一本书《数字大百科》中提到了萨摩斯的毕达哥拉斯，但我依然要再次强调他是一个赢家。

毕达哥拉斯不仅最早提出了"哲学"（爱智慧[16]）和"数学"（学问[17]）这两个词，他还首创了将几何元素与数字相对应的完整的数学系统。

公元前 570 年左右，毕达哥拉斯出生于今土耳其海岸附近的萨摩斯岛，距离伟大的泰勒斯居住的米利都不远。毕达哥拉斯很可能跟随这位圣人学习过。他来到克罗顿（在今意大利南部）后建立了一个宗教哲学团体——毕达哥拉斯学派，这个团体相信万物皆数（即数字是一切事物的基础）。毕达哥拉斯学派的成员（包括历史上第一批女哲学家）做出了当时最伟大的数学发现。

毕达哥拉斯主要因毕达哥拉斯定理[18]而为人们（尤其是 12 岁的学生或者因为记不住这个定理而无法帮助孩子完成作业的父母）所

---

[16] 哲学（philosophy）一词源于古希腊词汇 φιλοσοφία，意为"爱智慧"。

[17] 数学（mathematics）一词源于古希腊词汇 μάθημα，意为"学习""学问"。

[18] 即勾股定理。

公元前 500 年

那些在此之前可能一直在使用阿提卡数字（见第 47 页）或是它的变体的古希腊人，最终改用了另一套记数系统，即希腊数字，或称亚历山大数字。

这个新体系的原理与罗马数字相同，但它将字母和数字以一种非常酷的方式组合起来，用上了整个希腊字母表。

将其与英文字母表对应起来则是 A=1、B=2……直到 I=9，然后 J=10、K=20……直到 R=90，然后 S=100、T=200，以此类推。

知。这个史诗般的数学定理表明,在一个直角三角形中,斜边(最长边)长度的平方等于另外两边长度的平方和。咦?我们谈的是当三角形的一个角是直角的情形:

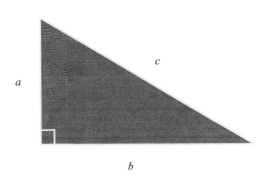

如果直角三角形的边长分别是 a、b 和 c(斜边),毕达哥拉斯定理告诉我们 $a^2 + b^2 = c^2$。最著名的毕达哥拉斯三角形的边长为 3、4 和 5,以此得到一个著名的等式 $3^2 + 4^2 = 5^2$。

毕达哥拉斯实际上并非第一个注意到几何与数字之间存在这种美妙关系的人。在古印度、中国、古巴比伦以及其他历史记录中都有这个公式的不同版本。有人认为,如果古埃及人不知道 $a^2 + b^2 = c^2$ 的话,就不可能以那么精确的方式建造金字塔。

当然,这些不同版本的公式在互联网和国际航空旅行出现之前就已经存在,所以我们可以放心地假设他们没有互相抄袭。他们得

公元前 490 年

公元前 490 年左右,波斯国王大流士渴望征服古希腊。尽管寡不敌众,但在关键的马拉松战役中,雅典军队击溃了入侵的波斯人,这标志着古希腊和波斯之间更广泛的冲突中出现了一个转折点。历史学家希罗多德描述了雅典使者菲迪皮德斯的超人运动。据描述,菲迪皮德斯从雅典被派往斯巴达,从而在战斗前寻求支援。传说他在两天内跑了 225 千米!最具争议的是,菲迪皮德斯后来跑回雅典,用奄奄一息的声音宣布"获胜"的故事。虽然这可能从未发生过,但它确实对举行马拉松长跑比赛的想法有所启发。

出了同一个美妙的结论，但是毕达哥拉斯在公式上冠上了他的名字。这就是我说他是一个赢家的原因。

这是毕达哥拉斯定理的一个证明：

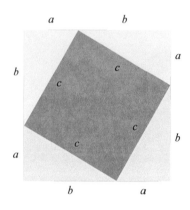

希望你能记得小学的时候我们学过三角形的面积是"底乘以高的一半"。因此，3 条边为 a、b 和 c 的黄色三角形的面积为 $1/2 \times ab$。

边长为 c 的橙色正方形的面积是 c^2，大正方形的面积是 $(a+b)^2$，我们可以将这个式子展开为 $a^2 + b^2 + 2ab$。

显而易见，大正方形的面积等于小正方形的面积加上 4 个三角形的面积。所以我们得到：

$$a^2 + b^2 + 2ab = c^2 + 4 \times 1/2 \times ab$$

这个式子可以简化为 $a^2 + b^2 + 2ab = c^2 + 2ab$，所以很明显：

公元前 490 年

　　恩培多克勒是一位古希腊医生、诗人和哲学家。他提出了一个奇特的哲学模型，在这个模型中，"根"元素是水、土、空气和火，它们结合起来形成物质。而"爱和冲突"的力量形成吸引和排斥的原则，使

元素可以混合和分离。当他在西西里的塞利农特治愈了一场瘟疫时，他宣称自己是神。

　　有一个传说是马修·阿诺德的诗《埃特纳山上的恩培多克勒》的来源。这个传说认为，恩培多克勒

厌倦了生活，想让人们相信他已属于诸神，于是跳进了埃特纳火山的火山口。然而，火山"吐"出了他的一只拖鞋，暴露了他的欺骗行径。

$$a^2 + b^2 = c^2。$$

毕达哥拉斯定理有成千上万种证明方法,美国第 20 任总统詹姆斯·加菲尔德其至在国会辩论中还提出了一个数学证明。

毕达哥拉斯定理还带来了另一个惊人发现,如果画出一个两条短边都为 1 的直角三角形,该公式会告诉你斜边的长度必须为 $\sqrt{2}$。这便触发了"无理数"的按钮——对毕达哥拉斯等人而言,这个按钮像是蠕虫病毒一样会使整个系统失效。据说 $\sqrt{2}$ 的发现使数学家们十分恐慌,因为毕达哥拉斯学派的一位哲学家学生希伯斯威胁要泄露这个秘密,所以学派的人把他投入海里使其溺水身亡。

是的,毕达哥拉斯学派认为这件事相当严重。

公元前 490 年

埃利亚的芝诺生于公元前 490 年左右,是一位古希腊哲学家,他写了许多谜题或悖论。举个例子:如果在比赛中一名运动员让一只乌龟先"跑"100 米,到他跑完 100 米时,乌龟已经又向前移动了 10 米。当运动员跑完这 10 米后,乌龟又移动了 1 米。当运动员跑完这 1 米的时候,乌龟又移动了 10 厘米。每次运动员跑 n 米的时候,乌龟会向前移动 $n/10$ 米。

那么运动员怎么能超过乌龟呢?

无理数之美

证明2的平方根是一个"无理数"是古代数学中最美丽也是最重要的一部分。

$\sqrt{2}$ 是无理数，这就意味着它不能写成形式为 n/m（其中 n 和 m 都是整数）的分数。一旦我们知道这一点，一种全新的数——无理数就出现了。

以下是伟大的古希腊数学家欧几里得的证明思路。这个证明使用了反证法，首先假设 $\sqrt{2}$ 是有理数，然后证明这个假设导致了错误的结论。

关于分数我们已经知道，如果分数中的两个数字具有公因数，那我们就可以将其约分，例如 14/21 可约分为 2/3。任何分数都可以用这种最"简单"的形式写出来。

假设 $\sqrt{2}$ 是一个有理数，那么我们可以把它写成 $\sqrt{2} = n/m$ 的形式，其中的 n 和 m 是两个没有公因数的整数。

从 $\sqrt{2} = n/m$ 我们可以得到：

$$\sqrt{2}^{\,2} = n^2/m^2 \text{ 或者 } 2 = n^2/m^2$$

因此，$n^2 = 2m^2$。

我们可以知道 $2m^2$ 一定是偶数，即 n^2 是偶数，所以 n 一定是偶数。

令 $n = 2k$，k 是另一个整数，这意味着 $n^2 = (2k)^2 = 4k^2$。之前我们

公元前 411 年

智者安提丰是古希腊政治家和著名的演说家。他是第一个以修辞学为职业（教授沟通和辩论）的古希腊人，他为人们写演讲词，让他们在法庭上为自己辩护，这无疑挽救了许多人的生命。

公元前 411 年，安提丰因策划一场名为"400人革命"的寡头政变而受审。他发表了一篇辩词，历史学家修昔底德称其为有史以来为捍卫自己的生命所做的最伟大的演讲。

安提丰的演说虽然精彩，却仍被判处叛国罪，被处以死刑！

已经得到 $n^2 = 2m^2$，故 $4k^2 = 2m^2$，化简可得 $2k^2 = m^2$，同理 m 也一定是偶数。

这就出现了问题，因为如果 n 和 m 都是偶数，我们就可以将它们组成的分数约分。但是我们一开始就假设它们没有公因数，而这个假设的推演结果是它们有公因数！这个矛盾告诉我们，任何两个整数 n 和 m 都不能将 $\sqrt{2}$ 表示为分数 n/m。

因此，$\sqrt{2}$ 不是有理数！

很高兴我们弄清了这一点。

公元前 399 年

这个时期，在古希腊似乎很流行杀死最优秀和最聪明的人。公元前 399 年，伟大的古希腊哲学家苏格拉底被判有罪，罪名是腐蚀年轻人的思想以及对国家不敬。他的追随者鼓励他逃离雅典继续思考和教学，但苏格拉底拒绝违反法律，在 70 岁时喝了一杯毒堇汁而死。

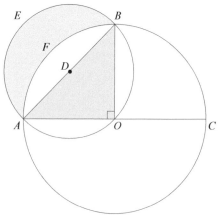

希波克拉底之月

上图中月亮形状的阴影被称为"希波克拉底之月"。月牙形（或者称为弓形）是由两个相交的弧（如曲线 *AFB* 和 *AEB*）构成的几何形状。

　　这个特别的月牙形是以我们的老朋友希波克拉底命名的（你知道他——生活在公元前 470—公元前 410 年的古希腊数学家、几何学家和天文学家）。令人惊叹的是，事实证明这个月牙的面积和直角三角形 *AOB* 是相同的。

　　这个定理本身很酷，但它确实也造成了一些问题。从古至今，

公元前 341 年

　　古希腊哲学家伊壁鸠鲁生于公元前 341 年，创立了伊壁鸠鲁主义哲学体系。在雅典建立自己的学校之前，他与柏拉图和德谟克利特的追随者一起学习。这所后来被称为"花园"的学校接收妇女和奴隶。这一点再加上学校中关于快乐的教导，导致公众批评这所学校是一个放荡的场所。在现实生活中，那里的生活相当简朴。伊壁鸠鲁曾教导说，"快乐"是最大的善，而他相信，到达快乐的唯一途径是过简朴的生活、追求知识和自我控制。

一直有一个伟大的数学问题，它叫作"化圆为方"。如果给你一个圆，你能用一个圆规和一把无刻度的直尺在有限的步骤内画出一个面积和它相等的正方形吗？

这个问题看似艰深，涉及欧几里得几何学的核心。多年来，它也让成千上万个聪明头脑迷惑不解。它将各种正方形与圆的面积联系起来，所以你可以理解为什么这个月牙形让人们非常兴奋了。

然而，在1882年，德国数学家费迪南德·冯·林德曼证明了事实上并不能"化圆为方"，从而结束了这个问题。

无论如何，以下是希波克拉底月牙定理的精彩证明。

点 D 既是直线 AB 的中点，也是小圆的圆心。三角形 AOB 是直角三角形，如果 $AO = 1$ 单位长度，则 $AC = 2$，毕达哥拉斯定理告诉我们，AB 的长度为 $\sqrt{2}$。因此，大圆的直径 AC 是较小圆的直径的 $\sqrt{2}$ 倍。还记得圆的面积公式 πr^2 吗？由此可知，小圆的面积是大圆的一半。因此，扇形 $AFBOA$ 的面积（大圆面积的 1/4）与半圆 $AEBDA$ 的面积相等，但 $ADBFA$ 这个区域同时被包含在扇形和半圆中，从两者中同时去掉它便会留下月牙和三角形 AOB。因此它们的面积一定相等。

公元前 313 年

公元前 313 年，马其顿国王卡山德派他的兄弟腓力到伊庇鲁斯去，讨伐那里的国王埃阿喀得斯。

长话短说，腓力修理了埃阿喀得斯，埃阿喀得斯本以为"没人可以修理我"，于是又对腓力的军队展开进攻。

腓力又把他修理了一番，并且这次更加彻底（译者注：埃阿喀得斯在第二场战役中战死）。

在欧几里得《几何原本》第 13 卷的基础命题 10 中有一个很棒的片段：
如果能将正五边形、正六边形和正十边形变成 3 个相等的圆，则五边形边长
的平方等于六边形和十边形边长的平方和。

公元前 300 年

亚历山大的欧几里得
可能是所有古代的数学书
呆子中最有影响力的一个。
他自己有一些伟大的想法。
他对于质数有无穷多个证
明，十分精巧美妙。但他
也把很多其他数学家的成

果结合在一起，形成一个连
贯的整体。

他最得意的作品是《几
何原本》，毫不夸张地说，
这本书是有史以来最重要的
数学书籍（甚至比你现在读
的这本书还要好！）。这本

书共 13 卷，是古代数学
届的《哈利·波特》。它
不仅激励了当时的数学家，
也在数千年里激励了来自
阿拉伯地区、欧洲地区甚
至其他更多地方的数学家。

无数之多

老阿基米德绝不仅仅对很小的数感兴趣（见页脚内容）。

他还非常喜欢很大的数，于是他发明了自己的!

$$10000=10^4$$

这被称为"无数"，起这个名字可能是因为那时名字已经用完了。

$$10000 \text{ 到 } 10000 \times 10000=100000000$$

阿基米德称这个范围内的数为"一阶数"。

$$100000000 \times 100000000=(10^8)^2$$

比这个数小但大于"一阶数"的数被称为"二阶数"。

……以此类推。除了阶次，阿基米德还发明了"周期"，最终得出如下数字。

$$\left((10^8)^{10^8}\right)^{10^8}$$

阿基米德把这个数称为"无数 - 无数周期的无数 - 无数阶的无数 - 无数单位"。其他人称之为阿基米德的野兽数。如果你想知道，这个数等于 1 后面紧跟 8×10^{16} 个 0。

公元前 212 年

锡拉库扎的阿基米德是古代世界最伟大的数学家、科学家和发明家之一。他喜欢小的数字，通过比较圆和其他形状的周长来求 π 的近似值。

阿基米德非常受人尊敬，甚至当罗马指挥官马克卢斯洗劫锡拉库扎时，还下令赦免伟大的阿基米德。传说中，当城市陷落时，阿基米德正忙着工作，所以他让一名进攻的士兵走开。不幸的是，这名士兵没有收到关于赦免阿基米德的命令，于是用剑刺死了他。

他的遗言是："不要动我的圆!"

星星如眼

尽管毕达哥拉斯和他的同伴非常睿智，也难免在天文学上犯了一些错误。

古希腊天文学将地球置于宇宙的中心，认为地球静止不动，而星星则分布在巨大的自转球体上，绕着地球旋转，并发出点点光芒。太阳（古希腊人称之为赫利俄斯）、月亮（塞勒涅）和我们用肉眼发现的 5 颗行星（水星——赫耳墨斯、金星——阿佛洛狄忒、火星——阿瑞斯、木星——宙斯，以及土星——克洛诺斯……嘿，这些古希腊名字是不是更酷一些？）都被认为在这个巨大的球体内部以圆形轨道运转。

人们认为这个轨道是一个完美的正圆，所以行星一直在这个呈圆形的不断旋转的"天球"上转啊转，这样的观点实在到了有点愚蠢的地步。他们拒绝承认行星可能在"不完美的轨道"上运行。我们用了约 2000 年的时间来改变这种观念：1543 年，哥白尼提出太阳位于宇宙的中心，之后开普勒在 1609 年提出这些行星是沿着椭圆（或者说卵形）轨道运动的。

公元前 200 年

《九章算术》是一部中国数学书籍，由几代学者撰写和扩充而成，这项工作从公元前 1000 年左右开始，到公元前 200 年左右结束。

值得注意的是，这些

文本中的证据表明，早期的中国数学家独立提出了高斯消元法，比高斯本人的诞生还要早近 2000 年！

阿基米德的螺旋式抽水机

这种神奇的装置通过转动螺旋将水从低处转移到高处，这是古希腊的超级英雄阿基米德在公元前3世纪发明的。

这个装置本身就是一个天才的发明，而在2500年后的今天，我们仍然在灌溉系统、污水处理厂、谷仓甚至巧克力喷泉中使用和它几乎相同的装置！这实在太酷了。

事实上，在2001年人们修复比萨斜塔时，你可能猜不到他们使用什么来移走塔北侧湿透的土壤……好吧，你也可能猜出来了，是一个很棒的阿基米德螺旋装置。

尽管人们普遍认为这个螺旋装置是阿基米德发明的，但亚述[19]人可能比他早350年就在使用这种工具了……

图片：《钱伯斯百科全书》中的阿基米德螺旋装置（费城：J.B. 利平科特公司，1875）（公有领域）。

---

[19] 公元前2500年至公元前612年存在于美索不达米亚地区的国家。

公元前 139 年

公元前139年，汉武帝收到了《淮南子》的抄本，这是由"淮南八仙"撰写的文集。

这里的"八仙"指的是淮南王刘安门下的8位学者。他们最终得出结论，完美的社会和谐需要一个完美的统治者，他们的著作为那时的皇帝和朝廷提供了一份施政手册。

丢番图方程

父亲的年龄比儿子年龄的两倍小一岁，父亲年龄的两个数字倒过来则是儿子的年龄。那么儿子多少岁了？

这个例子被数学家称为丢番图方程（我们想要找到方程式的整数解）。方程式的名字来源于伟大的古希腊数学家丢番图，他出生于 246 年左右，在 84 岁高龄时去世。

回到开头的问题，你会怎么解决？ 如果把父亲的年龄写成 AB，他实际上是（$10A + B$）岁（比如 52 岁是 $10 \times 5 + 2$）。 同样，儿子是 BA 或（$10B + A$）岁。现在，我们知道 $10A + B = 2（10B + A）- 1$，将等式简化为 $19B - 8A = 1$。尝试用整数去代替 A 和 B，你很快就会发现 $A = 7$、$B = 3$。所以爸爸 73 岁，他的儿子是 37 岁！

公元前 46 年

当时使用的"努马历"一年只有 355 天，所以偶尔会增加额外的月份来与阳历对齐。战争的繁重日程导致人们经常忘记添加额外的月份，所以到了公元前 46 年，这个日历就变得很混乱了。恺撒大帝一劳永逸地结束了这场混乱，将公元前 46 年——"混乱之年"——延长了 445 天。然后他制定了一年 365 天的儒略历，每 4 年设定一个闰年。儒略历和我们今天使用的公历基本上是一样的，公历是 1582 年 10 月颁布的。

十分完美

尼科马库斯的《算术入门》研究了古希腊人所称的"完全数"，但这种数并不是他发现的。事实上，完全数是欧几里得在比尼科马库斯早几百年的《几何原本》中首次提出的。

你准备好去参加完全数的派对了吗？让我们取一个数字所有的真因数（除了它自身外的因数），然后把它们加起来，将因数的总和与我们一开始取的数字进行比较。

如果我们取数字 10，那么可以求出真因数的总和为 $1 + 2 + 5 = 8$。10 的"真因数"的总和小于 10 本身，我们将 10 这样的数称为亏数。

而如果我们取数字 12，则会得到其真因数的总和（$1 + 2 + 3 + 4 + 6 = 16$）大于 12，尼科马库斯称这样的数为"过剩数"，而现在大多数学家称其为"盈数"。

尝试将 2 到 30 之间的所有数按照盈数和亏数进行分类（答案在本书的最后）。你将发现有两个数的真因数之和恰好等于这个数本身。古希腊人称这些数为"完全数"。和许多古希腊数学家的发现一样，完全数的特点到现在仍然非常吸引我们。

公元前 44 年

3 月 15 日，儒略·恺撒被一群心怀不满的元老院成员刺死。刺杀事件大概是通过莎士比亚的《恺撒大帝》才为人熟知的，剧中恺撒说出了那句名言："还有你吗，布鲁图？"

公元前 25 年

历史学家德图斯·钱德勒在《四千年的城市发展：历史人口普查》中说，公元前 25 年，古罗马超过长安（今西安）成为世界上人口最多的城市，其人口总数几乎达到了 100 万！

测验

看看你是否把上面所有的都考虑进去了，算一算最小的两个完全数是什么？

一个有许多面的几何体

上图这件纽约大都会博物馆的藏品是世界上最伟大的数学作品之一。

从托勒密王朝（古埃及的最后一个朝代）到现在，这件藏品已有 2000 多年的历史。它的长度不到 4 厘米，由蛇纹石制成。它的 20 个面上分别标有希腊文的前 20 个字母。

这个几何形状的 20 个面都是等边三角形，它被称为二十面体。如果你感觉很奇怪（在读这本书的时候你大概一直有这种感觉），那为什么不尝试了解一下页面下方的内容呢？

图片：二十面体，由海伦·米勒·古尔德赠予，1910年。

测验

数数这个多面体有多少个面、棱和顶点（角），并证明它符合公式 $F + V - E = 2$，其中 F 是面数，V 是顶点数，E 是棱数。

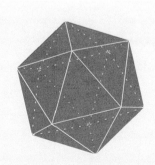

罗马并不是一天建成的，罗马时也不是确切的一小时。

虽然罗马人把一天分为24小时，但他们总是把白昼和黑夜分别划分为 12 小时，这意味着冬天白昼的一小时比夏天白昼的一小时短。

条条大路通罗马

古罗马人像古希腊人一样为人类做出了巨大的贡献，并且塑造了我们现在所知的西方文明。

在公元前 1 世纪时，古罗马人正处于权力巅峰，他们创立的帝国的面积有几百万平方千米，横跨地中海，连接欧洲、亚洲和非洲，并且拥有 5000 万至 9000 万人口（约占当时世界人口总数的 20%）。

古罗马人是建筑天才，他们建造了令人惊叹的道路系统和建筑。这时我们不能不提那座长城——哈德良长城，它是由罗马帝国的君主哈德良（以及他的手下们）在 120 年建造、用于防御北部敌人的。这座长城有 80 罗马里（118 千米）长，它将现在的英格兰和苏格兰分隔开 [20]。哈德良长城的很大一部分遗迹一直留存到现在。

古罗马人还发明了很多东西：室内管道和高架渠、公共厕所、锁和钥匙、化妆品（古埃及人有可能会与他们争夺这个发明权），以及报纸和放大镜等等。我想要告诉你的是，尽管他们拥有很多发明创造和建造长城的杰出智慧，但是如果他们没有采用非常笨拙的

---

[20] 事实上这是一个广为流传的错误。哈德良长城全部位于英格兰境内，并不是英格兰和苏格兰的边界。哈德良长城西侧距离英苏边界更近（最近处不到 1 千米），而在东侧远一些（最远处超过 100 千米）。

9 年

《天文气象杂占》是中国西汉时期（公元前202—9）天文学家留下的一部古代帛书手稿，它被一些人认为是最早且权威的彗星图集。

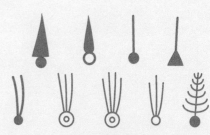

帛书中对彗星进行描述的一些例子

记数系统，则还可以有更加出色的成就！

任何一个使用过罗马数字的人都知道，它非常"具有挑战性"。当然，在长达约 1000 年的时间内，罗马数字都被作为整个欧洲贸易和行政的主要记数系统，罗马人自己非常肯定他们拥有理想的记数系统。但事实上呢？他们花了很大力气却被局限在一些很简单的数学问题中。

罗马数字基于罗马字母的 I（1）、V（5）、X（10）、L（50）、C（100）、D（500）和 M（1000）。

因为这个系统中没有零，所以几乎无法表达复杂的数学问题。不仅如此，罗马数字遵循所谓的"可加"（以及后来的"可减"）系统，当计算结果达到某个数值时，就会有新的符号添加进来用于表示这个数。这样，简单的数学计算就变得很艰深。由于这种可加和可减的特性，在计算过程中还需要额外的步骤来完成数字的增减。你可以试着用罗马数字做代数计算，甚至可以试试微积分。哈哈，我当然是在开玩笑！

古罗马人希望能够利用他们的知识建造道路、桥梁和长城，因此困扰他们的只是今天所谓的应用数学。这可能也是杰出的古代数学家中没有很多古罗马人的另一个原因，我们当然无法将他们与古希腊人的成就相比。

古罗马人平时会在一个带有凹槽和孔洞的"沟算盘"上进行计算。

继续

《天文气象杂占》列出了在 300 多年的时间里出现的 29 颗彗星（"扫把星"），每颗彗星都配有占文，预测每颗彗星出现时发生的重大事件，如"王子之死""瘟疫来临"或"三年干旱"。

数学进化论·改变千万年的数学

他们用放在特定位置的一个卵石来表示记数系统中的一个字母，而其他卵石则表示别的加数。计算时需要重新排布这些卵石，使每个凹槽里最多有 4 个、孔洞里最多有 3 个卵石。卵石的拉丁文 "calculi" 也就是现在英语单词 calculate（计算）和 calculus（微积分）的来由。

来看一个用罗马数字做加法的例子吧。如果你多试几遍的话，它也不是很困难，并且可以作为聚会时一个很好玩的游戏（但也许只有一部分聚会欢迎它）。

我们试着把 1965 和 1425 相加。首先，把这两个数写成罗马数字的形式，即 MDCCCCLXV 和 MCCCCXXV。

在下页图中，黄色的卵石代表我们想要相加的数，你应该能看出它是如何表示 MDCCCCLXV 和 MCCCCXXV 的。

61 年

如果你欣赏历史上的女强人，那么布狄卡绝对是一位佼佼者。如果你对凯尔特爱西尼部落的遗址很感兴趣，那她也很有吸引力。在铁器时代，凯尔特爱西尼部落在今英国东部地区活动。但如果你是占领这个部落的罗马帝国的一员，也许她在你的圈子里就不那么受欢迎了。

现在，将所有的卵石放到一个格子里（卵石被画成了红色），接下来做什么呢？我们来把这个麻烦的问题进行简化。

为了使它变得简单易读，请注意我们在表示"I"的凹槽里放了5个卵石，它们进位变成"V"孔洞中的一个卵石（因为 5 × 1 = 5），而"V"中的两个卵石则进位成"X"中的一个卵石，以此类推。继续这个过程，直到每个凹槽里的卵石数目都不超过 4 个，每个孔洞中的卵石数目都不超过 1 个。

那么相加后的结果 MMMCCCLXXXX 就可以用下面的橙色卵石表示，即 3390。

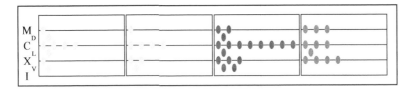

继续

布狄卡女王率领的军队杀死了大约 8 万罗马人和不列颠人，甚至导致尼禄皇帝考虑撤出不列颠。但最终罗马帝国取得了胜利，罗马标枪和剑的使用取得了不错的效果。战败后，布狄卡深感屈辱，于 61 年左右去世。

寄予厚望与······马粪

每个孩子都很难达到父母的期望。

爸爸希望小小的朱利安将来成为自己没能成为的足球明星，妈妈要求胡安妮塔再多练一小时钢琴······好吧，这让我想到了迦太基的汉尼拔 [21]。

当汉尼拔还是年轻小伙子的时候，他的父亲哈米尔卡·巴卡正与罗马交战。可想而知，与这个有史以来最伟大的帝国之一打仗需要全力以赴，哈米尔卡被这场战争耗去很大精力也情有可原。

但是我一直认为，当哈米尔卡让他 9 岁的儿子将手浸入鲜血并宣誓他将献身于摧毁罗马的时候，他可能超越了一个溺爱的父亲而达到了过度介入子女生活的"直升机父母"的程度。我可很难让我最小的女儿奥利维亚保证，我在办公室工作的时候她不会看电视。而发誓要征服罗马······但不得不说，汉尼拔在这个任务中有不错的表现，但是······

公元前 219 年，汉尼拔袭击了与罗马交好的萨贡托 [22]，开始了

---

[21]　汉尼拔·巴卡（公元前 247 －公元前 183），北非古国迦太基的军事统帅。古迦太基是公元前 7 世纪至公元前 2 世纪期间以北非突尼斯沿岸迦太基城为中心的一个城邦国家。

[22]　位于今西班牙东部。

79 年

已知最早的回文可以追溯到 79 年，它有一个非常酷的名字——"萨特广场"，这个拉丁语句为"SATOR AREPO TENET OPERA ROTAS"（播种者阿雷波用力握住轮子），它既可以横着读也可以竖着读，既可以从左上角开始读也可以从右下角开始读。

S	A	T	O	R
A	R	E	P	O
T	E	N	E	T
O	P	E	R	A
R	O	T	A	S

第二次布匿战争，这也使他完成了有史以来最大胆的军事行动。罗马人认为，军队和军需物资几乎不可能翻越巨大的阿尔卑斯山。但对汉尼拔而言，这种看法并不适用。他带领 4 万士兵以及众多马匹、数十只战象（在当时相当于坦克）成功翻过了山脉。

这真是天才的举动。汉尼拔的士兵通过加热醋并将其滴在岩石上的方式使阻挡他们前进的岩石裂开，再用铁棒把它们打碎向前开路，一路上都在重复这个过程。但很快情况开始变得不妙：大象开始在冰雪中死去，供给匮乏，增援部队迟迟没有到来，并且汉尼拔得知罗马人袭击了迦太基，他不得不匆匆返回国内抵御罗马军队。他在公元前 202 年的扎马战役中被罗马人击溃，这是汉尼拔试图履行 9 岁时为父亲所发的血誓的结局。

那么为什么我在本章的标题中提到了马粪呢？这不仅仅是为了吸引你读完文章，还是因为历史学家们虽然知道汉尼拔 2000 年前翻越了阿尔卑斯山，却尚不清楚他行军的具体路线。

据报道，2016 年 4 月，来自多伦多约克大学的一个团队在名为 Col de la Traversette 的山路上发现了一些具有 2000 年历史的马粪。科学家认为，这证明了汉尼拔曾带着他的士兵骑马通过这里！

为此感到自豪的比尔·马哈尼教授表示："这很可能是第一次将粪便和细菌作为历史遗迹。"

100 年

第一台蒸汽机是由亚历山大港的希罗在 1 世纪发明的，他是古希腊几何学家和工程师。希罗有时被称为英雄，我对这个称号毫无异议。他的发动机名为 aeolipile，这个词在希腊语中是"风球"的意思。它是一个密封的罐子，可以装满水放在火上，水沸腾产生的蒸汽会使金属罐旋转。

这是第一个用蒸汽动力驱动机器的部件，但人们认为它仅仅是一个玩具。还要等 1600 年，我们才注意到蒸汽在工业中的潜力。

"我还搁置了所有关于新的防御工事和战争机器的想法，相关的发明早已到达极限，我看不到任何的提升空间。"

　　不幸的是，古罗马时代的不列颠总督弗朗努斯极大地低估了我们设计武器来毁灭自己的能力。从积极的层面看，他在 84 年的预测成为我们一系列失败预言的绝佳开始。请在本书中继续发现。

　　这张照片由哈罗德·阿格纽于 1945 年在太平洋关岛以北的天宁岛拍摄，展示了轰炸广岛之前的第 509 混合飞行大队，上方最右边是投下原子弹"小男孩"的轰炸机艾诺拉·盖伊号。

玛雅文明的衰败

我们要清楚一件事情：玛雅人仍然存在。

在这里我要告诉你：在美洲各地有成百上千甚至上百万的玛雅人后代。这绝对是现今的头号神话。

毫无疑问，他们的祖先古玛雅文明早在 9 世纪左右就逐渐衰微，许多城市开始被遗弃，却没有人知道其中的缘由。历史学家们曾提出疾病、干旱、贸易路线的变化或入侵（以及以上因素的组合）造成严重破坏的可能，但直到今天，这个文明消失的确切原因仍然是一个引起人们兴趣的谜。

我们所知道的是从公元前 2000 年到 17 世纪晚期，古玛雅人生活在中美洲（墨西哥和南美洲之间的肥沃地区）。中美洲作为世界上 6 个孕育了文明社会的地区之一，被视为"文明的摇篮"，它辉煌的成就推动了人类历史的进程。请让我来告诉你，玛雅人做出的巨大贡献——举例来说，他们开拓了复杂的写作和计数系统、医学实践和天文学。

100 年

100 年左右，罗马士兵会在一些石头上钻出小洞（约 5 毫米宽）来制造投石索，用以向野蛮的敌人投掷石弹。这些"呼啸的子弹"意在恐吓和击退敌人。

100 年

同样在 100 年左右，伟大的天文学家、地理学家、占星家、数学家克劳狄乌斯·托勒密出生了。托勒密对天空进行了研究，认为太阳是绕着地球转的，行星和恒星位于一系列球面上，这些球面位于天球的内部。他对天体运动的计算和预测与之前的大多数研究相比，是一个巨大的进步。

令人困惑的各种历法

玛雅人是热衷于观星的，他们耐心而准确地记录了月球和太阳的运行规律、日食周期和行星的变化。

基于这些知识，他们发明了一些复杂的历法，并将其雕刻在石碑上。他们的历法中记录的周期最短为 13 天，最著名的历法是玛雅长纪历。

这个非同寻常的日历通过计算自玛雅"创世日期"以来经过了多少天来确定一个日子，而这个创世日期则对应着公元前 3114 年 8 月 11 日。这似乎复杂得令人害怕，但事实并非如此。

将现在我们大多数人使用的日历表示为一组 3 个数字，分别是年／月／日。例如，2014 年 6 月 24 日可以用 2014/06/24 来表示。每过一天，我们就在最后一个数上加 1（2014/06/24、2014/06/25、2014/06/26、……），当日期的数字超过一个月时，这个月份将结束，所以 2014/06/30 的下一天是 2014/07/01，以此类推。

玛雅长纪历的原理大致相同。我们使用年／月／日，而他们则有 b'ak'tun / k'atun / tun / winal / k'in。这个日历中的 k'in 就是我们所说的"日"。玛雅人认为，人类文明的长纪历从 0.0.0.0.0（公元前 3114 年 8 月 11 日）开始，当到达 0.0.0.0.19 后日历会跳转到 0.0.0.1.0。每一位都在 19 之后进位，除了倒数第 2 个（winal）到 17 的时候进位（因

100 年

100 年至 300 年间，埃及和希腊产生了一系列被称为"智慧文学"的作品集。《赫耳墨斯文集》的成书形式是神秘学学者赫耳墨斯·特里斯墨吉斯忒斯和他的一个学生之间的对话。他们讨论了宇宙、自然世界、思想、宗教……所有朋友在一起通常会讨论的事情。

《赫耳墨斯文集》的影响持续了几个世纪。当哥白尼提出太阳是宇宙的中心从而引发了一场科学革命的时候，他引用了赫耳墨斯的话作为证据。

为 18×20 = 360 非常接近一年中的天数）。因此，3.5.12.17.19 之后的一天是 3.5.13.0.0。

上面的图片就是华丽的玛雅符号中一个很好的例子。它展示了玛雅人如何描绘 13 baktuns / 0 katuns / 0 tuns / 0 winals / 0 kins / 4 Ahau / 8 Cumku 这个日子。

在长纪历中，2012 年 12 月 20 日为 12.19.19.17.19……有些人认为在这个时刻玛雅人的历法以及整个文明都要终结了。但是这发生了吗？请继续读下去，我们会在后面的几页内找到答案。

107 年

2016 年 3 月，劳里·瑞蒙徒步穿越加利利地区时，偶然发现了一块闪闪发光的金属。这是一枚 107 年的罗马金币，已有近 2000 年的历史，上面有罗马帝国第一位皇帝奥古斯都的 画像。这是迄今为止发现的第二枚罗马金币。徒步快乐！

确定进制

不仅玛雅历法以数字20为基础，玛雅人的整个数字系统的基数都是20。

还记得古巴比伦人和他们的六十进制记数系统吗？不同的进制可能让你一时很难理解，所以让我们再看另一个例子——这次是玛雅人的二十进制。

如果我们给那些使用二十进制的人 1287 个鹅卵石，他们会将这些鹅卵石分成 3 个 400（20×20）、4 个 20 和 7 个 1，然后他们说有 347 个鹅卵石。

玛雅人写数字的时候把 1 写作一个点，把 5 写作一道横。我们现在横着书写数字，而玛雅人则是竖着写的，所以下面这是数字是……你猜对了，它是 347。

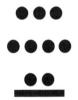

我们十分确定玛雅人提出了 0 的概念，他们把 0 写成一个贝壳形状，这一点没有受到其他文化的影响，所以他们的成就真的很不错。

121 年

和熹皇后邓绥从 106 年到 121 年她去世之前，一直统治着中国（东汉）。一方面她能重用贤臣，使东汉王朝转危为安；另一方面她有专权之嫌，废长立幼，不愿还政于刘氏。

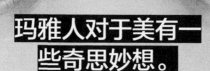

玛雅人对于美有一些奇思妙想。

　　除了用木板压在婴儿的头部以使他们的前额被压平以外，他们也热衷于"对眼"。古玛雅人通常会将一个物体悬挂在宝宝的鼻子前面，希望他们能够一直做到完全"对眼"。

天文学

在玛雅文明中，科学更像是宗教的分支，牧师负责掌管所有的学科，包括天文学。

他们研究天空并不是为了气象学这样的科学目的，而是为了理解过去的时间周期，并试图预测未来。即便如此，他们确实以高度的准确性绘制了太阳、月亮及其他行星和恒星的运行图，令人印象深刻。更令人震惊的是，他们没有望远镜——只使用了肉眼和一对交叉的棍子！

图片：《马德里法典》第34页描绘的一位玛雅天文学家，他的眼睛伸到了眼眶外面（公有领域）。

测验

超级数学迷可能会注意到121是一个傅利曼数。这是因为用它本身所包含的数字通过四则运算（加、减、乘、除）、括号和幂可以表示出这个数。例如，$121 = 11^2$，$126 = 6 \times 21$，$128 = 2^{(8-1)}$，它们都是傅利曼数。继续吧，找到2016年内所有与"傅利曼年"相关的等式！

提示：将年份分解成2、3、4、9的幂更方便。"傅利曼年"的年份分别是25、121、125、126、127、128、153、216、289、343、347、625、688、736、1022、1024、1206、1255、1260、1285、1296、1395、1435、1503、1530、1792和1827。

写作

玛雅人在写作方面也极为出色，他们是美洲的文学明星，是大约一万篇被发现和破译的文本的作者。

他们的书写系统由表音的符号和表意的图像（有点像古埃及的象形文字）组成。一次书写大约要使用 500 个象形文字。玛雅人主要在石碑和陶器上书写，但有证据表明，他们发明了一种由树皮制成的纸，并用毛刷在上面写字。在洪都拉斯发现的一个雕塑上有一个用海螺壳制成的"墨水壶"，它可以追溯到玛雅文明时期。事实上，中美洲有很多书写系统，但玛雅人的是最复杂的。我们今天尚有证据证明这一点，实在是很幸运——天主教会在 16 世纪把他们的信仰带到这一地区，为了使玛雅人皈依天主教，他们彻底摧毁了发现的每一篇古代文献。

132 年

132 年，中国巨匠张衡（天文学家、数学家、地图绘制者、工程师、发明家、诗人、艺术家……你知道为什么这样称呼他了吧）发明了一个地震检测仪，可以向皇帝所在的宫廷警示几百千米外发生了地震。

张衡的"候风地动仪"使用摆锤来表示地震的强度，地震时会使 8 个龙口中的某一个小球落入蟾蜍的口中，从而粗略地显示地震发生的方向。这使得援助物资能够尽快被送到受灾地区！

周末呢？

在19世纪美国实业家查尔斯·古德伊尔制造出橡胶之前，强大的玛雅人已经研究出如何将本土橡胶树的汁液与一种牵牛花的汁液相结合，形成一个有弹性的橡胶球。

这是真的。古玛雅人几乎没有使用过如今看来毫不起眼的轮胎，而是把橡胶球用在一种球拍上，在有斜坡墙的石头球场上打球。历史学家声称，玛雅人有时用人的头骨代替橡胶球……但我们现在不讨论祭祀仪式……好吧，我们还是说一说吧！

尽管玛雅人有着进步的态度和非凡的成就，但他们是一个非常宗教化的群体，他们不介意牺牲动物（有时是人类）来安抚神灵。他们认为血液是一种强大的食物来源，而人是终极祭品。恐怖吗？残酷吗？当然。这就是2000年前的生活。

193 年

193 年，尤利安努斯因为向禁卫军（保护皇帝的重兵部队）出价最高而赢得拍卖，成了罗马皇帝，这是我听过的最奇怪的拍卖之一。为什么禁卫军要进行拍卖？因为他们暗杀

了上一任皇帝佩蒂纳克斯，他在位仅3个月；他镇压禁卫军的政策在禁卫军中引起不满。

通过如此"庄严"的方式掌权，对于尤利安努斯皇帝只在位了9周，你

就不会太惊讶了。他的继任者塞普蒂米乌斯·塞维蒂将他判处死刑。塞普蒂米乌斯对佩蒂纳克斯的评价相当高。

"世界将于2012年12月21日终结。"

　　事实上，除了最容易上当受骗者和悲观的世界末日论者之外，没有人说过这句话，尽管经常有人认为这句话是古玛雅人说的。他们的历法并没有在这一天结束，而且也没有玛雅人预言世界会在这一天终结。

　　美国航空航天局的工作人员在 2012 年花了相当长的时间，试图揭穿这个"神话"，对于这个问题做了这样的评论："正如日历上的日子在 12 月 31 日之后还会继续一样，玛雅历法在 2012 年 12 月 21 日后仍会继续下去。这个日期是玛雅人长期计数周期的结束，但是，正如你的日历在 1 月 1 日重新开始一样，玛雅历法的另一个长期计数周期也将开始。"

　　所以，你可以自信地在下一个闲暇的夜晚记下：世界并没有在 2012 年 12 月 21 日结束。

与此同时，在中国的数学家······

古代中国人痴迷于数字，不仅是因为数字在政务和商贸中的实际用途，而且是因为人们认为某些数字具有特殊的含义。

有时一些迷信的出现是因为某个特定数字的谐音有着吉凶的意味。例如，8 这个数在汉语里听起来有点像意味着"财富"的"发"。

另一方面，4 听起来像"死"。即便现在，在世界各地都有一些酒店没有 4 楼、14 楼或 24 楼（更不用说 13 楼了）。哦对了，诺基亚没有发布过 4000 系列型号的手机！

中国的十进制系统是在公元前 2000 年左右发明的——这意味着比西方国家使用十进制的时间早了 1000 年。中国数学家使用竹棒代表数字 1 到 9，并把它们放置在代表十位、百位和千位的位置上，这使得计算非常大的数字也很简单。

1   2   3   4   5   6   7   8   9

继续

从当时的标准来看，塞普蒂米乌斯的统治持续了很长一段时间，直到 211 年他去世——尽管在此期间他和他的儿子卡拉卡拉（198—211）以及另一个儿子格塔（208—211）共治了一段时间。在塞普蒂米乌斯死后，卡拉卡拉做了任何一个渴望权力的哥哥都会做的事，他残忍地暗杀了他的弟弟······你永远猜不到吧，善良的老禁卫军。

因此数字 943 可以写为：

我们可以注意到表示 4 的线经过了旋转，以免与表示数字 3 的线混淆。

读过我的《数字大百科》的读者可能会想起算盘这种巧妙的计算装置。传统的算盘每根杆上有 7 个珠子，其中顶部格子中有 2 个珠子，底部格子中有 5 个珠子。虽然在美索不达米亚地区、古埃及和古希腊的人都使用了算盘的变体（不要忘记我们在古罗马时代遇到的那些时髦的算术板），我们所知道的第一个算盘被记录在了 190 年 [23]（东汉时期）一本名为《数术记遗》的书中。算盘一直使用到了距今不远的 20 世纪 90 年代，但现在它们已经不可避免地被袖珍计算器取代了，多可惜。

我最喜欢的极客故事中也有一个关于算盘的，而这个故事与有史以来最伟大的思想家之一、美国理论物理学家理查德·费曼有关（见第 352 页）。

---

[23] 原文"公元前 190 年"有误，应为 190 年。

206 年

206 年至 220 年，汉朝修复或重建了令人惊叹的万里长城。其长度大约是地球周长的四分之一！

大幅改进的新城墙延伸到戈壁沙漠，保护了重要的贸易路线——丝绸之路。

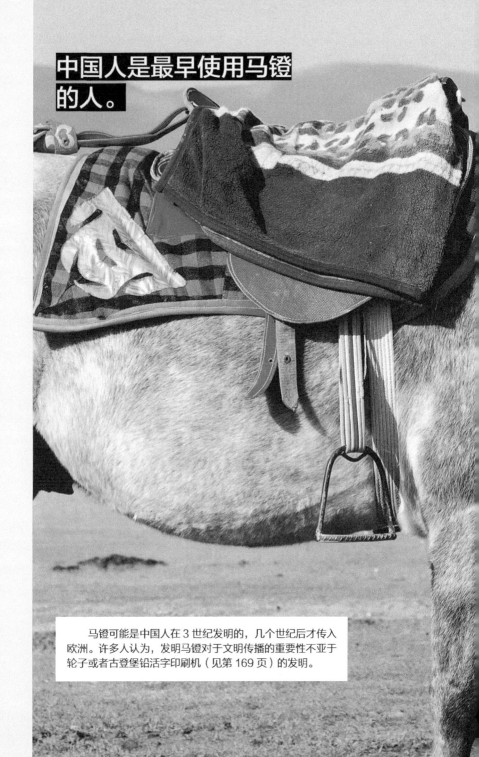

中国人是最早使用马镫的人。

马镫可能是中国人在 3 世纪发明的，几个世纪后才传入欧洲。许多人认为，发明马镫对于文明传播的重要性不亚于轮子或者古登堡铅活字印刷机（见第 169 页）的发明。

刘徽和另一部数学大百科

中国古代的数学名著《九章算术》成书于公元1世纪左右。

该书不仅最早提出分数问题，还首次阐述了负数及其加减运算法则，是当时世界上最简练有效的应用数学书。中国古典数学理论的奠基人之一刘徽完成的杰作《九章算术注》对《九章算术》中问题的解法做了补充证明。多么值得骄傲！

刘徽还给出了一个类似于毕达哥拉斯定理的证明，这也就是我曾说过的，不同的文明似乎是各自偶然地发现了相同的定理。但是谈到平面图形的面积和立体图形的体积，刘徽的发现真的很震撼！他研究了圆柱的体积、垂直相交的两个圆柱体的重合部分（刘徽将其称为"牟合方盖"）的体积，而最令人印象深刻的是，他求出了 π——一个超级重要的数学常数——的值一定介于 3.141024 和 3.142074 之间。他通过将圆切割为正 192 边形达到了这一成就。

如何使用正多边形求圆周长的近似值？以下是一种方法。

画出一个直径为 1 的圆，我们可以得知它的周长是 π（圆的周长 = π × 直径，直径为 1），并且我们可以看到这个圆周被"框"在了两个正六边形中间（见下页图），因此 3 < π < 3.464…。你应该可以发现，如果我们不使用正六边形而使用有更多边的形状，这个近似值会更精确。

222 年

222 年，罗马皇帝赫利奥加巴卢斯去世。他以堕落和放荡的生活方式而闻名，而他最放纵的品质之一是从来没有重复戴过同一枚戒指或重复穿过同一双鞋。

224 年

224 年标志着一个时代的结束，尤其是对于帕提亚帝国（即安息帝国）来说，它是以今伊朗东北部的帕提亚地区命名的。在奥尔米兹达干战役中，波斯的沙阿（波斯的君主头衔）阿尔达希尔废黜了帕提亚帝国皇帝阿尔达班五世。随之而来的萨珊王朝持续到了 651 年，它被许多人认为是古波斯文明的高峰。

刘徽还用他丰富的数学技巧解决了测量中的问题：运河与河堤的建设以及制图。真是一位全能极客！

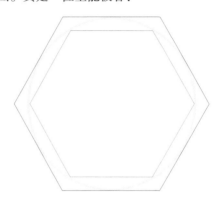

在《九章算术》之后，其他中国数学家继续向更复杂的方程式进发，从而产生了被称为"孙子定理"（又叫中国余数定理）的伟大发现。这个定理由孙子（与写《孙子兵法》的孙子并非一人）发现于300年至500年之间，后被用于辅助绘制行星的运行图，并且至今仍应用于网络加密等前沿领域。这实在令人难以置信——有上千年历史的中国数学成果现在可以帮助你安全地上网购物！

284 年

284 年，戴克里先成为罗马皇帝，他的统治持续到305年。他的掌权标志着这场令人难以置信的长达半个世纪的动乱结束了。在235年至284年间，多达20多个不同的人担任过皇帝。他们最常见的死因是"士兵私刑处死"。在"三世纪危机"中去世的最不幸的皇帝大概是马库斯·奥勒留斯·卡洛斯，他被闪电击中。

287 年

287 年，从一个卑微领航员开始海军生涯的奥勒留·卡劳修斯（罗马舰队在英吉利海峡的指挥官）起义反抗罗马的统治。听说马克西米安皇帝下令处

秦九韶的线性同余

不，这不是一个酷酷的北京摇滚乐队的名字。

13 世纪（宋末元初）被我们称为中国数学的黄金时代，那时全中国有 30 多所数学学校。多么棒！这个时代最厉害的数学家名叫秦九韶，他于 1202 年左右出生于今中国四川省。秦九韶在做官之前学习了天文学和数学，并且在业余时间完成了一部很有影响力的著作《数学九章》。这 9 章的内容都是什么呢？

你可能已经猜到了，这本书分为 9 个部分："大衍类""天时类""田域类""测望类""赋役类""钱谷类""营建类""军旅类""市物类"。这本书中的每个问题后面都有"答曰"（答案）、"术曰"（通用的解题方法）以及"草曰"（用算筹演示的详细解法）。

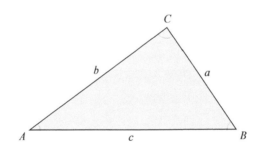

继续

死他，他便集结了他舰队的水手和被他俘获且归顺于他的海盗起义反抗。他是第一个使英格兰作为一个独立统一的王国而对其进行统治的人。293 年，卡劳修斯的财政部长阿勒

克图斯刺杀了他，卡劳修斯的起义也随之衰落。

296 年

296 年，阿勒克图斯被打败并被杀死，我想，这会让已故的卡劳修斯非常高兴。他可能也不会太高兴，毕竟现在我们称为不列颠的地区不久之后会重新被罗马帝国吞并。

　　秦九韶的成就中最耀眼的部分对于普通读者来说有点艰深，但我来简要介绍两点。首先，他找到了方程组而非单独方程式的解法，这个解对所有方程式都必须同时成立。数学家将这些方程式称为"联立方程"。其次，他还给出了一个计算三角形面积的公式，这个公式被称为"秦九韶公式"。这个名字不是多么梦幻，但这个公式确实是一个杰出的发现。

　　虽然这与古希腊数学家海伦 1200 年前发现的公式相同，但他没有像秦九韶这样将其写为：

$$A = \sqrt{s(s-a)(s-b)(s-c)}$$
$$(\text{其中半周长 } s = \frac{a+b+c}{2})$$

　　举个例子，三角形 ABC 的边长分别为 $a = 4$、$b = 13$、$c=15$，其半周长 $s =（4 + 13 + 15）/2= 16$，则三角形的面积为：

$$A = \sqrt{16 \times (16-4) \times (16-13) \times (16-15)}$$
$$= \sqrt{16 \times 12 \times 3 \times 1} = \sqrt{576} = 24$$

虽然我们常常被古希腊在数学上的进步所吸引，但是正如我们看到的那样，东方也有着妙趣横生的成就，且往往是独立发现的——我不只是在谈论中国。握住你的量角器：下一站是印度！

313 年

　　313 年，君士坦丁一世签署了《米兰敕令》，承诺罗马帝国允许人们信仰基督教。

测验

　　313 是一个回文质数，而 303 不是回文质数。虽然它是个回文数（从前往后读和从后往前读一样），但你可以很容易地计算出 303 = 3 × 101。

　　从 101 到 999，你能否找出所有的 3 位回文质数？提示：考虑到 3 位回文数的第一个和最后一个数字相同，你可以立即排除大部分 3 位数。剩下的数需要用一点长除法。那么开始计算吧！

事实上，你并不能在月球上看到中国的长城。

　　我得到这个结论不仅是因为你实际上并没有住在月球。

　　尽管长城的长度令人惊讶，明长城的总长度为8851.8千米，加上秦汉及早期长城后总长度可达21196.18千米，但它宽的地方只有9米。它的颜色也与周围的地表非常相似。科学家们估计，如果想要从月球上用肉眼看到长城，那么它需要被建成粉红色，并且宽度超过110千米。

　　如果你不相信这个理论推定，那么可以听听实践经验。尼尔·阿姆斯特朗说："我不相信我能在月球上看到任何人造物体，至少在我看来是这样。没有人告诉过我他在月球上看到过中国的长城。我问了很多人，特别是多次在白天经过中国上空的宇航员，他们并未在太空中看见长城。"

"一无所有"的故事

让我们退后一步，来重新认识零的概念。这是一个十分令人好奇的故事。

尽管人类都能理解"没有"的概念，但"零"的概念是相对较近才出现的，它在 5 世纪才开始充分地被人类使用。

在此之前，世界各地的数学家进行最基本的算术计算都十分费力。而现在，零作为符号（或数字）和代表"没有任何数量"的概念可以让我们做各种奇妙的事情，如解决微积分和复杂的方程问题。零甚至推动了计算机的发明。对于抽象的东西来说，它非常重要。例如，当你想到 100、200 或者 5000 这样的数字时，自然会想到一个非零数字后面跟着几个零。在每个数字中，零就像一个"占位符"。也就是说，5000 中的 3 个零告诉我们有五千个，而不是五百个，以此类推。你就算只是添加或减去一个零，也会从根本上改变所要表示的数量。

正如我们所知，古巴比伦人可能是最先使用单独的标记来表示缺失的数字的——就像 1050 中的 0 告诉我们，这个数的百位上没有东西。继古巴比伦人之后，（站在古埃及人的肩膀上）古希腊人实际上在关于零的辩论中几乎没有取得任何进展，直到 650 年才由来自

320 年

320 年，旃陀罗·笈多一世在印度开创了笈多王朝。帝国很快扩展到整个印度北部，据说那是艺术和科学繁荣的黄金时代。伟大的阿雅巴塔提出了地球是一个旋转的球体的观点——当时肯定没有被接受，他还估计出地球绕太阳公转一周需要 365.25858 天。这只比我们现在所说的"太阳年"长 3 分钟。

324 年

君士坦丁大帝 [又被其军队称为恺撒（罗马帝国皇帝的头衔之一 ）] 在阿德里安堡（位于今土耳其境内）战役中取得胜利后，成为无可争议的罗马皇帝。我知道这听起来像终极格斗冠军赛的中量级冠军腰

宾马尔（位于印度西北部）的印度数学家布拉马古普塔获得了具有突破性的成果。布拉马古普塔是一位十分出色的数学家，著名的科学史学家乔治·萨顿曾称他为"这个民族最伟大的科学家之一，也是这个时代最伟大的科学家之一"。布拉马古普塔在数字下面加点来表示零，这些点被称为 śūnya（意思是"空"）或者 kha（意思是"地方"）。布拉马古普塔了解到如何通过加法和减法得到零以及对零进行运算的结果。他并没有完全弄清楚关于零的除法——艾萨克·牛顿和戈特弗里德·莱布尼兹在几百年后才理解了这个概念，并且用圆形符号表示的零出现在印度西北部瓜廖尔的碑文上则是 200年以后的事了。但是不要小看布拉马古普塔，这个男人做的事情是"一无所有"（你领会这句话了吗？），他是真正的天才！

继续

带，但考虑到罗马在过去几十年所面临的动荡，这是一个相当大的成就。

330 年

君士坦丁大帝还认为，帝国一直以来的首都罗马离他所喜欢的地方太远了。330 年，他在拜占庭建立了首都，这座城市后来被称为君士坦丁堡，现在是伊斯坦布尔。他在那里统治帝国直到 337 年去世。你猜怎么着……是的，罗马帝国又分裂了。

水的沸点曾经是 0℃。

　　虽然我们谈的是零的问题，但让我们跳到几个世纪之后。真的，水的沸点一度是 0℃。但这恐怕并不是由于地球上物理环境的惊人变化，所以不要特别惊奇。

　　当瑞典天文学家安德斯·摄尔修斯在 1742 年首次提出与他同名的温标时，0℃表示水的沸点，而 100℃表示水的冰点。巧合的是，瑞典植物学家、动物学家和医生卡尔·冯·林奈也在研究类似的温标，并且在 1744 年（更为巧合的是，这年摄尔修斯去世了）其定制的林奈温度计上翻转了刻度。在现代通信出现之前，许多科学家会在同一时间做相似的研究。

　　无论如何，自 19 世纪以来，世界各地的科学界都将这个温标（无论发明者到底是谁）称为摄氏温标。但是因为这个术语也是法国和西班牙的计量单位，用来表示直角的百分之一，所以直到 1948 年国际标准组织才同意这一命名。

关于"零"的寺庙

考虑到南亚次大陆庞大的人口规模、多样的地貌和充满活力（且通常有些混乱）的多元文化的融合，印度几千年来一直处于智慧之舟的船头，这应该不足为奇。

早在公元前 1000 年，印度神职人员已经可以将多达万亿的数字概念化，并且熟悉加法、减法、乘法、分数、正方形、立方体和根等。据称，佛陀那时已能够将 10 的幂一直列到 10^{421}，在现在的人看来这是一个令人印象深刻的聚会游戏，但这个数值可能已经远远超过你的生活所需（例如，对于宇宙中原子数量的合理推测值约为 10^{80}）。

最著名的古印度文本之一是公元前 800 年左右的 Śulba Sūtras。对于我这样的数学爱好者来说，它比《印度圣经》还要有趣。该文本中记录了当时非常先进的数学知识，包括从毕达哥拉斯三元组（就像 3、4 和 5，它们遵循公式 $3^2 + 4^2 = 5^2$）到求解二次方程的方法。它还记录了 2 的平方根的近似值：

$$1 + 1/3 + 1/(3 \times 4) - 1/(3 \times 4 \times 34)$$

这样得到的值为 1.4142156…，前 5 位小数都是正确的，真棒！

印度数学家理解无穷大的概念，也理解零的概念。事实上，如果印度瓜廖尔的证据可以使人信服，那么印度可能是第一个在视觉上用一个中间为空的圈代表零的文明。

360 年

在这本书中，我们会遇到很多聪明的女士。我们从 360 年左右出生的古希腊数学家、哲学家和天文学家希帕提娅开始。希帕提娅是当时著名的知识分子，尽管她是个女人，但她是亚历山大新柏拉图学派的创始人，在那里她教授哲学和天文学。她的作品几乎都没有流传下来，但她写下了对丢番图和欧几里得作品的阐释。不幸的是，415 年，她卷入了一场政治纷争，而后被残忍杀害。据报道，她被剥去衣服，用砖瓦砸死（有人说是剥皮），之后她的尸体被肢解并焚烧。

瓜廖尔在德里以南的主要铁路线上，位于泰姬陵所在的阿格拉的南边。它是一个平坦且干旱的地区，外人几乎不知道这个地方……至少那些对数学不感兴趣的外人是不会知道的。

不过无论如何，瓜廖尔这座城市内有一个美丽的中世纪堡垒，而在该堡垒内有一个更古老的寺庙，它的历史可以追溯到876年左右。

在寺庙内，一块小石碑上刻有一个圆圈。这不是一个普通的圆圈，这是一个代表零的圆圈……它代表的灿烂辉煌"无"可比拟！

376 年

在一场角逐"东欧统治者"称号的冲突中，匈奴人（即使以当时的标准来衡量，匈奴人也非常残暴）击败了统治该地区约200 年的东哥特人。

378 年

378 年，西哥特人（东哥特人的近亲部落，东哥特人已经被匈奴人击败了）向罗马帝国请求保护。瓦伦斯皇帝允许他们进入，条件是他们答应放下武器，但这并没有完全按照计划进行。西哥特人对他们所受到的待遇不满意，于是在阿德里安堡战役中奋起杀死了瓦伦斯。

布拉马古普塔的智慧

或许你已经对这位印度数学家有了一点了解，但我还可以告诉你更多！

- 他说他研究数学问题是为了享受其中的乐趣。
- 他是第一个将零视为具有自身属性的数字的人。
- 他将零定义为一个数减去它本身所得到的数值。
- 他认识到零除以任何非零的数结果都为零。
- 他是第一个写出二次方程式解法的人，这个解法我们沿用至今。
- 他认为 π 通常可以取值为 3，但为了更准确，应使用 10 的平方根（3.162…）。
- 他意识到地球更接近月球而不是太阳。
- 他写出了一个公式，可以求出四角与圆周相接的任意四边形的面积。
- 他推断出地球是一个球体。
- 他喜欢好的论点，并且与其他印度天文学家有过一些激烈的争论。

这份"简历"你觉得如何？

继续

西哥特人在骑兵的帮助下击溃了罗马帝国。这次战役是罗马帝国所经历的最严重的失败之一，因此罗马帝国的北部势力被永远地削弱了。有人指出，这次失败是帝国灭亡的开始。

现在，敏锐的读者会想："嘿，我以为阿德里安堡之战发生在 324 年，涉及君士坦丁大帝？"你这样说……倒也没错。原来阿德里安堡是一个充满战争的地方，那里至少发生过 16 次战斗、围攻、征服、掳掠或一般的对抗事件。

国际象棋是古印度人发明的？

事实可能如此，6 世纪之前在印度次大陆出现过一个叫作"恰图兰卡"的游戏，它可能是国际象棋最早的祖先。

无论国际象棋从哪里起源，很少有像它这样长寿的游戏。据估计，在 2012 年约有 12%的英国人、15%的美国人、43%的俄罗斯人和 70%的印度人每年至少下一次国际象棋。

马德哈瓦的魔力

除了布拉马古普塔之外，另一位被称为印度"数学黄金时代"的超级成就者是马德哈瓦。

马德哈瓦生活在 1340 年至 1425 年间的喀拉拉邦，他建立了喀拉拉邦的天文学和数学学院。他对微积分、几何、代数，特别是使用"无穷级数"计算近似值做出了重大贡献。这些成就值得我为你一一道来，因为它们都非常棒！

一组整数相加显然会得到另一个整数，例如，$4 + 12 + 26 + 8 = 50$。同样，一组分数相加你会得到另一个分数，例如，$1/2 + 3/4 + 5/12 = 20/12$ 或 $5/3$。

事实上，如果你将有限的一组数相加，无论它们有几百个或几千个，你总会得到一个数。

但是这个概念可能需要你花费一点工夫来研究：将一组有无限个数的数列相加，其结果仍然可以是一个有限的数。你可以再读一遍这句话，因为它可能需要一点时间才能被你的思维接受。有时你可以将一个无穷的数列相加，但它们的和是一个有限的数。

一个简单的例子是将 2 进行平分，即 $2=1+1$，然后将其中一个 1 平分以得到 $2 = 1 + 1/2 + 1/2$，继续将最后一项进行拆分，你会得到：

$$2 = 1 + 1/2 + 1/4 + 1/8 + 1/16 + 1/32 + \cdots$$

400 年

早在国际象棋见诸记载前 600 年，维京人就已经在棋盘上玩一种叫"内法塔夫"（意为"国王的桌子"）的游戏了。国际象棋中的双方使用相同数目的棋子，与之不同的是，在内法塔夫游戏中，其中一方的人数远远超过另一方，并且会为了抵抗攻击而战斗。白子的任务是把他们的国王移到位于 4 个角落的城堡之中，而黑子则是要刺杀对方的国王。

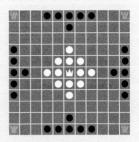

因此,"有穷"数 2 可以写为一个无穷项的和或无穷项的级数。

马德哈瓦喜欢用无穷级数计算估计值。 例如,他使用了这个无穷级数的前 21 项:

$$\pi = \sqrt{12[1-1/(3\times3)+1/(5\times3^2)-1/(7\times3^3)+\cdots]}$$

马德哈瓦用这个级数将 π 表示为 3.14159265359,精确到了 11 位小数。

马德哈瓦比欧洲的数学家们先发现了许多像这样的级数。他还以在当时相当高的精度绘制出了月球的轨道图和行星的运动图。

为了纪念他,有个一年一度的印度数学竞赛以他的名字命名。各个年龄段的学生都会争夺极具吸引力的奖牌、参与证书和现金奖品,以及我个人最喜欢的——参加数学训练营的机会! 只要你赢得了这个比赛就可以参加!

410 年

410 年 8 月,3 次围攻之后,在阿拉里克国王领导下的西哥特人洗劫了罗马。经过 3 天的掠夺,西哥特人离开了。不过阿拉里克不会享受战利品太久——他生病了,几个月后就去世了。

434 年

434 年,闪电击中了匈奴王鲁吉拉,杀死了古代世界的另一位首领。当时他正计划入侵东罗马帝国。现在,你可能认为他的暴毙会让非匈奴人高兴,但是当鲁吉拉的儿子布尔

阿拉伯地区的数学

伊斯兰教在7世纪诞生，并在中东、北非和欧洲各地传播。在这之后，第3个继承先知穆罕默德的伊斯兰统治者集团（被称为阿巴斯哈里发）将首都从大马士革迁至巴格达。

巴格达位于底格里斯河流域，很快便成为该地区的文化中心，也是东西方之间的重要枢纽。今天我们认为，当时的统治相当稳定，他们在8世纪和9世纪迎来了一个政治和谐时期，在那个时期，他们的公民可以好好生活，追求知识……而不用担心被杀害。

领导人（或哈里发）建立了一种称为"智慧之家"的大学。现在看来，把一个地方称作"智慧之家"可能会让人觉得这些人有点自以为是，但这是一个很合适的名字，因为在这里他们可以翻译和学习希腊语、梵文和印地语的数学和科学著作。尤其是欧几里得的著作，它在后来产生了巨大的影响。我们早些时候（参见第60页）接触到的他轰动一时的作品《几何原本》，是最早被翻译的希腊语文本之一，影响范围包括从阿拉伯语的数学证明到宗教和哲学，甚至城市设计等的方方面面。

不过，欧几里得的《几何原本》对当时欧洲为数不多的学术活

继续

达和更知名的阿提拉接手后，所有的快乐都消失了。兄弟俩一起在欧洲的大片地区制造恐怖事件，直到阿提拉杀了他的兄弟，单独接手这项工作。

虽然阿提拉从未征服君士坦丁堡或罗马，但他确实迫使罗马人签署了几项代价不菲的条约。就阿提拉对战争和征服的态度来说，人们经常引用他的话："我所过之处，寸草不生。"

动影响很小，这稍微具有讽刺意味。这部不凡的著作似乎只有少量片段为接近欧几里得居住地的人们所知，而在世界的另一边，他却是当之无愧的大师。直到中世纪，欧几里得才得以震撼欧洲。

455 年

455 年，罗马再次陷入混乱，因为瓦伦蒂尼三世被他的顾问彼得罗尼乌斯·马克西姆斯说服，杀死了他的导师埃提乌斯将军。埃提乌斯曾在保卫帝国时击败匈奴王阿提拉。

然后一个埃提乌斯的追随者谋杀了瓦伦蒂尼三世，猜猜谁接替了他的位置……首先挑起了所有麻烦的彼得罗尼乌斯·马克西姆斯！

在瓦伦蒂尼三世死后

的混乱中，盖泽里克国王统治下的汪达尔人发现了机会，开始向罗马进发。马克西姆斯上任仅 70 天，他意识到自己没有足够的力量阻止汪达尔人，决定逃跑，但被一群人发现，

阿拉伯地区的数学大家

如果我要全面记述伊斯兰教对数学和科学的所有贡献，那么将需要写另外一本完整的书。

但我认为有一些贡献需要特别提及。9 世纪的波斯学者和天文学家阿布贾法尔·穆罕默德·伊本·穆萨·阿勒·赫瓦利兹米（常简称阿勒·赫瓦利兹米）是巴格达智慧之家最早的一位负责人。他主持翻译了很多希腊和印度的数学文本（包括布拉马古普塔的著作），并描述了如何使用十进制系统写数字。

在他使用印度 - 阿拉伯数字的主要算术书籍（持续 830 年的畅销书 kitab al jabr w'al-muqabala，字面意思是"恢复和补偿"）被翻译成拉丁语大约 300 年后，它重塑了欧洲的数学思维。在深入应用几何之前，它会用一些"美味"的二次方程进行预热，为了"好玩"，它加入了一些线性方程，最后讨论如何用数学来解决遗产问题。真是一本奇妙的书！

这本书于 1145 年被切斯特的罗伯特翻译成拉丁语，书名中的 al jabr 就是现代术语"algebra"（代数）的词源。这本书还教给我们一个短语"dixit algorismi"或"so said AL-Khwarizmi"，它演变成了"algorism"一词，即用印度 - 阿拉伯数字系统计算的过程。

这个词最终演变成了"algorithm"（算法）这个词，不过老实说，

继续

他们用石头砸死了他。

盖泽里克进入没有任何抵抗力量的罗马后，在两周内掠夺了大量财富，甚至还带着尤多霞皇后和她的女儿们回到了他在非洲的大本营。

如果我们称它们为"alkhwarizms"，听起来会更酷。

我还应该指出另外两位主要的成就者。9世纪的阿拉伯数学家塔比特·伊本·库拉提出了一个公式，这个公式可以帮你算出"亲和数"。读过我的《数字大百科》的人会记得，"亲和数"是这样一对数字：一个数的所有真因数之和等于另一个数（反之亦然）。例如，220的真因数是1、2、4、5、10、11、20、22、44、55和110，总和为284；284的真因数为1、2、4、71和142，总和为220。

塔比特的公式被文艺复兴时期的思想家笛卡儿和业余数学家费马独立重新发现。这个公式有时被认为是笛卡儿在17世纪初发现的，但塔比特做出这个成果比他早了大约800年！

下面为你介绍最后一位阿拉伯伟人：11世纪的波斯数学家、科学家、天文学家和哲学家伊本·阿尔-海瑟姆。他撰写了近100本书，甚至在月球上还有一个以他的名字命名的陨石坑——阿尔哈森。

伊本·阿尔-海瑟姆发现了求从1开始的连续整数的4次幂和的公式，并在代数和几何的结合上取得了巨大的进步，提出了现在所称的"阿尔哈森问题"，解决了一个困扰人们800年的几何难题。他还发明了针孔相机，甚至还想过自拍，几百年后我们才发展了现代摄影。他并不止于这些成就，还被认为是最早的理论物理学家之一和最早倡导科学方法论的人。科学方法论的观点是，任何假设都必须通过基于确定程序或数学证据的实验来证明。这比文艺复兴早了大约200年。他还研究了"音乐疗法"，这种观点认为音乐可以

476 年

476年9月4日，日耳曼酋长弗拉维乌斯·奥多亚塞推翻了罗马皇帝罗穆卢斯·奥古斯都的统治，西罗马帝国落入德国雇佣兵之手。许多学者认为这是罗马帝国的终结和黑暗时代的开始，黑暗时代至少延续到800年查理大帝统治时期。不过，公平地说，罗马人在这方面已经颇有经验了。

测验

计算下列数的真因数之和，并告诉我下列哪一组数是亲和数：(138, 176)、(1184, 1210)、(1575, 1789)、(2620, 2924)、(5020, 5564)。

对人和动物的情绪产生积极的影响，并且他还摒弃了占星术。

在伊斯兰数学黄金时代之后的几个世纪里，欧洲人花了大量精力将各种阿拉伯语著作翻译成拉丁语（欧洲学术界的官方语言）。鉴于伊斯兰教对西班牙的影响，大量翻译活动都是在那里完成的。然而，由于很少有欧洲人懂阿拉伯语，翻译通常分两个阶段进行，一位居住在西班牙的犹太学者首先将阿拉伯语翻译成某种通用语言，另一位学者接着将这种语言翻译成拉丁语。同样，从亚里士多德到欧几里得的许多古希腊文本也被翻译成拉丁语，在这之后，它们开始影响西方世界。

阿拉伯数学家不仅做出了一些自己的深刻发现，还是古代世界，尤其是古希腊的数学知识得以生存和启发中世纪及以后的欧洲人的重要渠道。另一部对西方数字系统有重大影响的著作当然是斐波那契在 1202 年出版的《计算之书》（*Liber Abaci*）。

499 年

499 年，年仅 23 岁的印度伟大的天文学家和数学家阿里亚哈塔出版了他的著作《阿里亚哈塔历书》。我不介意他用自己的名字来命名这部著作，因为它是一个很棒的三角函数知识合集，内容包括正弦函数、余弦函数和反正弦函数，还有三角函数表，以及代数领域里一些重要的见解。

测验

阿里亚哈塔计算出，当你从 1 开始对一系列连续的数的平方求和时，你将得到：

$$1^2 + 2^2 + \cdots + n^2 = \frac{n(n+1)(2n+1)}{6}$$

瓷砖上的一夜

阿拉伯地区的艺术家被禁止描绘人物形象，而他们在作品中广泛地使用了复杂的几何图案。

将对称、重复和扩展运用到极致不仅仅是美，而且意味着更深层的精神意义。

现代数学家喜欢探索对称性和重复性，其中一个例子就是"贴墙纸群"数学问题。关于贴墙纸群（或者你可以使用更复杂的名称如"平面对称群"或"平面晶体群"）的研究关注所有可以将一个二维表面覆盖的方式，就像贴有重复图案或用图案进行平铺的墙壁。直到 1891 年，一位名叫叶夫格拉夫·费奥多罗夫的俄国数学家才发现不同的平铺样式有 17 种。

当我们对阿拉伯建筑进行回顾时，看到他们在某个阶段发现并使用了所有这 17 种样式。仅一座清真寺，即西班牙格林纳达的阿尔罕布拉宫，其墙壁、天花板和各种装饰品中就包含了所有 17 种样式的例子。虽然大多数人在这里只看到了阿尔罕布拉宫华丽的瓷砖设计，数学家却看到了"具有平移对称性的 p1 群"（也就是说，它平移以后的图案仍然与它自身重合）。

早在这 17 种样式被正式证明的 1000 年之前，艺术家就已经通过实践得出这个数学发现，它是如此令人难以置信且如此美丽。

继续

而对立方和，则下式成立：

$$1^3 + 2^3 + \cdots + n^3 = (1 + 2 + \cdots + n)^2$$

你能算出以下式子的结果吗？

$$1^2 + 2^2 + 3^2 + \cdots + 100^2$$

$$1^3 + 2^3 + 3^3 + \cdots + 7^3$$

532 年

532 年 1 月 13 日，支持不同赛车选手的两党党徒在君士坦丁堡赛车竞技场发生了激烈的斗殴。事情很快就变得很糟糕了（想想科林伍德和卡尔顿在墨尔本板球场的对决，然后把它放大！）。由此引发的尼卡暴动导致这座城市被暴徒包围，城市大部分被大火摧毁。贝利萨留将军极为残暴的军队封闭了城市，杀害了 3 万多人。

537 年

圣索菲亚大教堂建成于 537 年，被认为是世界上最伟大的拜占庭建筑。该地点曾经的教堂在尼卡暴动中被毁，但查士丁尼皇帝下令进行大规模重建。

中世纪

好了，以上是对古代世界一个完整而全面的介绍！

但是你是否对我设法将几个世纪的文明硬塞进100多页的篇幅里表示怀疑？你确实应该有些怀疑！事实上，我们几乎还没触及这些古代奇迹的表面，但这已是一个开始。在我们继续前进之前，请先思考一下我们在人类历史中所处的位置。现在，计算器、网络以及书籍等都还没有出现，而地球不是一个平面的想法还没有得到实践证明。接下来坐好扶稳了，因为我们要前往中世纪！[1]

---

[1] 作者注：值得注意的一点是，中世纪也通常被称为黑暗时代，它代表了欧洲从罗马帝国沦陷到1500年左右的时代。请不要对这些标签过分强调。值得注意的是，尽管人们使用了"黑暗"这个词，但这个时期仍然有一些令人惊奇且非常重要的数学成就为人们发现和思考。让我们跳进时光机并继续阅读吧！

"蜜蜂是从被分解的牛肉中产生的。"

　　说这话的是 7 世纪的学者塞维亚的圣伊西多禄，他担任西班牙南部城市的基督教大主教长达 30 多年。19 世纪的历史学家夏尔·福尔贝·勒内·蒙塔朗贝尔将他视为"古代世界的最后一位学者"。瞧，有这样不同寻常的想法也不见得是坏事……

　　还有一个酷酷的冷知识：澳大利亚无刺蜂的一般采集范围是 333 米。

哦，高贵的阿尔琴

约克的阿尔琴生于735年左右，卒于804年5月19日。我们只能猜测他的生日，因为8世纪的时候在诺森布里亚的生活比较松散，这可以理解。而更为复杂的是，他的名字还被叫作伊尔韦恩、亚比努斯，有时候也叫作弗拉库斯。

可以肯定的是，阿尔琴是当时最聪明的人之一。查理曼（或者称查理大帝）是法兰克王国的国王，他在中世纪早期统一了西欧（特别是现在法国和德国的大部分地区）。查理曼在8世纪的80年代和90年代期间任命阿尔琴为卡洛林王朝宫廷学校的主持者和教师。

人们认为阿尔琴大约在799年编写了包含53个数学和逻辑问题的《磨炼年轻人头脑的习题集》（*Propositiones ad acuendos juvenes*）。

这些磨炼头脑的问题中最著名的问题即"过河问题"。你要面对一条船、一条河及一系列需要过河的人或物，但不是每个人或者每件东西都可以同时在船上。

来试试解决下面3个经典问题！答案就在书的后面。

541年

人类有记载的第一次大瘟疫是541年的查士丁尼瘟疫（因为当时的皇帝是查士丁尼）。它是由耶尔森鼠疫杆菌（鼠疫杆菌是引起黑死病的罪魁祸首）引起的，这种细菌可以通过跳蚤叮咬或病人咳嗽传播。在接下来的200年里，疫情在当时几乎所有已知的地区频繁暴发，导致多达2500万人死亡。

狼、山羊和白菜

从前，一个农夫去市场买了一匹狼、一只山羊和一颗白菜。他必须要过河才能回家，但船只能承载这个农夫和另一件东西。如果把它们同时留在岸上，狼会吃掉山羊，或者山羊会吃掉白菜。幸运的是，由于有一只美味的羊，狼对白菜没有兴趣。那么农夫如何通过一条船将它们都运到对岸呢？

忧虑的兄弟

有 3 个男人站在岸边，每个人都有一个姐妹。有一艘只能容纳 2 人的船，而他们都需要过河。但是这些男人不放心自己的姐妹，所以不会让他的姐妹单独和其他男人在一起 (只和其他女人在一起则没有关系)。怎样才能让他们都顺利通过呢？

大人和小孩的重量

有一个男人和一个女人，每个人都相当于一板车重。还有两个孩子，他们的体重加起来有一板车重。他们都要过河，但他们的船只能承载相当于一板车的重量。尽可能使他们通过这条河而不会让船沉没。

565 年

565 年，在君士坦丁堡主政 38 年后，查士丁尼大帝去世。他最大的成就之一就是将传统的罗马法律与拜占庭的司法结合起来，并将其写进了一部名为《罗马民法大全》(Corpus Juris Civilis) 的著作中。尽管随着时间的推移，该书进行了大量修改，但它是未来几个世纪统治无数文明的法律基础。

578 年

578 年，金刚组作为一家建筑公司在日本大阪成立。它是史上最古老的公司，经营了 1400 多年，直到 2006 年陷入困境，被一家更大的建筑集团收购。

维京人的剑有魔力。

他们的剑确实有一些神奇之处。我们都知道维京人是北欧的航海者，他们在8世纪末至11世纪晚期从位于斯堪的纳维亚的家乡穿越北欧、中欧和东欧进行掠夺和贸易。有些人可能知道，钢铁的大规模生产是在英国冶金学家亨利·贝赛麦1856年获得专利的著名工艺出现后才实现的。但我估计，如果听说维京人早在800年就开始制造原始的钢铁武器，你一定会大吃一惊！

有一种理论主张加入动物骨头（甚至是被杀死的敌人的骨头）来锻造新的武器（他们相信这会赋予武器魔力）——他们无意中创造了一种钢，它比当时典型的铁质武器要坚硬得多。这也算是一种魔力吧！

赶走痛风

痛风是一种关节炎，它会导致关节肿胀、敏感和疼痛，且通常在脚上发病。

现在，如果你得了痛风，我们会使用专门的药物来减少你的身体产生一种叫尿酸的东西。

中世纪的人们还没有这些药物。但是他们有猫头鹰！当时的一种治疗方法是：

取一只猫头鹰，拔掉毛，洗净后剖开，清洗后撒上盐。把它放在一口新锅里，并用石头压住，然后放在炉子里直到它被烧着。最后混合着动物油脂把它捣碎，涂在痛风处。

你会由衷地赞扬我们中世纪的祖先：他们在医学上的做法如果说不上是创新的话，那么至少是勇敢的。

620 年

塞维利亚大主教圣依西多禄被一些人称为古代世界最后一位历史学家，他在即将辞世时开始着手编写一部百科全书，并将其命名为《词源》(The Etymologies)。《词源》包含了圣依西多禄认为值得写下来的任何东西：从语法和修辞法到地球、宇宙、建筑、金属、战争、船只、人类、动物、医学、法律、宗教以及天使和圣人的等级制度。在很多方面，这和我写书的理念是一样的，但我肯定不会拿自己和圣依西多禄比较。

岩中之剑

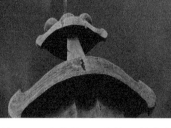

岩中之剑纪念碑位于挪威的罗加兰郡，3 座高达 10 米的石剑伫立在河边的岩石上。

这些剑是为了纪念 872 年哈伏斯峡湾之战。这场战争见证了哈拉尔德国王打败其他小国，并将挪威统一为一个王国。

628 年

628 年，杰出的印度数学家和天文学家婆罗摩笈多研究了这个方程：$83x^2 + 1 = y^2$，并得出了答案 $x = 9$，$y = 82$。

但他并没有就此停下。婆罗摩笈多发现了无穷多个解，这些解很快就变得非常大。下面有几个解可以帮助你了解：$(x, y) =$(1476,13447)、(242055,2205226)、(39695544,361643617)、(6509827161,59307347962)、(106757195

8860,9726043422151)，以及 (175075291425879,1595011813884802)。

做得好，婆罗摩笈多！

好战的玛蒂尔达

卡诺萨的玛蒂尔达（又叫托斯卡纳的玛蒂尔达）是中世纪最具力量的女性之一。

玛蒂尔达出生于 1046 年，是意大利北部一个强大的封建统治者，也是教皇格里高利七世最坚定的支持者。在那个时代，人们并不介意参与一些肮脏勾当，而玛蒂尔达却是为数不多的因军事才干被人铭记的中世纪女性。

玛蒂尔达非常独立，在 1071 年玛蒂尔达离开了不太浪漫的驼背丈夫戈弗雷。戈弗雷也是她的继兄弟，尽管如此，离开他在当时仍被视为勇敢之举。这位"听天由命"的驼背人的境遇并不理想，在几年后被人暗杀了。就在戈弗雷亡故的同一年，机会却在寻找玛蒂尔达。当各种各样的亲戚相继长眠后，她继承了一片广阔的土地，在卡诺萨城堡定居下来。

教皇格里高利七世（罗马天主教会的领袖）和神圣罗马皇帝亨利四世（有点像一个地区的"国王"）之间发生了一场重大的冲突。神圣罗马帝国主要包括今德国和奥地利，而不是罗马——我知道，这很复杂！亨利和格里高利在很多事情上意见不一致，主要是关于谁最重要、由谁来任命主教等等。

玛蒂尔达在帮助教皇赢得与皇帝的战斗中起到了至关重要的作

635 年

635 年，中国天文学家首次观测到彗星的尾巴总是指向远离太阳的方向。事实上，早在公元前 240 年，中国的科学史书就首次记载了哈雷彗星。

677 年

677 年末或 678 年初，拜占庭皇帝君士坦丁四世受够了阿拉伯舰队的折磨，于是和他们正面交锋。他有一项新发明，是古代战争中最著名的一种混合物，这种物质粘在别的东西上时会继续燃烧，甚至当它漂浮在水面上时还会继续燃烧。它被称为希腊火（这样命名是因为他们被称为拜占庭希腊人）。更酷的是，希腊火从枪里发射出来后被装进手榴弹中，然后扔向敌人。我们目前仍然不知道希腊火的真正成分，尽管人们已经提出了从石油、硫黄到氧化钙（或生石灰）的所有东西。希腊火一旦被点燃就很难熄灭——水当然对灭用。得益于陡峭的沟壑、城堡、村庄和要塞组成的坚固网络，她在多山的高地战斗中具有很大优势。此前，皇帝的军队在广阔的平原上发生的战役中占据上风；相比之下，玛蒂尔达和她的军队（其中许多是当地的村民）在山地能够更有效地打击皇帝的军队。

他们中的一些人白天可能是温文尔雅的市民，但在激烈的战斗中，玛蒂尔达的支持者没有退缩，他们用长矛、箭、标枪、石头甚至是滚烫的油向神圣皇帝的军队发起密集的攻击。

玛蒂尔达赢得了一些关键的胜利，并设法获得了亨利国王妻子（基辅的尤普拉夏）的支持。尤普拉夏甚至因为她而遭到了亨利的囚禁。最终，在 1097 年，亨利放弃并偷偷离开了意大利，让玛蒂尔达自由统治，一旦心情不好就继续与其他势力作战。这种情况经常发生。

最重要的是，1111 年，玛蒂尔达被她的老敌人的儿子亨利五世加冕为帝国牧师和意大利皇后。她于 1115 年 7 月 24 日去世，成为中世纪最具传奇色彩的人物之一。

左图：吉安·洛伦佐·贝尼尼建造的托斯卡纳伯爵夫人玛蒂尔达墓，摄于梵蒂冈圣彼得大教堂。

继续

火无益——你不得不使用沙子、醋之类的东西。虽然拜占庭帝国的模式随着他们帝国的灭亡而消亡，但希腊火在今天的电子游戏中依然存在，并且是热门电视剧《权力的游戏》中"野火"的灵感来源。对史坦尼斯·拜拉席恩的很多朋友来说，黑水之战的结局并不好。

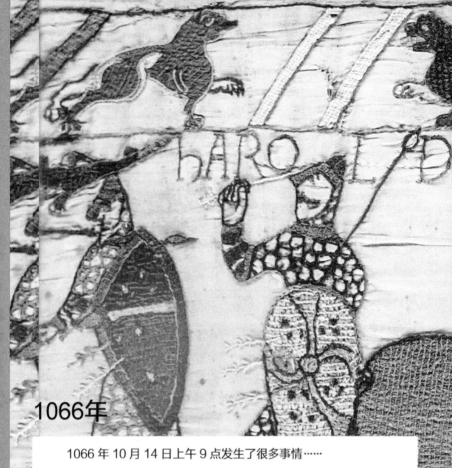

1066年

1066 年 10 月 14 日上午 9 点发生了很多事情……

最著名的事件是，诺曼底威廉公爵的诺曼底军队和哈罗德国王指挥的一支英国军队激战了一天，现在被称为黑斯廷斯之战。

战斗只持续了一天，但即使按照中世纪的标准，它也特别血腥。哈罗德死于一支刺中眼睛的箭，之后威廉前往伦敦，圣诞节时他在那里继承了英国的王位。

尽管已知的最早提及它的文字记录要晚得多，但在 1476 年，史诗般的贝叶挂毯就描绘了哈罗德在黑斯廷斯之战中的死亡（右侧图中血淋淋的细节！）及其死因。

这是一件惊人的艺术品。它不仅非常详细，而且长 70 米、宽 0.5 米！

老牌的学校

如果你随便问一个人："世界上最古老的大学是哪一所？"他们很可能会在剑桥大学或牛津大学这两所英国名校中选一个，但他们有可能错了。

如果他们选择剑桥，那肯定是错了。剑桥是因为政治斗争而由一群离开牛津的学者成立于 1209 年，那么牛津肯定更古老。

但这样一来"世界上最古老的大学"这个问题就变得有些含混不清。牛津大学在网站上坦承并没有一个准确的建校时间，但它在 1096 年的时候已经以某种方式在运行。还有一个花絮则是，牛津大学的建立确实是从"1167 年亨利二世禁止英国学生就读于巴黎大学"开始的。

但即使我们认为牛津大学早在 1096 年就建立了，意大利的博洛尼亚大学也要比它更早，这所大学自 1088 年以来便一直不断地教授学生。如果考虑到如何定义"大学"，970 年便已开办的埃及爱兹哈尔大学也要比牛津大学更早，但它在 1961 年之后才被称为"大学"。

无论你怎么解读这个问题，亚洲最古老的（建立于 1611 年的菲律宾圣托马斯大学）、美洲最古老的（建立于 1551 年的秘鲁利圣马科斯大学）和北美最古老的（建立于 1636 年的哈佛大学）大学都会黯然失色。这使澳大利亚最古老的大学——建立于 1850 年的悉尼大学像一位青年。

684 年

武后（即武则天）在 690 年成为中国第一位女皇帝。她的统治直到 705 年她去世才结束，她是中国历史上唯一一位拥有皇帝头衔的女性。

705 年

世界上历史第二悠久的公司是日本的庆云馆，自 705 年成立以来，这家酒店已经经历了同一个家族中 52 代人的经营。事实上，世界上历史最悠久的 6 家公司都是日本公司。

那个词就是无理数

早在毕达哥拉斯时代，数学家们就偶然发现了 $\sqrt{2}$ 。(希伯斯可能是因为试图宣扬这个发现而被淹死在海里的！)

对当时的某些人来说，这个发现是非常可怕的。不能表示为分数或比例的数字被认为是不自然的，并且违背了神圣的秩序。

现在我们把像 $\sqrt{2}$ 这样疯狂的数字称为"无理数"，有些人可能会认为这与"荒谬无理"有关，因为人们会问"为什么我必须要知道 2 的平方根？这根本没道理"。但事实并不是这样简单。

"surd（无理数）"这个词的故事实际上可以追溯到柏拉图，在他的经典著作《理想国》中这类数字被称为"arrhetos"，意思是"不可说的"或"无法表达的"。阿尔·花拉子密将"arrhetos"（拉丁文）翻译为"assam"（阿拉伯语），意思是"聋的"，再次暗示了这些数无法推理。

这也让我们注意到了意大利翻译家克雷莫纳的杰勒德，他将阿拉伯语的科学书籍翻译为拉丁语。杰勒德于 11 世纪在西班牙托莱多工作，并在托莱多的图书馆获取了阿拉伯语书籍。他很可能是将阿拉伯语单词"assam"翻译成拉丁文"surdus"的人。

至于你熟悉的这个简洁的符号√（如果你读这本书之前并不熟悉，那么现在应该熟悉了）是直到 1525 年克里斯蒂安·鲁道夫写出

732 年

732 年 10 月 10 日发生的普瓦提埃战役，是由查尔斯·马特尔（也被称为"铁锤查理"）率领的法兰克军队和埃米尔·阿卜杜勒·拉赫曼·阿尔·卡扎菲·阿卜德·阿尔·拉赫曼率领的阿拉伯军队之间的一场大规模战役。在战斗中，拉赫曼被杀，他的军队战败溃散。

普瓦提埃战役具有重大的历史意义。基督教势力阻止了阿拉伯军队对欧洲的征服。在此之前，阿拉伯军队在埃及、西班牙和北非横行。

有史以来第一本德语的代数教科书时才出现的，这本书有一个引人注目的标题——《通过巧妙的代数运算法则使计算变得灵活美妙》（*Behend und hübsch Rechnung durch die kunstreichen regeln Algebre so gemeinicklich die Coss genent werden*）。你也不会很惊讶这本书通常被简称为《物术》（*Die Coss*）。

鲁道夫的符号现在仍然经常被使用，其实这本书里你就会看到它！

最终在 1637 年，勒内·笛卡儿完善了这个符号，将其写成 $\sqrt{}$。

如果用一种更迷人的方式来探讨数学，或者也可以说笛卡儿给众多的被开方项加上了一个纽带。

794 年

日本上古时代的最后一个时代——平安时代，始于 794 年，一直持续到 1185 年。第 50 代天皇桓武天皇决定将首都迁至今京都附近的平安京，平安时代由此得名。紫式部女士 11 世纪的小说《源氏物语》讲述了平安时代贵族宫廷生活的故事，这部作品被学者们认为是有史以来最伟大的文学作品之一。

图片：出自《源氏物语》。

无理数的发展

当我们谈论无理数的时候，在所谓的黑暗时代出现了一些对它进行计算的惊人成就。

印度数学家室利波底和婆什迦罗是两位令人敬畏的呐喊者。在室利波底的美妙学术作品《希德汉塔西卡拉》[2] 中，他说：

对于无理数的加法或减法，首先应该机智地选取一个数与无理数相乘，使其变为平方数，然后将根的差或和的平方除以该乘数。那些没有通过乘法变为平方数的无理数就合并为一个数了。

你可能会问，他究竟想说什么？不要惊慌，这并没有那么艰深。他使用的是以下这个公式：

$$\sqrt{a} + \sqrt{b} = \sqrt{\frac{1}{c}(\sqrt{ac} + \sqrt{bc})^2}$$

巧妙地选取 c 的值使 ac 和 bc 变成平方数。例如，计算 $\sqrt{3} + \sqrt{12}$，选取 $c = 3$ 则得到：

----

[2] 古印度最伟大的天文学著作。

800 年

早在 800 年，中国科学家就用硝石（主要成分为硝酸钾）做过实验了。他们将其用于医药和杀虫剂，直到有一天有人放了一些硫黄和木炭进去。

9 世纪中期的一篇文章指出，"当把这些东西混合在一起时，烟雾和火焰导致（科学家们的）手和脸被烧伤，甚至他们工作的整个房子都被烧毁了"。中国人发明了火药，历史被永远地改变了。

$$\sqrt{3} + \sqrt{12} = \sqrt{\frac{1}{3}(\sqrt{9} + \sqrt{36})^2}$$

$$= \sqrt{\frac{1}{3}(3+6)^2}$$

$$= \sqrt{\frac{1}{3} \times 81} = \sqrt{27}$$

之后的计算便越来越复杂。例如，在 12 世纪婆什迦罗表明：

$$\frac{\sqrt{9} + \sqrt{450} + \sqrt{75} + \sqrt{54}}{\sqrt{25} + \sqrt{3}} = \sqrt{18} + \sqrt{3}$$

朱利安·哈维尔在他的书《无理数的那些事》中称这种繁复的计算"让人痛不欲生"（我检验过了——他是对的！）。

这个篇章的关键是在所谓的黑暗时代有一些令人难以置信的数学成就出现在没有处在"黑暗"中的地区——这些成就超前了几个世纪。

使用室利波底的方法，将以下无理数化简——格外需要考虑的是，你要怎样巧妙地选择 c 的值？答案仍然在本书的最后。

$$\sqrt{2} + \sqrt{18}, \sqrt{80} + \sqrt{5}, \sqrt{48} - \sqrt{12}$$

800 年

800 年，为了感谢查理曼帮助他摆脱困境，教皇利奥三世将他加冕为罗马人的皇帝。教皇是查理大帝的忠实拥护者，因为查理大帝的使命是将所有日耳曼民族联合为一个基督教王国。查理大帝是唯一一个在任何时期都坚持这么做的人，他对达到这一目的十分坚决，并以处决那些不愿改变信仰的人而闻名。与此同时，他在欧洲倡导文化和知识的复兴，即加洛林文艺复兴。真是一个复杂的人！

查理曼有许多妻子和情人，以及多达 18 个孩子。据说他非常爱自己的女儿，甚至禁止她们在他

尼尔斯 vs 埃里克

1134年的丹麦发生了许多大事，有谋杀、阴谋、背叛，还有许多人被砍断了手。显然，过去几年中斯堪的纳维亚的犯罪小说热潮有着漫长而残酷的历史。

在1134年的这些不幸事件发生之前，让我们先重温一下1095年，那时丹麦正在国王埃里克一世埃里克·伊戈德的统治之下。"伊戈德"的本意是"总是很好"，虽然我无法保证埃里克有那么好，但他似乎非常受欢迎，并且在1100年左右将国家管理得非常出色，那真是一段快乐的时光。

但是，黑暗时代告诉我们的一个经验就是，快乐的时光不会持续很久。（如果还有第二个经验，那就是阿拉伯和印度的数学家都十分出色，但你已经了解这一点，所以让我们专注于丹麦的谋杀和诡计。）

国王埃里克一世在之后的一次朝圣中死去，他的弟弟尼尔斯继承了王位。尼尔斯有一个儿子叫马格努斯，他理所当然地认为自己会在尼尔斯死后成为国王。但是他的表兄弟，也就是前任国王埃里克一世的儿子克努特·拉瓦德想要从他手中夺走王位："嘿，你父亲是在我父亲去世后才当的国王——既然你父亲的时代要结束了，那现在就该轮到我了。"

继续

活着的时候结婚（我们可以在他的称号清单上加上"控制狂"）。在持续健康状况不佳，并且在此期间拒绝了医生以煮肉代替烤肉的建议后，查理大帝死于814年。不久之后，他庞大的帝国就崩溃了。有人称他为"欧洲之父"。

因此，马格努斯做了任何一位有自尊甚至略显偏执的王子都会做的事情：他计划将克努特引诱到今罗斯基勒附近的一片森林里将其谋杀。

虽然我说的是"计划"，但他确实做到了。当时的一份报告记录，"当圣人克努特要站起来时，叛徒（马格努斯）可耻地拉住了他斗篷的兜帽，并用拔出的剑对着克努特的头从左耳劈向右眼，他这邪恶的一劈使受害者的脑浆倾泻而出。他用长矛刺穿了这个无辜的身体，这场谋杀的其他参与者之后也将长矛刺入了克努特的胸口。"

这惹恼了克努特同父异母的兄弟埃里克二世（克鲁特和埃里克在11 世纪的丹麦都是非常受欢迎的名字），经过相当复杂的政治活动

图片：印有埃里克一世的硬币。

833 年

833 年，日本的一份医学文件警告说，"一种寄生虫会吃掉人体内的 5 个器官，从而引发一种疾病。病人的眉毛和睫毛会脱落，鼻子也将变形。声音变得嘶哑。治疗时需要将病人的手指和脚趾截肢。不要和病人一起睡觉，因为这种疾病会传染给周围的人"。这是人们第一次将麻风病描述为一种传染病。

837 年

837 年 4 月 16 日，哈雷彗星在 4940000 千米外飞掠地球。这比"我正要去买东西的商店"要远一些，但这是有记载以来彗星离地球最近的一次。

和结盟活动，这一切都归结到斯科讷地区一场难解难分的战争上。

斯科讷位于今瑞典的最南端，但在那个时代它仍属于丹麦，直到 1658 年《罗斯基勒条约》签署后才归属瑞典。这个地区的位置和资源至关重要，人们认为想要控制丹麦这样的一群岛屿必须先控制丹麦的舰队，尤其是斯科讷的舰队。

尼尔斯和他的儿子（也就是当时瑞典的国王马格努斯）于 1134 年 6 月在斯科讷的福提维克湾登陆，希望能一劳永逸地击败埃里克二世。但是，在 1134 年 6 月 4 日的福提维克战役中，埃里克二世在德国骑兵的帮助下击败了他们。骑兵在那个年代是相当新鲜的，实际上这可能是斯堪的纳维亚有史以来的第一队骑兵。因此，驻扎在沙滩上本以为会迎接一场较为传统的战斗的尼尔斯和马格努斯对这样一场战役感到非常惊讶。尼尔斯逃跑了，而瑞典国王马格努斯可就没那么幸运了。

12 世纪的丹麦历史学家萨克索·格拉玛提库斯（我最喜欢的 12 世纪丹麦历史学家之一）写道："当埃里克二世追上敌军时他们已经被击败了，而这场失败是由命运而非战斗书写的，埃里克二世在没有任何伤亡的情况下将他们截住并取得了胜利，他没有丝毫损伤是因为上帝为他报了杀兄之仇。"

在斯科讷战役中一切都很顺利，萨克索甚至暗示国王尼尔斯迫切地想要逃跑，"当船只几乎要承受不住试图爬上船的士兵的重量而翻倒时，那些先上船的人无视战友情谊，对抓住船只想要爬上去

868 年

868 年雕版印刷的《金刚经》是现存最早的印刷书籍。

的手刀剑相向，对这些人比对敌人还要残忍"。

显然马格努斯的公关部门在那段时间里表现不佳，他的声誉愈发差劲。唯一有可能让国王马格努斯的拥护者感到宽慰的是，有人认为当其他人意识到获胜毫无希望并仓皇逃跑时，马格努斯选择高贵地战死。

国王尼尔斯在斯科讷战役中幸存下来，并向神圣罗马帝国的皇帝洛泰尔三世寻求庇护，但他没能通过石勒苏益格。1134年6月25日，尼尔斯冒险进入了石勒苏益格公国，尽管它之前是克努特·拉瓦德的领地（记得吗，就是马格努斯一开始杀死并引起所有麻烦的那个人）。他的顾问甚至尝试提醒他："嘿，殿下，你确定这是现在能去的最好的地方吗？"

根据传说，尼尔斯对这些提醒做出的最像国王的回应是，"我应该害怕制革商和制鞋商这样的人吗？"

事实证明他还是应该害怕的，尽管石勒苏益格的神职人员足够友好，但在他们到达洛泰尔王宫之前，当地人群情激愤，尼尔斯和他的部队被杀。当尼尔斯失败且埃里克二世成为国王时，丹麦国王斯文二世的儿子们长达58年的统治就结束了。

897 年

897 年，在一场被称为"僵尸审判"的奇怪事件中，前一年去世的教皇福慕的尸体被人从坟墓中挖了出来，他穿着教皇的法衣，坐在宝座上接受审判。教皇斯德望七世指控已故的福慕做伪证，并以非法手段取得教皇职位。经过一番激烈的辩论，福慕被判有罪。他用来祝福的3根手指被砍断了，他所有的行为和圣职都被判无效。可怜的福慕尸体上绑着重物，被扔进了台伯河中。

外观数列

哦，1211年，这是属于大教堂建筑的一年。在法国兰斯市的大火摧毁了旧教堂后，建造工作开始了，这将造就著名的兰斯主教座堂（又被称作兰斯圣母大教堂）。

这不仅仅是一个伟大的年份，1211 这个数字本身也很有趣。这就是我们所说的"外观数"。

为什么？这是因为有一个著名的数列叫作"外观数列"，其开头如下：

1,11,21,1211,111221,312211,13112221,1113213211,…

要获取列表中的下一个数，只需读出当前数中的每一位数字，同一数字为一组计算它们的数量。例如，1 可以读作"一个 1"，可得 11；11 可以读作"两个 1"，可得 21；21 可以读作"一个 2、一个 1"，可得 1211；1211 可以读作"一个 1、一个 2、两个 1"，可得 111221。

之后的数让我们兴奋了起来，因为上一个数的开头为我们带来了 3，111221 可以读作"3 个 1、两个 2、一个 1"，可得 312211。

你也可以从数字 2 开始，这样将获得外观数列 2, 12, 1112, 3112,…

外观数列是由英国数学家约翰·何顿·康威于 1987 年发现的。

918 年

高丽王朝由王建于 918 年建立，在接下来的 20 年里，王建统一了现在的朝鲜半岛。这个王朝在 1392 年之前统治了朝鲜半岛 400 多年，并取得了很大的成就，尤其是在 1234 年，第一台金属活字印刷装置诞生了。1377 年出版的《直指心体要节》是最古老的金属活字印刷文本。

测验

从 3 开始，证明这个外观数列的第 7 项是 311311222113。

"熊会生下一种没有形状的胎儿，胎儿刚生下来像纸浆一样，而熊妈妈通过舔它把胳膊和腿放到合适的位置。"

平心而论，熊的幼崽实际上是没有毛、没有视力且没有牙的。尽管如此，12 世纪的《野兽之书》（*The Book Of Beasts*，一本拉丁文动物寓言故事书）的作者可能还是在这一事实之上进行了一些额外的创作。

格子乘法

有没有人想用一种新奇有趣的乘法计算方式，给朋友和家人留下深刻的印象？也许你可以像800年前的一些历史上伟大的数学家一样，通过把一些数相加来得出结果。

我想是时候给你介绍格子乘法了。

我们高中时在计算两个很大的数的乘法时，通常需要先将这两个数上下对齐写出来。而"格子乘法"，顾名思义，需要下面这种画有对角线的整齐的正方形或长方形小格子。

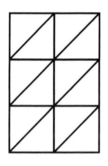

这乍一看令人生畏，你可能会想，"我才不要画这样的东西呢，

936 年

当我们考证丹麦第一任国王是谁时，很难知道神话传说在何时结束，而真正的人的历史是从哪里开始的。然而，人们普遍认为，在936年加冕的老戈姆是丹麦第一任国王。如果你认为"老戈姆"（他担任最高职位时只有36岁左右）这个称呼有点傻，那么他也被称为"懒戈姆"（对我来说，这个名号也好不到哪儿去）。戈姆统治丹麦直到958年他去世。

更不用说拿它来做大数的乘法了"。但是请相信我,它其实还不错。和许多新概念一样,最好用一个例子来说明。

让我们用这个格子来计算285 × 63。但是我为什么想做这个呢?请听我细细说来。

先将63写在格子的顶部,将285写在格子的右边。左上角的方格在数字6标记的那一列,以及数字2标记的那一行,这样我们可以将6 × 2的乘积 (12)写在方格中,并使它的十位和个位分别位于角线的两侧。

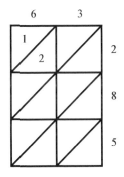

用这样的方法,我们可以将所有的方格填满。注意,如果某一个方格中的数小于10,需要在方格的上半部分写上0,就像我在下页用红色数字表示的那样。

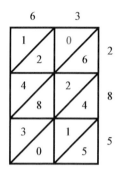

　　在我们填满了所有方格后，把沿着对角线方向的数相加，并将其写在对角线的底部。我们从只有一个三角形的右下角开始，接着向左边计算，在左上角的三角形处结束。

　　如果对角线的总和超过10，那么就在下一条对角线的底部写下十位的值，让它与下一条对角线上的数相加。

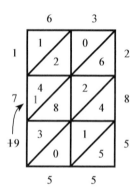

1085 年

　　1085 年 5 月 25 日，阿方索六世占领了西班牙中部的托莱多。重要的是，阿方索六世没有像无数中世纪的胜利者那样烧毁城墙内的一切，而是将托莱多作为一个重要的文化中心予以保留。它的图书馆尤其被视为珍宝，和任何宝石或武器一样重要。

　　托莱多翻译学院与犹太学者和阿拉伯学者合作，将希伯来语和阿拉伯语作品翻译成西班牙语，西班牙学者继而将这些作品翻译成拉丁语。到12世纪末，这些积累起来的知识大部分都被西方所掌握。在没有互联网的世界里，人们不能低估托莱多翻译学院这样得到的数字排列在格子的左侧和下方，沿着左侧从上到下，接着沿着下方从左到右读出来的数就是乘法计算的结果。正如你看到的，285 × 63 = 17955。

你还可以证明，如果将 285 写在格子的上方，把 63 写在格子的右侧，可以得到同样的答案。

真的还不错，对吧？

虽然不知道是谁"发明"了格子乘法，但是我们知道它在数百年前就得到了广泛的使用。著名的"格子乘法器"的例子包括：

- 13 世纪后期，阿拉伯数学家伊本·班纳·马尔拉库西在马格里布（今非洲西北部）的著作《算术集成》；
- 中国明代数学家吴敬在 1450 年完成的《九章算法比类大全》；
- 佚名英国数学家在 1300 年左右完成的《关于微小哲学和一般的讨论》。

继续

等团体的重要性。

测验

试试用格子乘法计算 713 × 36 = 25668。

所有 10 岁的孩子们注意了！在课堂上大声说出这种计算方法吧，给你的老师留下深刻的印象（或者吓坏他 / 她）！

有没有被包装成礼品的大象？

我们都遇到过这样的困境：你要去参加一个生日聚会，但无论如何都想不出该给一个拥有一切的人买什么。

想象一下，当你要给英国国王送礼物的时候是什么感觉。

早在 13 世纪的一段时间里，世界各地的强权统治者都在疯狂地给其他同样强大的统治者赠送稀有且奇异的动物。我告诉你，没有人比亨利三世做得更好了。

1235 年，神圣罗马帝国皇帝、西西里岛国王腓特烈二世开启了这一进程。任何一个英国足球迷都知道，英国足球队的队徽上有 3只狮子（尽管洞穴狮在 1 万年前就已经在欧洲灭绝了）。腓特烈二世刚刚娶了亨利的妹妹伊莎贝拉，决定对他这个最好的朋友表示感谢，于是送了他 3 只活狮子（或者可能是豹子）。亨利把它们养在哪里呢？伦敦塔里。

这件事情引领了送动物的潮流。1252 年，挪威国王哈肯送给亨利一只"白熊"（据说是北极熊）。这只同样生活在伦敦塔的动物显然是亨利最喜欢的，它被拴在一条长长的皮带上，这样它就可以在泰晤士河中游泳捕鱼。

法国国王路易九世不想被排除在这种愚蠢的动物馈赠活动之外，

1086 年

1086 年 8 月，《末日审判书》的初稿完成。该书由 1066 年入侵英格兰的征服者威廉下令撰写，旨在对苏格兰以南、英格兰各郡的 13418 个定居点进行全面调查。对"英国"的第二次大调查直到 1873 年才完成。

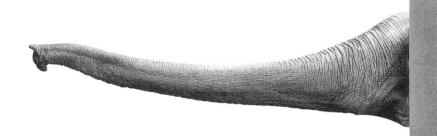

他送给亨利他最大的动物礼物。路易和亨利很亲密。1234年，路易娶了普罗旺斯的玛格丽特，玛格丽特的妹妹埃莉诺后来嫁给了亨利（当时发生了很多类似的事情）。

1255年，路易给了他的妹夫⋯⋯一头雄性非洲象。礼品的表面积为20平方米或更大，想象一下你需要多少包装纸！当时的一位僧侣写道："人们蜂拥着去看这极不寻常的一幕⋯⋯这只动物大约10岁，有着粗糙的皮而不是毛，头的顶部有一双小眼睛，用鼻子吃喝。"

皇家动物园的传统延续了数百年，但并不总能圆满结束。在18世纪80年代，参观伦敦塔的人可能看到过猴子，它们住在装修漂亮的独立的房间里。然而，1810年的一本旅游指南告诉我们，"这里以前养过几只猴子，但其中一只以危险的方式撕裂了一个男孩的腿，后来它们就被移走了"。

1092 年

1092年，中国工程师苏颂、韩公廉等为开封府建造了一个巨大的约12米高、7米宽的水力天文钟——水运仪象台。据说，在冬天的几个月里，由于水会结冰，它由液态汞驱动。

1100 年

12 世纪初，托洛图拉·普拉特阿里乌斯是世界上最有影响力的女医生之一（尽管说实话，当时也没有多少女医生）。

托洛图拉开创了妇科医学领域的先河，在诊断前会询问病人的感受，并为一系列极具影响力的教科书做出了贡献。

《大宪章》

1215 年，英国国王约翰在英国温莎附近的伦尼梅德签署了历史上最重要的文件之一——《大宪章》。

该文件的一部分详细列举了人们对国王的抱怨，却也埋下了一些影响深远的观念，例如文件第 39 条规定，所有自由人都有权享有正义。第一次，国王也受到法律的约束。虽然这未能结束约翰国王在 1215 年面临的紧张局势，但它影响了美国的《权利法案》《世界人权宣言》和无数其他法律文件。当然，也包括澳大利亚和新西兰的宪法。

如果你参观过堪培拉的议会大厦，那么你可以看到稍晚一点（1297 年）的《大宪章》的"范本"——这是英国以外仅有的两份原件之一。1952 年，澳大利亚政府用 12500 英镑从英国国王学校将它买下。这笔钱在今天相当于 30 多万英镑（或者 260 多万元人民币）……大概每个字 140 美元！

图片：现存的 4 份 1215 年《大宪章》原件之一的局部（大英图书馆提供）。

1100 年

蒸馏的操作至少可以追溯到 1 世纪亚历山大的古希腊人，尽管有证据表明蒸馏在更早的时候就已经有人使用。正如亚里士多德在数百年前所写的那样："葡萄酒具有一种可蒸发的气体，那是它发出火焰的原因。"中国人可能是在大约同一时间独立发明蒸馏技术的。

然而，最早的酒精蒸馏记录来自 12 世纪意大利的萨莱诺学派，他们将酒精从葡萄酒中提取出来。僧侣们最终用这种技术制成了一种可饮用的酒。爱尔兰威士忌是欧洲最早的一种蒸馏酒，至少可以追溯到 12 世纪末。

投石机准备好了

1216年，英国多佛城堡成功抵抗了由法国路易王子亲自指挥的大规模围攻。

一群反叛的贵族邀请路易前来夺取英国的王位，虽然他成功地攻破了城墙，但最终还是没能拿下城堡。

老实说，我之所以提到多佛之战，是因为这是英国第一次使用"中世纪投石器"。中世纪投石器是一种古老的战争机器，大约在公元前300年发明于中国。人们认为它可能是由木头弹弓发展而来的。

更诚实地说，我在这里介绍中世纪投石器的真正原因是，它是国际象棋中一种伟大战术的名字！

在这种棋局下，无论由谁采取下一步行动都将失败。这个例子

1193 年

安-纳西尔·萨拉赫-丁优素福伊本·阿尤布（他更广为人知的名字是萨拉丁）逝世于1193年。人们将他视为阿拉伯地区有史以来最伟大的领袖之一。

据说，在萨拉丁死的时候，他只拥有一块金子和40块银子，因为他的财产都已经给了他的臣民。

很好地反映了一个更广泛的情况，它被称为"zugzwang"，在德语中是"强制被动"的意思。

"强制被动"指的是棋盘上的情况，但我觉得它在生活中更为常见，比如刚开始一切顺利，只是要轮到你做某事的时候，无论你做什么都会出错。

尽可能避免处在"强制被动"的局势中！

1242 年

1242 年，征服欧洲、所向披靡的蒙古军队停止了进攻，从现在的匈牙利撤军，回到了今俄罗斯，原因很可能是这一年冬天非常寒冷。

瑞士联邦研究所的乌尔夫·布根和美国普林斯顿高等研究院的尼古拉·迪科斯摩分析了树木的年轮和其他数据，发现作物歉收和随后发生的饥荒可能促使蒙古军队停止了前进……并永远地改变了历史。

洛德给了他们美丽的颜色

你可能更熟悉亚当和夏娃的故事，但基督教的《圣经》并不是唯一一部涉及上帝或神灵创造人类的著作。

1220 年左右，冰岛学者、历史学家、立法者、诗人、政治家、成就卓著的斯诺里·斯图鲁松撰写了一部有关挪威神话的散文文体著作，名为《埃达》。他在书中描写了最早的两个人类——男性阿斯克和女性恩布拉跌跌撞撞而无所成就的状态。直到奥丁、海尼尔和洛德三神给了他们 3 样礼物，事情才出现转机。

正如斯努里用古诺斯语（古斯堪的纳维亚语）解释的那样：

Ond þau né átto, óð þau né hofðo, lá né læti né lito góða.

Ond gaf Óðinn, óð gaf Hœnir,

lá gaf Lóðurr ok lito góða.

或者，正如历史学家本杰明·索普的翻译："他们没有精神，他们没有感觉，他们没有血液和动力，也没有美丽的颜色。奥丁给了他们精神，海尼尔给了他们感觉，洛德给了他们美丽的颜色。"

如果你希望你读的下一本书具有超级酷炫的章节标题，那《埃达》就很适合你！

右图：1666 年手抄本《埃达》的扉页，展示了奥丁、海姆达尔、斯莱普尼尔三神（冰岛国家图书馆提供）。

1268 年

早在 1268 年，远视的人可能就戴上了眼镜，他们很可能需要感谢比萨的萨尔瓦多·达尔马蒂或佛罗伦萨的亚历山德罗·迪·斯宾纳。大约在同一时期，中国很可能也有人戴眼镜。

近视的人需要另一种镜片（凹透镜，而不是凸透镜），所以他们不得不等到 15 世纪。奇怪的是，尽管很多眼镜肯定会掉下来，但直到 1600 年才有人想到在眼镜上装上镜腿。

直到 1752 年，英国验光师詹姆斯·埃斯科才想到要把镜腿折起来。

这让詹姆斯成了一个很酷的人。如果你怀疑这一点，他还发明了太阳镜！

1276 年

根据验尸报告，1276年5月，在英国贝德福德郡的埃尔斯托，一个名叫奥斯伯特·勒·沃伊尔的男子跟跟跄跄地回家，他喝醉了，并且吃得很撑。对于吃得过多的奥斯伯特来说，事情并不顺利，他昏倒了，摔在了自己右侧的一块石头上，摔坏了整个头部，死于意外事故。这给了我们所有人一个警告！

伙计，我可以借张纸吗？

在20世纪90年代末期，一个法国家庭在一堆零碎东西里偶然发现了一本旧的祈祷书——当我说到"旧"时，我的意思是它十分古老。

这本旧书的惊人之处在于，当你仔细观察它时会发现祈祷文似乎被写在了一些更古老的东西上：数学图表和好像是古希腊语的单词。

在那时，在旧的东西上写新内容是很常见的。这样一来，你创造出来的便是所谓的重写本。但是一部分重写本比其他的更为珍贵，这取决于原始文本的内容以及它的显露程度。

不管怎样，这个法国家庭把这本书带到了伦敦著名的佳士得拍卖行，这个地方有验证昂贵物品到底是真品还是假货的专家，如果判断是真品那么就进行估价和销售。

在使用紫外线、红外线、可见光和X射线进行详尽的科学分析，对这些图像进行数字化处理后，一些令人印象深刻的古希腊学者进行了近10年的研究，事实证明这是目前发现的最古老的重写本。

在1229年左右的耶路撒冷（也有人说是君士坦丁堡），一位名叫约翰内斯的僧人想写下一些祈祷文，所以他拿了一张莎草纸（当时所用的纸），刮掉上面奇怪的希腊字母和图画后，开始忙着祈祷。

1277 年

有记载的使用最早的地雷发生在 1277 年。在中国宋朝时期，军队装备了铸铁设备来对抗蒙古军队的进攻。

最早的地雷本质上只是带有长引信的炸弹，它们依靠定时信号才能发挥作用，不过有些文本也描述了类似图中所示的"自动引爆"装置。

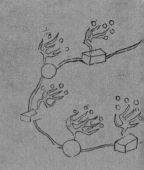

而约翰内斯不知道的是（我希望他不知道，因为如果他知道的话，那他就是一个非常顽皮的男孩了），他刮掉的原文是 10 世纪拜占庭时期希腊文文本，其中至少有 7 篇是阿基米德的伟大作品，包括《十四巧板 [3]》《力学理论方法》以及《论浮体》。对于前两个内容，这是已知现存的唯一副本，而且所有这些内容中的数学知识都很精彩。《力学理论方法》中通过微积分解决问题比牛顿和莱布尼茨发明微积分早了 2000 年！如果你很好奇十四巧板是什么，那么请看看下面页脚处的漂亮图片。

1998 年，这本旧的祈祷书 / 数学书以 200 万美元的价格售出。

正如珍妮弗·奥雷特在其出色的著作《微积分日记》中所解释的那样，好像这个故事还没那么令人讨厌：

"菠菜原来是揭开神秘面纱的关键。斯坦福大学同步辐射实验室的物理学家乌维·伯格曼在德国的一次会议上听说了阿基米德的重写本，并意识到他研究菠菜光合作用的方法可以应用于羊皮纸，而不会损坏手稿。菠菜含有铁，并且在重写本上使用的墨水也含有铁，因此可以使用相同的技术。"

---

[3] 用 14 块不同形状的图形拼成一个正方形，可以看作七巧板的升级版。

好吧，这并不是一个真正的测验（而是一个解答），但是如果你想把所有的部分都剪下来并尝试重新拼成一个正方形，请随意。将这 14 个部分拼成一个正方形有 536 种不同的方法。这只是其中之一。

中世纪的人们已知地球不是平的。

我知道对你来说"地球是圆的"不太可能是什么新鲜事（除非你是地平说学会的成员，不管你信不信，这个组织仍然在网络的角落之中茁壮成长）。有趣的是，对中世纪的许多人来说这也不是新鲜事。

当然，一小部分人在那时仍然相信地球是平的，但当时的科学家和哲学家普遍认为地球实际上是圆的。事实上，在我们的朋友圣伊西多禄所著的那本被广泛阅读的百科全书中，"对跖点"的概念（即地球上处在正相对位置的两处地点）就已经被提及（参见第 175 页）。

棋盘上的小麦

1256年对艾哈迈德·本·穆罕默德·本·易卜拉欣·本·艾布·伯克尔·伊本·赫里康来说是非常重要的一年，他是13世纪的一位学者，下面我把他称为伊本·赫里康。

路德维希·阿达梅克的《伊斯兰历史词典》将他描述为一个这样的人："一个虔诚的人，善良、有学问；脾气随和，谈话严肃而富有启发性。他面容很英俊，十分讨人喜欢，举止也很有吸引力。"

抛开这种对他形象的热情洋溢的描绘，伊本·赫里康在1256年做了两件值得一提的事情。首先，他开始投身于他的巨著《杰出人物传记和当代名人记录》。这本传记词典直到1274年才完成，但如果我告诉你其英译本的篇幅超过2700页，那你应该可以理解为什么花了这么长时间。我想我们都应该感到高兴的是伊本·赫里康坚持写作了近20年——一位英国学者称之为"有史以来最好的传记"。

测验

回到121年，你有没有关注过傅利曼数的问题？

例如，你是否注意到 $1285 = (1 + 2^8) \times 5$？

如果你真的喜欢傅利曼数，那为什么不抓紧时间，为10000以内的傅利曼数找到它对应的等式呢？

我说的是2048、2187、2349、2500～2509、2592、2737、2916、3125、3159、3281、3375、3378、3685、3784、3864、3972、4088、4096、4106、4167、4536、4624、4628、5120、5776、5832、6144、6145、6455、6880、7928、8092、8192、9025、9216和9261。

柯利弗德·皮寇弗（就是撰写了《数学之书》的那个人）说，伊本·赫里康在 1256 年创造了另一段历史。他可能是第一个写下印度国王舍罕王和他的宰相达依尔的传说的人。

据所谓的舍罕王失算的故事，舍罕王向他的大臣询问他发明了国际象棋想得到什么奖赏。这个问题有几个版本，但基本上大臣都回答说："陛下，给我一万卢比，或者给我一些小麦。我需要放在我的棋盘的第一个方格上一粒小麦，放在第二个方格上两粒，在第三个方格上放 4 粒，在第四个方格上放 8 粒，以此类推。如您慷慨地将这个方法继续下去直到覆盖了棋盘上的 64 个方格，那我将会很高兴。请您来进行选择。"

在往下继续读之前，请你停下来问问自己，国王应该提供哪一种奖赏？请记住，当时的一万卢比是一笔不可思议的巨款，麦子国王却有很多……

好吧，如果你喊出答案"小麦……小麦！"，我可以理解。但事实证明，就像那个国王一样，你并没有完全理解所谓的指数增长，即某种东西增长的速率与它此时的数量成正比。

不幸的是，国王选择了小麦：$1+2+2\times 2+2\times 2\times 2+\cdots+2\times 2\times 2\times 2\times\cdots\times 2$（63 个 2），或者我们缩写为 $1+2+2^2+2^3+\cdots+2^{63}$，结果是一个惊人的数字：18446744073709551615 粒小麦！

为了试图让你在脑子里能够对这个数字有个概念，数学科普作

测验

假设你移除了棋盘对角线上相对的两个角，剩下 62 个正方形。

是否有可能放置 31 张大小为 2×1 的多米诺骨牌，将所有的正方形覆盖？

家简·古尔伯格解释说："在大约 100 粒小麦的体积为一立方厘米的情况下，国王需要赏给大臣约 185 立方千米的小麦。如果你通过铁路来运输，那么你需要数百万列火车，这么多火车可以环绕地球数百圈！

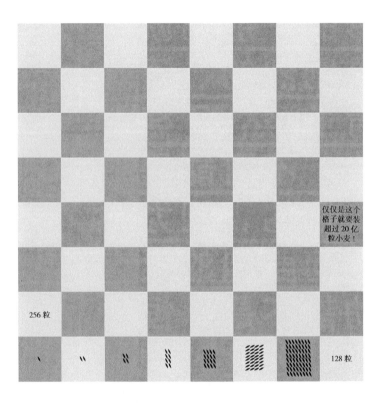

仅仅是这个格子就要装超过 20 亿粒小麦！

256 粒

128 粒

测验

好吧，我们都听说过宰相、小麦和棋盘的故事。请尝试推断棋盘上的哪一个方格中的谷物数量会第一个超过 100 万粒。

"如果地球的运动轨迹是圆形的，那它就是剧烈的、违背自然规律的，不可能是永恒的，因为任何剧烈的运动都不是永恒的。因此，地球的运动不是一种机械的运动。"

　　尽管这句话引用自 1270 年的神学家和哲学家托马斯·阿奎那，但实际上他评论的是亚里士多德。值得注意的是，他们两人都是现代哲学的教父，因此只用单一的引语去评判是不公平的。

　　这也是中世纪的不佳预测中又一条值得了解的条目。顺便提一下，上面的地球照片是由美国国家航空航天局提供的，它于 1972 年 12 月 7 日由阿波罗 17 号机组人员在探月旅行时拍摄。

图片：伦敦新闻画报所描绘的货币检验（1854年12月6日）。

英国的年度货币检验

它的英文名称"The Trial of the Pyx"听起来有些像是
《饥饿游戏》的续集，但年度货币检验实际上是英国历
史最悠久的法律程序之一。

　　这个检验制度的历史可以追溯到 12 世纪，它是以过程中使用的
盒子命名的 [4]，旨在确保硬币的尺寸、形状和合金成分符合标准，可

---

[4]　表示货币检验的"pyx"来自希腊语单词 πυξίς，"pyxis"表示盒子或容器。

1292 年

　　威尼斯商人旅行家马
可·波罗是个大忙人。
1292 年，他在从中国到波
斯的途中访问了苏门答腊
岛，并报告了沿途几个新
的贸易港口。他是一位勇
敢的探险家，尽管不是第
一个到达中国的欧洲人，
但他写下的详细编年史激
励了许多人（包括哥伦布）
起航前往未知的海岸。

以作为英国的官方货币。

受检的货币必须符合一些标准。这些标准被称为"检验板"，是印有硬币印记的金属片。现存最古老的检验板是银质的，它制于 1279 年，现在保存在英国皇家铸币博物馆中。

自亨利三世国王统治的 12 世纪中期以来，检验规则并没有太多的改变。在一年中，铸币厂从每一种面额的每一批硬币中随机挑选，将硬币以 50 枚为一组放入袋子中，密封在盒内，然后在两个月后打开，进行这场像节日一样有趣的货币检验。

这个程序中涉及的人拥有一些非常古老的头衔并不奇怪，他们中包括至少 6 名来自金匠公司的分析师以及负责这个节日的"皇家主债官"。皇家主债官 [5] 本身是英国最古老的司法职位，可以追溯到 12 世纪。

这可能听起来有些过时，但它仍然发挥着作用。虽然皇家铸币厂以其生产的硬币质量而自豪，但伪币仍然是一个难题。我惊讶地发现，据铸币厂估计，直到 2013 年所有面额为 1 英镑的硬币中伪币仍占有 3.04%！

当然，这里我们讨论的是硬币问题，关于硬币的智力游戏，你可以查看下面的页脚。

---

[5] 财政部门的一种职位，主要职责是维护国王或女王的各种权利。

测验

假设你有 9 枚硬币，除了其中一枚是比真币轻的假币，其他硬币都一样重。

你无法用手分辨真假，但你有一套天平可以称出硬币的质量。

是否有可能只称重两次就分辨出伪造的硬币？

修剪一下，吹干，灌肠，谢谢

1308年，"伦敦虔敬理发师公会"成立，在2008年他们庆祝了成立700周年。

一个组织能够持续长达 700 年是不寻常的。但在中世纪，成为一名理发师会涉及许多当今的美发师通常不会做的事。

是的，从 13 世纪到 17 世纪，理发师们不只是剪头发和用剃须刀刮胡子。尽管当时许多理发师都是文盲，但他们还从事了各种医疗事务，包括放血、拔牙、小手术，甚至灌肠。（法国理发师自 1096 年鲁昂大主教禁止留胡须以来一直如此，这像是当时的时尚警察！）

国王亨利八世将这些"生意"集合为一个外科医生联合公会后，理发师开始收费。在公会成立之后，法规要求理发师使用蓝色和白色的旋转柱，而外科医生使用红色的旋转柱。

到了 1745 年，外科医生开始感到他们自己比从事理发的师兄弟要技高一筹，这促使了伦敦皇家外科医学院的成立。从那时起，如果你想要把后面和两鬓的头发剪短，并且放一些血，你必须分开来进行。

1334 年

黑死病或"大瘟疫"大约在 1334 年起源于中亚。这是人类历史上第二大瘟疫事件，它通过贸易路线传播，首先到达君士坦丁堡，然后到达欧洲。它杀死了欧洲约一半的人，以及亚洲和非洲的数百万人。通常，一个城镇的幸存者甚少，以至于没有人力埋葬死者。但具有讽刺意味的是，随之而来的社会动荡、财富的重新分配以及为帮助小规模劳动力而制造机器的需求，被一些人认为是复兴的开始。

祝贺你，奥卡姆

你听说过"奥卡姆剃刀"吗？

奥卡姆的威廉是英国圣方济各会的修士，也是一位神学家和哲学家。

在 14 世纪初期，奥卡姆花了相当多的时间来思考《圣经》和日常生活中的哲学，但他最为人所知的是一个著名的解决问题的法则。

简而言之，这个法则指出"pluralitas non est ponenda sine necessitate"，如果你不太会拉丁语，那么它的译文是"如无必要，勿增实体"。与所有哲学原理一样，人们对它有几种解释，但基本上的意思是在竞争假设中，应该选择最简单的假设和最少的假设。

奥卡姆并不是这条理论道路上的第一人，但是他在工作和生活中如此坚决地应用了这个原则，以至于它被称为"奥卡姆剃刀"。

顺便说一句，如果你想为老奥卡姆举杯祝福，4 月 10 日是一个不错的日子：在英格兰的教会，这天是他的纪念日。

图片：出自奥卡姆《逻辑大全》（1341）的手稿。

文艺复兴时期

大约从这个地方我们开始从中世纪出来并进入文艺复兴时期……

正如我之前提到的，请不要太在意具体的日期。事实上，如果有一天你在一群历史学家中间感到无聊，你想开始一场激辩，那你就问一句，"嘿，文艺复兴是何时开始的？"然后退后一步看着讨论越来越激烈。我们知道的是，14世纪至17世纪是一个辉煌的思想、不可思议的数学以及其他伟大的人类成就蓬勃发展的时期。请在时光机的座位上坐得舒服一些，准备进入文艺复兴时期！

烧脑的问题

我们之前讨论过，你可以把无限个数相加，但仍然得到一个有限的和。

我们看到的例子是：$1 + 1/2 + 1/4 + 1/8 + 1/16 + \cdots$，这个加法可以一直写下去，但它的和最多是 2，数学家称这个级数收敛到 2。

显然，将无限个值相加时还有可能得不到一个有限的和：例如 $1 + 2 + 3 + 4 + \cdots$，这个级数不会收敛到任何有限的值，我们说它发散到无穷大。

同样，$1 - 2 + 3 - 4 + \cdots$ 的结果不会收敛为一个整数，尽管我们将在 1737 年体会到它的乐趣。它在交替的取值中发散到正无穷大和负无穷大。

但是"调和级数"呢？它是无穷级数：

$$1 + 1/2 + 1/3 + 1/4 + 1/5 + 1/6 + \cdots$$

这有点棘手。它不像 $1 + 2 + 3 + 4$ 中的数只是越来越大而且明显不同。它有点像 $1 + 1/2 + 1/4 + 1/8 + \cdots$，因为这些数越来越接近于零。但这是否意味着它一定有一个有限的和？

$1 + 1/2 + 1/3 + 1/4 + 1/5 + 1/6 + \cdots$ 的结果是收敛的还是发散的？如果你想不出来也不要担心。

1344 年

1344 年，欧洲第一个公共机械钟在意大利帕多瓦市的大教堂塔里建成。它由雅格布·德·唐迪设计，包括黄道十二宫，但缺少天秤座。传说是由于建造者对没有得到适当的报酬感到不悦，而故意把天秤座的符号去掉的！另一个故事表明，因为卡拉拉家族统治下的城镇居民遭受不公正的待遇，德·唐迪对此表示抗议，所以天秤座符号并未出现在他原本的计划中。

1364 年

1364 年 5 月 12 日，教皇乌尔班五世准许波兰国王卡西米尔三世在克拉科夫建立雅盖隆大学。这所大学最初被称为克拉科夫学院，由皇室成员从附近维耶利茨卡的盐在很长一段时间里它困扰着很多人，但在 1350 年左右，法国哲学家尼克尔·奥里斯姆成为第一个证明调和级数发散的人。

如果你感到困惑，请不要担心。大学数学水平的学生第一次遇到它时也经常感到困扰。令人难以接受的一点是，就像收敛到 2 的级数中的项（1, 1/2, 1/4, 1/8, …）一样，调和级数的项（1, 1/2, 1/3, 1/4, …）显然越来越小并极其接近于零。

另一个让你感到困惑的现象是，尽管调和级数是发散的，但它的发散速度非常缓慢。你需要加上超过 1000000000000000000000000000000000000000000000 个项才能得到大于 100 的和。但是随着和的不断增加，和的增长速度会越来越慢。

不幸的是，奥里斯姆的证明已经丢失，数百年后，欧洲数学家们再次证明了调和级数是发散的。其中一位富有文采的瑞士数学家约翰·伯努利甚至写道："在无穷中领悟分分秒秒是多么快乐啊！从小小的数中感知到的浩瀚是多么神圣啊！"

还存在对级数的困扰吗？如果你想了解一些更加怪异的东西，请跳进你的时光机，然后前往第 228 页！

继续

矿赚来的钱进行资助。这所大学早期的绝对权威是尼古拉·哥白尼(1473—1543)，他认为地球绕着太阳转，而不是太阳绕着地球转。

1374 年

1374 年，英国文学之父杰弗里·乔叟用"恼人"这个词来形容英语。

测验

嘿，如果你有空闲的 5 分钟（老实说，如果你能在 5 分钟内完成，我会非常佩服），尝试证明 1+1/2+1/3+… 发散。答案在本书的最后。

潇洒的德·皮桑

在那个极度厌恶女性、女性也几乎没有机会给世界留下持久印记的时代，中世纪作家克里斯蒂娜·德·皮桑是一个迷人的人物。

她的父亲托马斯·本韦努托·德·皮桑出生于 1364 年，是法国国王查理五世的宫廷占星家。这使得克里斯蒂娜的世界向书籍和学习敞开了大门，她求知若渴。

图片：来自克里斯蒂娜·德·皮桑的作品纲要（大英图书馆提供）。

1382 年

1382 年，当时的重要人物、温彻斯特主教、爱德华三世和理查二世的财政大臣（相当于现在的首相）威廉·威克姆被特许建造温彻斯特公学，这是英国历史最悠久的学校之一。这

所学校已经持续经营了 600多年。

它从 1387 年开始建设，第一批的 70 名学生于1394 年进入仍不完整的校舍开始学习。你可能知道这

所学校的校训：礼貌养成绅士。

克里斯蒂娜 15 岁结婚，10 年后她的丈夫去世。这意味着她必须养活她的直系亲属——她的母亲、一个侄女和两个孩子——她通过写作来谋生。

她是许多公爵的宫廷作家，雇主包括勃艮第公爵菲利普二世（胆大的菲利普）和其子约翰（无惧的约翰）（他们明显标榜自己十分勇敢）。并且她也为查理六世的法国皇家法庭写作。可以说，将写作作为一种职业在当时很少见，而在那个时代女作家更是闻所未闻。

克里斯蒂娜在 1399 年至 1429 年期间完成了 41 部诗歌（300 多首叙事诗）和散文（传记、针对女性的实用建议）。

在 1405 年，她发表了她最有影响力的作品《女性之城》（英文：*The Book of the City of Ladies*，法文：*Le Livre de la Cité des Dames*），在其中她为历史上著名的女性（示巴女王、美狄亚和阿玛宗人）建造了一所房子，并要求她所有的姐妹都接受教育。

由于她的成就十分出色且她所服务的那些人都非常有影响力，目前她仍然是被研究得最多的中世纪女性之一。著名的 20 世纪女权主义者西蒙娜·德·波伏娃对她的作品赞赏有加，波伏娃在 1949 年指出皮桑的《写给爱神的信》是"我们第一次看到女人拿起笔捍卫她的性别"。

说说这潇洒的皮桑吧！

1389 年

到 1389 年，英法百年战争已经持续了 52 年。在英国，农民对维持战争所需的赋税不太满意，于是发动了两次起义，而此时英国的财政正处于混乱之中。

与此同时在法国，国王查理六世的精神有些错乱，这使得战争变得越来越困难。因此，两国签署了《勒兰盖姆条约》。在经历了可敬的 13 年休战之后，两国又回到了原点。

写满密码的手抄本

你了解下页的图片里说了什么吗？如果你不了解也不要尴尬，但如果你知道，请立即写信给我！

这页的内容是历史上最著名的编码之一，被称为伏尼契手稿。它是一个手抄本，意思是它的装订形式类似于我们现在的书籍——把所有页面粘在一个共同的书脊上，而不是当时流行的长卷轴。

这份手稿以 1912 年从意大利大学那里购买它的波兰图书经销商威尔弗雷德·伏尼契的名字命名，以下是我们对伏尼契手稿的了解：

1. 页面是从左到右书写的；

2. 有大量的图画；

3. 通过手稿所用的牛皮纸中的碳检测出它可以追溯到 15 世纪初；

4. 大约有 240 页都遗失了。

以下是我们不了解的：

它到底在说什么！

图片：神秘的伏尼契手稿中的一页（耶鲁大学拜内克古籍善本图书馆供图）。

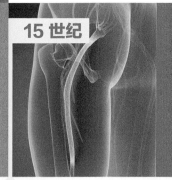

15 世纪

坐骨神经是人体最长且最宽的神经。它从你的下背部开始，穿过你的臀部一直延伸到你的脚。坐骨神经痛是一种会使神经变得疼痛的疾病。这真的很糟糕。对于这种疾病，中世纪是这样进行医学治疗的："取一勺红色的牛的胆汁、两勺水蓼和 4 个患者的尿液，以及半个螺母那么多的孜然和一个螺母那么多的板油。先磨碎你的孜然，然后把这些东西放在一起

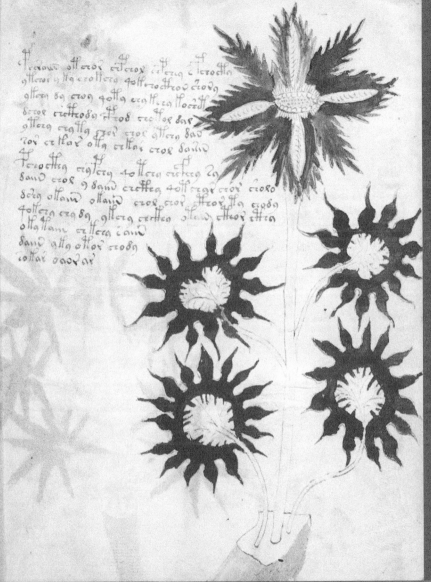

継続

15 世纪 70 年代

煮，直到它们像粥一样稠。
之后使病患的腰骨（臀部）
以他能承受的温度置于火
上，给他涂抹药膏一刻钟
或者半刻钟，再用一块折
叠了五六次的热毛巾轻拍，
在夜间将折叠了多次的热
毛巾覆盖于患处，让病患躺
两三天，他便不会再感到
疼痛，而是会有所好转。"
我想我可能会接着忍受坐
骨神经痛了，谢谢。

在 15 世纪 70 年代，
因戈尔施塔特大学是德国
第一所引进数学教授的大
学。在那之前，整个欧洲
的大学在研究中都尴尬地
缺失了数学。

尽管欧美的密码学家（密码破译者）和密码爱好者尽了最大的努力，但伏尼契手稿的解读失败已经持续了一个世纪。它已经悄悄进入流行文化，并在夺宝奇兵系列小说（不是电影）《夺宝奇兵与贤者之石》中出现，在书中手稿的文字是永生的秘诀，并且可以将铅变成黄金。而从不那么浪漫的理论角度来讲，有些人认为它只是一个没有任何意义的文本。

2014 年，贝德福德大学的斯蒂芬·巴克斯教授声称他破译了一些词语，发现许多插图与中世纪我们知道的植物和星体图案相匹配。巴克斯的理论是，这份手稿不是一份编码，也不是面向西欧读者的——它是用一种只有东欧或西亚学者才能阅读的语言写的。该领域的其他学者非常反对巴克斯的说法。

无论如何，它是那么令人着迷。

1493 年

帕拉塞尔苏斯（他自己起的昵称，真名菲利普斯·冯·霍恩海姆）是一位才华横溢的瑞士 - 德国哲学家、医生、植物学家、占星家、化学家和全面的超级书呆子。他对传染病学、毒理学、精神疾病和化学在医学中的作用等方面有着最前沿的理解。他对自己的评价也甚高，"帕拉塞尔苏斯"的意思是"我比凯尔苏斯（一个传奇的医学作家）更伟大"。帕拉塞尔苏斯被认为虚荣且傲慢，他在很神秘的情况下死在萨尔茨堡的白马酒店中。他确实超越了凯尔苏斯！

帕拉塞尔苏斯在文学作品中得到了不朽之名。霍格沃茨有一尊他的雕像，因为他是《哈利·波特》中 101 张著名的巫师卡片

发明家古登堡

　　1468 年 2 月 3 日，德国铁匠约翰内斯·基恩斯弗莱施·拉登·古登堡去世。他发明的铅活字印刷机改变了世界。

　　这是手写稿和木版画时代令人难以置信的进步。有人认为这是现代人类最伟大的发明，也是现代人类历史的开端。

　　1478 年，印刷机传入英国。印刷的第一份文本是 1478 年《使徒行传》中关于圣洁的诠释。但是由于一个美妙的巧合，在牛津印刷的第一本书的第一页上的日期是 1468 年而不是 1478 年。

　　是的，在第 1 页有一个拼写错误！

继续

（那些巧克力蛙卡片）中的一张。在《白鲸》中，他被誉为香水方面的权威。他的座右铭是"不要让任何人属于另一个能属于自己的人"。

1493 年

我们已知的欧洲人和菠萝的第一次相遇发生在 1493 年 11 月。克里斯托弗·哥伦布第二次航行到加勒比海时，在瓜德罗普岛上岸，和他的船员品尝了这种奇怪但美味的新水果。菠萝实际上起源于今巴西和巴拉圭，它被印度商人带到了更远的地方。

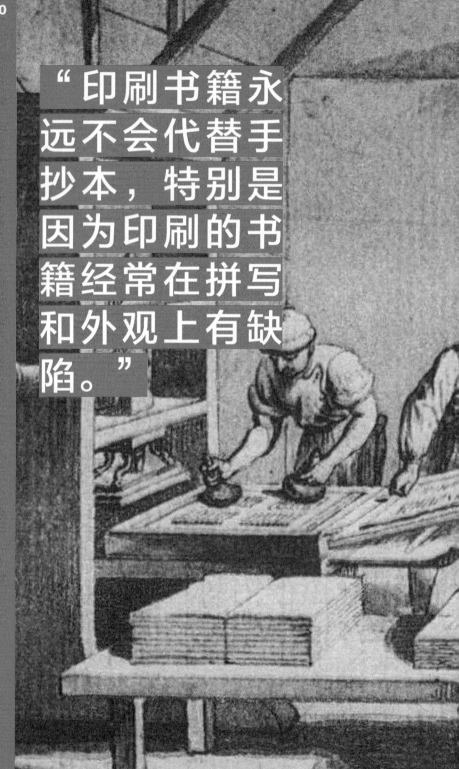

"印刷书籍永远不会代替手抄本，特别是因为印刷的书籍经常在拼写和外观上有缺陷。"

不幸的是，对德国修道院长兼学者约翰内斯·特里特米乌斯以及世界各地的抄写员、手抄本爱好者来说，印刷书籍的冲击势不可当。然而，手抄本并不总是时代的宠儿。苏格拉底（卒于公元前 399 年）曾警告说，"他们在学习者的灵魂中制造遗忘，因为他们不会使用自己的记忆"。想象一下他会怎么评价 iPad 吧。

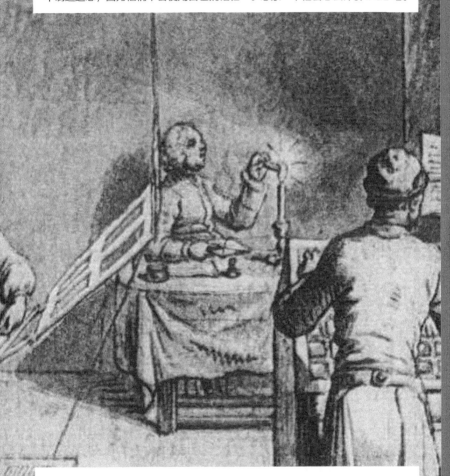

无论如何，到了 18 世纪，印刷书籍变得非常受欢迎，以至于一些评论家不得不警告它对社会和"道德秩序"的威胁。想象一下！书籍！孩子们难道没有比读书更好的事情来打发时间了吗？

嘿，对特里特米乌斯倒有一个好消息。印刷技术方面的文明已经达到了惊人的高度，以至于你正在阅读的这本书很好，几乎没有出现任何错误……

拷问思想

西班牙宗教裁判所成立于15世纪，其宗旨是确保成为天主教徒的犹太人和阿拉伯人以一种可接受的方式皈依并保持他们的新信仰。

宗教裁判所一直运行到 1834 年，但实际上，在那之前它已经衰落了很长时间。

西班牙宗教裁判所与其他宗教法庭相比有多暴力？这一问题存在争议。一些人认为，称它严苛的评价是 19 世纪新教徒为了贬低当时教皇的名声而捏造出来的。但无论如何，你也知道，这不是一段特别令人振奋的历史时期。

尽管在巨蟒剧团的滑稽小品《无人料到西班牙宗教裁判所》中，人们在不知情的情况下被抓走，然后在一把非常舒适的椅子（诸如此类）上受到不痛不痒的折磨，但现实中的西班牙宗教裁判所会根据法律提前 30 天发出通知。不利的一面是，当裁判所开始行动时，他们的惩罚确实比一把薄薄的、满是灰尘的躺椅严厉多了。

除了广泛使用拉肢刑架，中世纪的宗教裁判官还率先使用了吊刑装置，这种刑罚通常意味着被告人的双手从背后被绑住，并吊在天花板上。这样的结果是肩膀脱臼。如果没有起作用，就增加一些重量让被告人下落来达到预期的效果。

1494 年

意大利数学家卢卡·帕西奥利于 1494 年出版了影响深远的著作《算术、几何、比例总论》。这是一份将近 500 页的总结，囊括了当时已知的所有数学知识。它给出了有史以来第一个复式记账法的书面例子（所有会计都应该了解一下！）。

帕西奥利还创造了著名的"帕西奥利公式"，用于将复利加倍。比如，用 72 除以利率从而得到一个很好的估计值。所以在 6% 的利率下，大约 12（= 72÷6）年后，复利下的金额就会翻一番，在 4% 的利率下则是 18 年，以此类推。

　　为了避免让你觉得这两种刑罚的后果还略可以忍受，请记住，它们经常与其他施加在身体上的刑具——由金属制成的烙铁、夹指板和用来捏、拉、拧或烧伤死不悔改的异教徒的手、脚或七窍的任何工具一起使用。

　　尽管致残是被禁止的，教皇亚历山大四世还是在 1256 年颁布了一项对其有利的法令：对于在一个完全可以接受的酷刑的过程中"意外"造成的任何不当行为，审讯人员可以为彼此开释。

图片：一个刑讯室，出自路易斯－埃利斯·杜普里 1716 年的《刑讯史调查报告》。

1503 年

1503 年的某个时候，列奥纳多·达·芬奇开始创作历史上最著名的画作《蒙娜丽莎》(尽管有消息称他创作的时间晚于 1506 年)。当他 1519 年去世时，他仍然觉得自己没有完成

这幅画。

　　尽管这幅画很难估值，但粗略地可以估计为 8 亿美元。

"创世已经过去了许多个世纪，任何人都不太

图片：女王面前的哥伦布，伊曼纽尔·勒茨（1843）（公有领域）。

可能找到有丝毫价值的未知土地。"

这是 1486 年由西班牙国王费迪南德和王后伊莎贝拉组织的委员会的意见，该委员会旨在研究哥伦布寻找一条更短的印度航线的计划。他们还有其他的论点：

1. 去亚洲的一次航行需要 3 年时间；
2. 西洋是无限的，也许无法导航；
3. 如果哥伦布到达了对跖点 [1]，他就回不来了；
4. 事实上可能没有任何（陆地上的）对跖点，因为根据圣奥古斯丁的说法，地球的大部分被水覆盖；
5. 地球五带中，只有 3 个适合居住。

经过多次的恳求、谈判和游说，哥伦布终于得到了启航的资金。他发现了很多地方，其中就有……美洲。

---

[1] 地球直径的两个端点互为对跖（zhǐ）点。

哥伦布的鸡蛋

在1565年的畅销书《新世界之历史》中，意大利历史学家吉罗拉莫·本佐尼讲述了伟大的探险家克里斯托弗·哥伦布的故事，他在1492年以日本为航行目标，最终却发现了美洲新大陆。

哥伦布在与西班牙贵族一起吃饭时，其中一个贵族说："克里斯托弗爵士，如果您没有发现西印度群岛，在西班牙这个富有精于宇宙结构学与文学的人才的地方，别人开展类似的探险活动也能发现。"

哥伦布没有回答这些话，而是让别人给他拿来一个完整的鸡蛋。他把鸡蛋放在桌子上，说："各位大人，我和你们中的任何一个打赌，我可以不用任何辅助物把这枚鸡蛋立起来，但是你们不能。"他们都尝试了，但都没有成功。当鸡蛋回到哥伦布身边时，他轻轻地拿它敲了敲桌子，把它轻轻打碎，鸡蛋就立在了桌子上。所有在场的人都窘迫不已，并明白了他的意思：壮举一旦完成，任何人都可以做到。

从那以后，"哥伦布的鸡蛋"这个词就变成了一个短语，指只有看到后才会明显的事情。

测验

1512 年，瓜里尼提出了这样一个问题："你能移动这张棋盘上的马，使它们互换位置吗？"它们在任何阶段都不能站在同一个方格内。你如何以最少的步数实现？

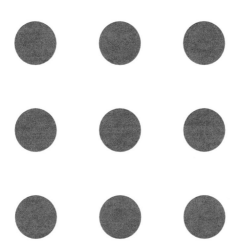

山姆·洛伊德 1914 年出版的《5000 个谜题、技巧和难题的百科全书》就是一个很好的例子。其中一道题虽然在那之前，就已经存在了很长一段时间，但是山姆还是把它命名为……"哥伦布蛋谜"。

题目很简单：用只有 4 条线段组成的路径连接所有的点。

你会怎么做？答案在本书的最后。

1524 年

1524 年，字母"J"开始以字母 i 的夸张形式出现在罗马数字的末尾，比如 XIIJ 代表数字 13。在同一年，它首次作为一个独特的字母出现在意大利语中，随后出现在 1633 年的《英语语法》一书中，这使得它成为英语字母表中最后一个加入的字母。欢迎加入，J！

1530 年

1530 年，荷兰文艺复兴时期的人文主义者、神学家和社会评论家德西德里乌斯·伊拉斯谟·鹿特丹姆斯（或称鹿特丹的伊拉斯谟，他的伙伴也简称他为伊拉斯谟）出版了他的

心想"食"成

1504年3月1日，在美洲的日落时分可以看到月全食。

这并不是什么特别不寻常的事，但有趣的是，在哥伦布第 4 次也是最后一次访问新大陆的时候，月全食可能救了他的命。

哥伦布和他的船员在牙买加搁浅。起初，当地人对新来的人很敬畏，但这种新鲜感很快就消失了。一些船员上岸后表现得相当一般，以至于当地人不再向他们提供食物。

哥伦布冒了一点险，他事先就预言月亮会从天上消失，吓得当地人不敢相信。风险在于他不知道月食确切的日期，而且他查阅的表格只列出了德国纽伦堡月食的细节！

尽管如此，他还是说对了。牙买加人惊慌失措，请求哥伦布把月亮还给天空，当然，月食并不是因为哥伦布才发生的。牙买加人害怕受到惩罚，于是按照要求为船员们提供了食物。

哥伦布使用的历表是亚伯拉罕·萨库托的《永恒历》，这是由葡萄牙的一家出版社出版的较早的活字印刷书籍；另一个是德国天文学家约翰内斯·缪勒设计的行星时间表（也叫《星历表》），缪勒在死后得到了"雷格蒙塔努斯"这个美名。

继续

畅销书《论儿童的教养》。这本书是为 11 岁的勃艮第亨利王子写的，亨利王子是维尔亲王阿道夫的儿子。这本书用简单的拉丁语讲解了一个男孩应该如何与成年人交往。我不知道这

是因为亨利是个极其不讲规矩、妄自尊大的小孩，还是因为这本书只是为了讨好他的亲王父亲。不管怎样，这本书很受欢迎。
《论儿童的教养》中有这样的妙语：鼓起脸颊

是轻蔑的表现，而让脸颊凹陷则表示沮丧。我最喜欢的一句是：虽然有些人认为站立时把一只手放在小腹上是优雅和军人风度的表现，但事实并非如此；不过，这总比把双臂背在

树上的老鼠奇案

16世纪的法国数学家布泰奥过着有趣的生活。

    首先，他有多达 20 个兄弟姐妹；其次，他在 60 岁前都没有出版过任何书，但之后他开始大量出版。他最具影响力的作品是《逻辑与通用算术》（*logistica quae et arithmetica Vulgo dicitur*），其中充满了算术和几何问题，包括接下来的这道"烧脑"题。布拉西亚是一个古老的意大利单位，大约 70 厘米长。我建议你过 1 天、2 天……之后再看看你会怎么做。祝你好运。

    一只老鼠待在一棵 60 布拉西亚（本篇以下简称"布"）高的杨树顶上，一只猫在地面上。老鼠每个白天往下爬 1/2 布，晚上往上爬 1/6 布。猫每个白天往上爬 1 布，晚上往下爬 1/4 布。杨树在猫和老鼠之间的部分，每个白天生长 1/4 布，晚上缩短 1/8 布。猫要过几天才能抓到老鼠？

    答案在本书的最后。

继续

背后走路要好，因为那样会显得行动迟缓、爱偷东西。

    这本书在弗赖堡（位于今德国境内）以拉丁文发行，获得了巨大的成功。到 1540 年，它已经被翻译成 22 种不同的语言，在接下来的 300 年里，它又再版了 130 次。

不是画画，是雕刻……

　　1514 年，德国画家和雕刻家阿尔布雷希特·杜勒完成了著名的作品《忧郁 I》。

　　这幅版画看起来很棒，也充满了很酷的数学。我们看到了当时的一些工具，比如天平和沙漏；靠着梯子的固体是被截断的菱面体（截对角三方偏方面体），如今被称为杜勒立体或杜勒多面体；当然，在下页有一个神奇的正方形，上面刻有数字 1 到 16。

　　这个方块十分神奇，因为当你沿着每行、每列和对角线把 4 个数相加时，都会得到 34。同样，被中心线分割出的 4 个 2×2 的小方块中，4 个数之和也总等于 34；没错，大方块的 4 个角和中心 2×2 的小方块内的 4 个数之和也是 34。

　　继续看，2、8、9、15 和 3、5、12、14 分别相加等于 34。我把剩下的留给你去找。

　　下面一行中间的两个数字是雕刻的年份 1514，它是对这件作品的可爱签名。如果你看一下年份两侧的 1 和 4，将它们和字母表匹配，就是作者名字的首字母缩写"A"和"D"。

图注：1514 年阿尔布雷希特·杜勒的《忧郁 I》的局部（公有领域）。

1543 年

　　1543 年 5 月 24 日，文艺复兴时期杰出的数学家和天文学家尼古拉·哥白尼去世了。同年，他的不朽著作《天体运行论》得以出版。虽然哥白尼没有机会知道但他一定预料到了，他的作品会引起争议。在他死后，日心说立即被谴责为异端邪说，直到几个世纪后人们才公认他是一位有远见的人。

1559 年

弗朗索瓦二世在他 15 岁时成为法国国王，他的父亲亨利二世死于一场比武事故。据说，在他的加冕典礼上王冠重得使这个男孩无法承受，几个贵族不得不帮他扶着头上的王冠。

1560 年

1560 年，英国天文学家、数学家、民族志学家和翻译家托马斯·哈里奥特出生。年轻时，托马斯到美洲旅行，他从两个美洲原住民那里学习了阿尔冈琴语。

当他回到英国后，便献身于数学和天文学。托马斯提出了折射理论，在观察木星的卫星时发现了太阳黑子，然后推断出了太阳自转的周期。真出色！

现代启示录[2]

现在你知道了神奇方块的奥秘，试着完成这个启示性的例子吧。

要求每一行、每一列、每一条对角线上的数加起来是666，吉利的数目……且所有的数都是质数并各不相同。

			131	109	311
	331	193	11	83	
103	53	71		151	199
113	61	97	197	167	
367		173	59		
73	101	127	179	139	

---

[2] 《现代启示录》是一部1979年的美国电影，这里用作标题名是双关作用。

1580 年

比利时人扬·巴普蒂斯塔·范·海尔蒙特生于1580年1月，他是有史以来最杰出的化学家之一。他从帕拉塞尔苏斯使用的"chaos"（混沌）这个词创造了"gas"（气体）这个词。帕拉塞尔苏斯使用的"chaos"一词则从希腊单词"khaos"派生而来，"khaos"的意思是"空的空间"（宇宙之初空无一物！）。

扬燃烧了28千克木炭，当燃烧后只留下0.5千克的灰烬时，他认为其余的物质一定是作为"气体"逸散到空气中去了。他还观察了玻璃杯中上浮到果汁表面的气泡，并把这种没有形状的物质形式命名为气体。

欧洲农民的手指乘法

在中世纪，正式的书面数学符号出现之前，手指乘法十分流行。

事实上，在欧洲的一些地方，这种情况一直持续到 20 世纪。所以，让我们回到过去，学习一下经典的、老式的欧洲农民的手指乘法！

下面展示了从 5 到 10 的数相乘的方法。

如果要计算 9×8，从大拇指向小指数过去，大拇指代表 6，食指代表 7，等等。当你数到所要的乘数时，停下来并弯下所有其他没被数到的手指。

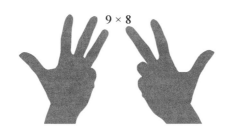

9×8

在上图中，左手表示 9，右手表示 8。首先将伸直的手指的数量加起来，并乘以 10（这里我们可以得到 $7 \times 10 = 70$）。然后，将两只手弯曲手指的数目相乘（$1 \times 2 = 2$）。把两部分结果相加，得到 $70 + 2 = 72$。所以 $9 \times 8 = 72$。

1580 年

意大利著名建筑师安德里亚·帕拉迪奥于 1580 年 11 月去世。在他的一生中，他出版了 4 卷关于帕拉迪奥式建筑风格的专著《建筑四书》。

帕拉迪奥式建筑深受古罗马和古希腊建筑风格的启发（想想那些简洁的几何形状），这种风格一直流行到 18 世纪末。

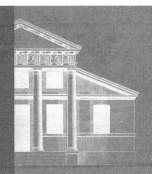

《纯净法》？一厢情愿！

在这个年轻男人蓄着讽刺意味十足的胡子的时代，没有什么比一瓶上好的精酿啤酒更能彰显"潮人范儿"了。

虽然大麦、水、啤酒花和酵母是大多数传统啤酒的"支柱"成分，但大麦可能会被小麦、燕麦、黑麦、大米、玉米甚至高粱取代。此外，啤酒中还可以添加一大堆额外的配料——像树莓和草莓这样的水果；红辣椒和青辣椒；香草和香料，如孜然、罗勒，甚至是藏红花；坚果——你随便说一个出来，就可能有某人正在某地添加它。事实上，有一种美国啤酒的成分表中就写有"花生酱和果冻"！

但情况并非总是如此。《纯净法》（*Reinheitsgebot law*，字面意思是"纯度法令"），也称《德国啤酒纯度法》，是 16 世纪限制啤酒成分的一系列规定。之所以有这样的规定，是因为某些令人厌恶的人物为了掩盖他们产品的缺陷而打乱了配方，有些人甚至在啤酒中添加了树皮！

在所有不同版本的《纯净法》中，最有名的可能是 1516 年在巴伐利亚公园通过的那一项。有一版《纯净法》在德国至今有效。卡尔·j.伊登在 1993 年发表的一篇名为《德国酿造史》的优秀文章中指出，500 年前，如果有人想喝巴伐利亚啤酒，威廉四世和路德维希十世会

1582 年

1582 年 10 月，教皇格里高利十三世推出了一种新的历法，这种历法后来被称为格里历（即公历）。它对儒略历做了一个微小但重要的改动，即明确了在考虑世纪年的情况下什么时候是闰年。自 1582 年以来，除了能被 100 整除的年份，能被 4 整除的年份都是闰年。说得更复杂一点的话，如果世纪年能被 400 整除的话，那它就是闰年。例如，1700 年、1800 年和 1900 年不是闰年，而 2000 年则是闰年。你理解了吗？

对他说：根据本省的授权，我们特此宣布并施行法令，即日起，在巴伐利亚公国的乡村、城镇和市集，啤酒的销售适用下列规则。

· 从米迦勒节到圣乔治节，1 玛斯（巴伐利亚容积单位，相当于 1.069 升）或 1 柯普杯（碗状液体容器，容积略少于 1 玛斯）啤酒的价格不得超过 1 慕尼黑芬尼，并且从圣乔治节到米迦勒节，1 玛斯啤酒的售价不得超过 2 芬尼，1 柯普杯啤酒不得超过 3 海勒币（通常等于半芬尼）。

· 如果不遵守规定，将执行以下惩罚。

· 如果任何人酿造或以其他方式拥有除三月啤酒以外的其他啤酒，则每玛斯啤酒的售价不得高于 1 芬尼。

· 此外，我们希望强调，未来在所有乡村、城镇和市集，酿造啤酒的原料必须是大麦、啤酒花和水。凡明知而不顾或违反本条例的人，法院必须没收该类整桶啤酒。但是，如果乡村、城镇或市集的客栈老板购买了 2 提桶（每提桶 60 玛斯）或 3 提桶啤酒，然后再转卖给普通农民，那么，每柯普杯的售价只允许比上述情况高 1 海勒币。此外，如果出现大麦歉收和随后的价格上涨，巴伐利亚公国将有权为了所有有关方面的利益下令减少啤酒的生产。

1585 年

1585 年，佛兰芒数学家西蒙·斯蒂文用荷兰语出版了一本 35 页的小册子《十的艺术》，这本书促进了十进制小数的普及。其完整标题的翻译有点拗口：

"小数的算术：讲解如何用没有分数的整数来进行所有计算，通过加减乘除 4 种常用的运算法则来实现。"

在这本书中，斯蒂文演示了小数的使用方法，尽管他使用的符号对我们来说可能有点奇怪。他是这样写 1.2345 的：

1 ⓪ 2 ① 3 ② 4 ③ 5 ④

"大牛"盖斯纳

康拉德·盖斯纳是16世纪的瑞士科学家。作为一名文艺复兴时期的学者，他通过观察、旅行和发现引领了一个崭新的学习世界，而不是像同时代的许多人那样，仅仅依靠图书馆里收藏的古籍做学问。

盖斯纳可以说是一位超级成功者——也许是一位超级的超级成功者。他做过一系列的普通工作，在这些工作中他表现出色，并且得以追求自己真正的学术激情。让我们来回顾一下他的一些惊人成就。

1537 年，他被任命为新成立的洛桑大学的希腊语教授。作为一名语言爱好者，他于 1555 年写了《不同语言之差异》（*Mithridates de differentis linguis*）一书，考察了当时世界上大约 130 种已知的语言，甚至包括用 22 种语言写就的《主祷文》（*the Lord's Prayer*）。

当盖斯纳还是洛桑大学的希腊语教授时，他有时间致力于科学研究，尤其是他最热爱的博物学，我们稍后会讲到。

但他并没有一直做一名希腊语教授。在教书 3 年后，他去了蒙彼利埃大学——一所世界领先的医学院校。毫无悬念，他在 1541 年获得了博士学位。接着，他在苏黎世定居钻研医学，1554 年，他成了一名主任医师。他的余生都是在苏黎世度过的，但也有几次出国

1600 年

焦尔达诺·布鲁诺是一位杰出的意大利数学家和天文学家。在哥白尼的著作和阿拉伯天文学的基础上，他提出了新的观点，认为恒星是和太阳一样的天体，被它们自己的行星所环绕，这些行星甚至可能孕育出生命。他进一步提出宇宙是无限的，因此没有任何东西可以成为宇宙的中心。这在 16 世纪是极具洞察力的观点，对吧？

不幸的是，对于布鲁诺来说，天主教教会并不赞成他的想法。1593 年，罗马宗教法庭以异端罪对他进行审判；1600 年，教皇克莱芒八世下令将布鲁诺烧死在火刑柱上。

旅行。在瑞士他夏天的大部分时间都在研究博物学和爬山。

1551 年，他首次描述了棕色脂肪组织，这是他对人体认识的重要贡献。

他喜欢量化知识。1545 年，他出版了著名的《世界书目》（*Bibliotheca universalis*），这本书旨在收录所有在世的作家及其作品的书名（用拉丁文、希腊语和希伯来语书写）。它基本上是自一个世纪前印刷术问世以来出版的每一本书的系统书目。随后，他又出版了 21 卷《世界书籍分类全书》（*Pandectarum sive partitionum universalium libri*），根据所属的学科将这些作品进行分类。

我敢肯定，在这个阶段，一些和他同时代的人都在呐喊："盖神，请你歇一歇，给我们留点机会吧！"

但正如我之前提到的，让盖斯纳真正出类拔萃的，是他博物学家的身份。他的巨著《动物志》（*Historiae animalium*）篇幅长达4500 页，共计 4 卷，于 1551 年和 1558 年之间在苏黎世出版。该书的内容覆盖了四足动物、两栖动物、鸟类和鱼类。关于蛇和蝎子的第 5 卷于 1587 年出版。德国版的前 4 卷名为《动物之书》（*Thierbuch*），于 1563 年在苏黎世出版，这被认为是第一部连接古代、中世纪和现代科学的动物学著作。第一卷中包括了如下页所示的豪猪。

在盖斯纳生命的最后一年，他写了一本关于矿物学的书，名为《各类化石、宝石、贵金属之全集》（*De omni rerum fossilivm genere,gemmis,lapidibus metallis,et huiusmodi*）。在他那个时代，化石

1604 年

2014 年，两个人在检查法国图卢兹一处漏水的屋顶时，在他们的阁楼上发现了一个他们从未听说过的密室。他们在里面发现了一幅画。这不是随便的一幅画，而是传奇艺术

不仅仅指几百万年前死去的动物尸体，而是地球上发现的任何东西。这其中包括石墨，所以在他的化石书中包含了出版物史上第一段关于铅笔的描述。大牛康拉德·盖斯纳因瘟疫而病逝于他的图书馆中，周围环绕着他最喜欢的书，那时他的 50 岁生日就快到了。

继续

家卡拉瓦乔描绘的《圣经》中的人物朱迪斯砍下亚述将军赫罗弗尼斯的头颅的画面（上页展示的是画面的主体部分）。

这幅画作于 1600 年左右的罗马，专家说它是这幅作品的两个版本之一（另一个版本是在 1950 年被发现的），它可能已经在图卢兹的阁楼上尘封了 150 多年。不过，它的状况非常好，而且——我知道这正是你真正想让我告诉你的——它的价值约为 1.8 亿美元!

解开你的四次方程

在高中我们学过以下公式：

$$x = \frac{-b \pm \sqrt{b^2 - 4ac}}{2a}$$

这个公式是所有形式为 $ax^2 + bx + c = 0$（$a \neq 0$，$b^2 - 4ac \geq 0$）的方程的解，你可能还记得这些一元二次方程。

在 16 世纪中期，我们发现有一些公式可以解出像 $ax^3 + bx^2 + cx + d = 0$ 这样的三次方程以及像 $ax^4 + bx^3 + cx^2 + dx + e = 0$ 这样的四次方程。不出所料，这些公式变得非常烦琐（有些人甚至会说这些公式长相可怕）。

在 19 世纪有两位伟大的数学家，即挪威人尼尔斯·阿贝尔和后来的法国人埃瓦里斯特·伽罗瓦，他们都证明，一旦涉及五次方程（引入 x^5），就不可能存在这种通用的求根公式来解出多项式方程。

1610 年

1610 年 8 月，顽皮的伽利略给书呆子开普勒发了一条加密消息，宣布他的一个重要发现："SM AISMRMILMEPO ETALEVMIBVNEN VGTTAVRIAS。"

可怜的开普勒花了很大的努力才把它破译出来，最终想出了拉丁文 "SALVE VMBISTINEVM GEMINATVM MARTIA PROLES"（冰雹，燃烧的双胞胎，火星的后代），

他将其解释为伽利略在火星周围发现了两颗卫星。开普勒一定感到十分开心，因为他之前预测过火星有两颗卫星。

不幸的是，伽利略想要传达的信息实际上

"数学是不足以描述宇宙的，因为数学是从自然现象中抽象出来的。"

对于 16 世纪的哲学家和数学家鲁多维科·代勒·科隆贝来说，很不幸事实上数学相当好地帮助我们描述或理解了我们的宇宙。

他对伽利略·伽利雷和哥白尼建立的科学体系的强烈反对并不是很成功。但是……嘿，鲁多维科至少努力尝试了。

权力的席位

在古代做奴隶或仆人显然是一项艰难的任务，但是有些仆人比其他仆人更难。

在古希腊，大多数仆人都是从其他城邦俘虏的奴隶。与矿工和船员相比，家仆的日子过得轻松一些，因为前两者往往工作时间不长就死去了。令人惊讶的是，古代雅典的大多数警察部队都是由之前的奴隶组成的。

在古埃及，甚至有些法老和地位很高的统治者在去世时会将他们的奴隶杀死，并将他们带入来世。"我还没准备好"在这里没法作为借口。

在中世纪的英格兰，仆人们不得不睡在君主房间地板上的简陋木床上，以防主人在夜间醒来呼唤仆人。仆人帮助国王和王后穿上他们的衬裤和长罩袍，并在午餐时端来装有水的碗供主人洗手。

许多文化中都有负责品尝食品是否有毒的人、负责拔除腋毛的人，以及为"工作中的艰难日子"赋予新意义的各种角色。但是这里还有一些"绝对"低微的工作让其他所有糟糕的工作都黯然失色。

法老佩皮二世统治古埃及的时间非常长。我们很难准确估计他的在位时间到底有多长，但人们认为他在 6 岁成为法老后，至少在位 64 年，甚至可能长达 94 年。他长寿的秘诀是什么？好吧，他显

继续

是 "ALTISSIMVM PLANETAM TERGEMINVM OBSERVAVI"（我观察到最远的行星土星以 3 倍的形式存在）。他很可能指的是土星环。

伽利略的发现还不止于此！那年晚些时候，他又发了一条消息，这次是一个可读的字谜："HAEC IMMATVRA A ME IAM FRVSTRA LEGVNTVR OY"（这些不成熟的字谜我已经读过了，但都是徒

劳）。传说开普勒将其重新排列，得到了 "MACVLA RVFA IN IOVE EST GYRATVR MATHEM, ETC"，大致意思是"木星上有一个旋转的红斑"。

如果这是真的，那么

然没有被昆虫骚扰……佩皮二世让身上涂满蜂蜜的奴隶待在旁边，这样他就不会受苍蝇和蚊子的困扰了！

早在 1500 年，"粪便男仆"（Groom of the Stool）的头衔就被授予帮助英国国王去……你猜对了，去上厕所的男仆。"Stool"（凳子）指的是国王用过的便携式厕所或便桶，而男仆则会在国王需要的时候把凳子、毛巾和脸盆放在身边。有些人甚至认为，男仆有时甚至会成为"皇家擦屁股男仆"，尤其是服侍像亨利八世这样的大君主的时候。

现在，这可能听起来很难让人相信，但当时人们会排队等候这份工作。虽然这份工作有时候"味道"有些令人不悦，但保证可以与国王亲近并了解他内心最深处的想法——你可以把它称为权力的所在。这份工作不属于卑微的仆人，而属于较有权力的法官，如约翰·格兰维尔爵士（查理二世的粪便男仆）和弗朗西斯·戈多尔芬（他为乔治一世工作得非常出色，因此乔治一世的儿子乔治二世把他留下继续做这份工作）。

事实上，随着时间的推移，粪便男仆发展为一个具有很大财权的职位，他们甚至会帮助制定国家的预算政策。

继续

开普勒对大红斑存在的预测是值得称赞的（大红斑是在半个世纪后才被发现的）。不幸的是，这并不是伽利略所想的。

在大约一个月后，伽利略给开普勒的答案是：

"CYNTHIAE FIGVRAS AEMVLATVR MATER AMORVM"（爱之母模仿辛西娅的形状）。"爱之母"指的是金星，"辛西娅"指的是月球——伽利略曾观察到，金星和月球一样有相位，因此金星一定是围绕太阳而不是地球旋转！

狡诈

苏格兰采蛋人（约900年）

用荨麻做的绳子从崎岖的悬崖和岩壁上偷走各种海鸟的蛋。

英格兰的女啤酒店主（约1300年）

在酒馆里准备啤酒，这很简单吧？等等！对劣质啤酒或调酒比例不当的惩罚包括罚款或坐"浸水椅"。

斯堪的纳维亚沼泽猎人（约800年）

这是一个来自斯堪的纳维亚半岛的令人愉快的角色，要求你在沼泽和湖泊中跋涉(甚至在寒冷的月份)，用矛掘土，寻找矿石。

尝菜员（约1520年）

在历史上，这种危险的角色曾多次出现。在印度阿格拉，这个工作是尝尝皇帝的食物是否有毒。如果皇帝吃了任何受污染的食物，尝菜员就会被砍死。

食罪人

迷信吗？可能这个工作不适合你。不然你要怎么用魔法来承担一个家庭的罪，从而赦免罪行和罪人呢？迷信的村民会永远厌恶你，但这是一种生活方式。

扫烟囱的人（约1870年）

考虑到烟囱的大小，这个工作通常会给那些体型可以在烟囱内钻进钻出地清除烟灰的孩子。职业病包括可怕的外伤、死亡或长期的"烟囱清洁工的癌症"。

法国水蛭收集者（约1835年）

走进爬满水蛭的池塘，让水蛭缠住你的腿，小心取出水蛭并放入篮子中，这样就可以轻松赚钱！

东京地铁推手（现在）

把上下班高峰期的乘客推进拥挤的车厢里。至于乘车人数的规模：东日本旅客铁道公司的日均客流量达1710万人次。而这仅是乘地铁出行的人数。

困难

魔兽世界打金农民（现在）

这一角色在几年前热度达到了顶峰，然而拥有类似"产业"的新游戏并不少见。在这个产业链中，人们每小时的工资约为30美分，他们在《魔兽世界》中积累虚拟金币，然后卖给其他玩家。

古罗马命名法

如果你依赖iPhone来提醒你所有的事情，那这大概不是你理想的工作。实际上，这个工作就是一个会走路、会说话的地址簿。一般来说，奴隶的工作就是要记住主人遇到的人的名字等个人信息。

摇扇仆人（约1880年）

一个很简单的工作，整天坐着，只需要拉一根系在大扇子上的绳子，让印度的英国统治者保持凉爽。聋哑人在这项工作中更受青睐，因为他们不会无意中听到谈话和胡言乱语。翻过这一页，你可以看到这些仆人梦想中的一个发明：1830年一项"机械驱动风扇"专利的细节……它也是自动供电的。

恶心

宴会服务员（约50年）

罗马的宴会服务员？比角斗士强多了！也许吧，但这里还有一项工作：清理客人的呕吐物，以及送上夜壶，客人可以在里面小便。这项工作的理想候选人应该有一个强壮的胃。

复活的人（约1827年）

从墓地挖掘和偷尸体卖给医学院的学生（以及其他人）。这个角色并不完全是合法的，这毫不奇怪。

淘粪工（约1550年）

上夜班，他们必须"享受"从英国的粪坑"用手"清理粪便。

代罪羔羊（约1650年）

好消息：你可以成为王子的玩伴。坏消息呢？如果他淘气的话，你要代替他挨打。

古罗马漂洗工（约200年）

在古罗马，"漂洗工"的任务是洗衣服——在装满水和碱性化学混合物的浴缸里踩衣服。如果他们给顾客退回错误的衣服或损坏的衣服，他们也会受到惩罚。

乏味

当我们谈论这个话题的时候……

我敢肯定，大多数人都想到了自己的境遇，"哎呀，我的工作在职业生涯的某些方面真的很糟糕"。

我们现在将一周的 5 天作为工作日的惯例实际上源于 20 世纪 20 年代的美国。

虽然星期天一直以来被作为休息日（即"主日"），但亨利·福特于 1926 年单方面在周六和周日关闭他的汽车工厂，帮助其他行业推动了周末休息 2 天的运动。

现在，一周中 2 天休息、5 天工作的想法可能也有些原始……但是，下次当你在工作中偷偷浏览某个求职网站却把三明治屑洒在键盘上的时候，请想一想历史上那些不得不忍受危险的、乏味的以及各种艰苦工作的穷人吧。尽管我们已经了解到一些工作可以说得上是"史上最差工作"头衔的有力竞争者，但仍有更加差劲的工作使这一领域的竞争异常激烈。

《拉帕姆季刊》设计了一个巧妙的"世界上最糟糕的工作"矩阵，它构成了我们在上一页中盘点的"糟糕工作"的基础。

1611 年

1611 年，德国数学家、天文学家和占星家约翰内斯·开普勒写了一本名为《论六角形雪花》的科普小册子。该书中指出，堆放加农炮弹最有效率的方法是上面一层的每个球都放在由下面一层球构成的"凹陷"当中，并使第四层球与第一层对齐。1831 年，伟大的高斯找到了一个合适的方法来证明这一点。但直到 2014 年，美国数学家托马斯·黑尔斯和他的团队才使用一个详尽的计算机程序证明了开普勒是正确的。

1612 年

1612 年，威廉·莎士比亚创作了《亨利八世》。在书中白金汉抱怨沃斯利的贪婪和干预，说："他野心不小，什么人的事都要染指。"

往昔时光

想不想知道另一种把5到9之间的两个数相乘的方法呢？

大约 1543 年的时候有一本很时髦的书叫《艺术基础》，作者是罗伯特·雷克德，这本书用十字交叉符号做了这件事。

两个 5 到 9 之间的数相乘的规则是，将两个因数分别写在符号的左边，在符号右边分别写出它们与 10 的差（在我们 6 × 8 的例子中，6 的旁边写 4，8 的旁边写 2，我们称 4 和 2 分别为 6 和 8 的"补数"）。

为了求出答案，首先将右边的补数相乘（4 × 2 = 8）。然后取原始因数中的一个（6 或 8）减去另一个因数的补数得到十位上的数值。你会注意到，无论是（8 − 4）还是（6 − 2），结果都是 4。所以我们的答案是多少呢？ 6 × 8 = 48。

尽管一些人认为这才是十字相乘法的起源，不过大多数人还是认为十字相乘法是 1628 年由威廉·奥特雷德发明的。

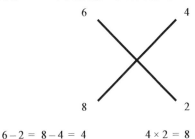

$$6 - 2 = 8 - 4 = 4 \qquad 4 \times 2 = 8$$

1620 年

1620 年，牛津大学任命了第一批几何学和天文学教授。没什么大不了的，对吧？嗯……这项任命在大学成立 500 年后才颁布！这些职位是由亨利·萨维尔创设的，他此前不得

不出国接受数学教育。

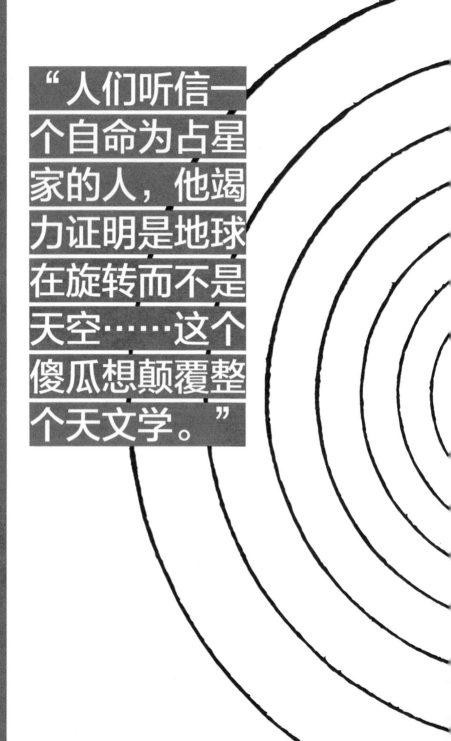

"人们听信一个自命为占星家的人，他竭力证明是地球在旋转而不是天空……这个傻瓜想颠覆整个天文学。"

I. Stellarum Fixarum sphæra immobilis.

II. Saturnus anno. XXX. reuoluitur.

III. Iouis. XII. annorum reuoluitur.

IIII. Martis bima reuolutio.

V. Telluris.

cum orbe lunari annua reuolutio.

Teris

VI. Venus nonimestris.

VII. Mercury. Lxxx. dierum

可以这么说，马丁·路德在 1543 年的著作中并不赞同文艺复兴时期杰出的数学家和天文学家尼古拉·哥白尼的观点。哥白尼提出了一种以太阳而非地球为中心的宇宙模型。

背景图片展示了 1543 年，也就是哥白尼去世的那一年发表在《天体运行论》（*De revolutionibus orbium coelestium*）中的原始图片——由哥白尼绘制的日心说示意图。

完美的词汇

在我的上一本书《数字的世界》（2015）中，我曾指出威廉·莎士比亚的戏剧总共包含884429个单词。但显然很多都是重复的，比如"the""and""love"和"forsooth"。事实上，根据不同的统计方法，出生于1564年的莎士比亚共使用了17000到31000个不同的单词。

但令人惊讶的是，其中多达十分之一的单词都是莎士比亚发明或首次写下来的。确实如此，如果没有16世纪的这些创作，我们现在使用的几千个单词可能都不会存在了。

而这些新词的其中一部分只是微小的变化——将名词用作动词，如"blushing"（脸红）或"assassinate"（刺杀）；或合并两个现有的单词来得到类似于"moon beam"（月亮光束）、"eyeball"（眼球）或"bloodstained"（血染）的新单词；或在已有单词的前面或后面添加一些内容，如将"discontent"（不满）用作"content"（满足）的反义词。但还有很多都是像"dwindle"（减少）这样的全新单词，它似乎是用中古英语"dwine"（浪费）这个词创造出来的。他也在《皆大欢喜》第二幕第7场中第一次将"puking"（呕吐）用作一个动词，在剧中贾克斯对老公爵说：

人人都有其退场和登场；

人生在世，扮演着多种角色，他的表演有7个时期。起初是婴儿，

1623 年

1623年，威廉·莎士比亚的两位同伴约翰·海明斯和亨利·康德尔将《莎士比亚》中的36部作品打包成一本名为《第一对开本》的书。当然，它不是最吸引人的标题，但它绝对值得一读。该书总共印刷了750本。2016年，人们在位于斯图尔特山的布特侯爵夫人的图书馆中发现了一本，使全世界已知的该书现存总数增至234本。它被称为"里德-布特"副本，由艾萨克·里德于1786年购买，1807年再次以70美元的价格售出。如今，它价值约370万美元。

在妈妈怀里又哭又吐。

当然，莎士比亚并不是高雅文化的历史上唯一一个创造新词的人。在美国动画喜剧《辛普森一家》著名的一集《打破传统的丽莎》（*Lisa the Iconoclast*）中，作者被要求创造两个新词。他们选择了"embiggen"（使……伟大）和"cromulent"（正确）这两个词。剧中春田镇的格言是"高尚的精神使最渺小的人成为最伟大的人"，巴特的老师克拉帕佩尔曾一度表示，在搬到春田镇之前，她从未听说过"embiggen"这个词。当她这么说的时候，另一位老师胡佛小姐发明了另一个词回应道："我不知道为什么，这是一个完全'cromulent'的单词。"

最后，在《打破传统的丽莎》中，当霍默试图获得街头公告员的职位时，校长西摩·斯金纳说："他通过正确的表现使这个角色更伟大了。"

"Embiggen"这个词实际上曾在一些不大广为人知的地方使用过几次，但从来没有像《辛普森一家》中那样面向这样多的观众。有些超级书呆子可能知道这个词在《高能物理》杂志上发表的一篇题为《规范/引力对偶和亚稳态动力超对称破缺》的文章中出现过。我必须说这是我最喜欢的文章之一！

如果你不太了解规范/引力对偶，那也没关系。相信我，"embiggen"在这里的意思是"使其增长或扩张"。

1633 年

1633 年 6 月 22 日，69 岁的伽利略·伽利雷在他的审判者面前认罪，他因为暗示《圣经》不是真的，且地球不是宇宙的中心而被判异端罪，并受到酷刑威胁。

他被迫说："我以一颗真诚的心和真诚的信仰发誓，诅咒和憎恶这些错误和异端邪说。"而他的学说现在已成不争的事实。在350多年后的1992年，经过13年的调查，教会终于承认他们做错了。

数学符号

威廉·奥特瑞德于16世纪90年代末进入伊顿公学和剑桥大学学习。正如你可能会猜到的那样，当时数学教育资源是严重不足的。

这激怒了极为努力的威廉，曾经不眠不休地钻研数学的他写道："……除了那些我通常用来学习的时间外，在数学的召唤下，我夜复一夜地赎罪。从我自然的睡眠中欺骗我的身体，引诱它当大多数人还在休息的时候辛勤劳作。"

他教学生数学时，学生可以免费住在他的家里。他教授的学生包括后来成为英国最传奇的建筑师的克里斯多佛·雷恩爵士以及伟大的数学家约翰·沃利斯，他将幂次、平方根和无穷大的符号形式化：

$$x^{-1} = 1/x, \ x^{1/2} = \sqrt{x}, \infty$$

约翰还计算了著名的沃利斯乘积：

$$\pi/2 = 2/1 \times 2/3 \times 4/3 \times 4/5 \times 6/5 \times 6/7 \times \cdots$$

感觉困难吗？尝试计算一下。你认为沃利斯乘积会很快收敛吗？计算前10项的近似值，计算一个就停下来，并与 $\pi/2$ 的近似值1.5708进行比较。你可以在书后找到我们给出的答案！

1635 年

1634 年 7 月 31 日，由亨利八世于 1516 年建立的皇家邮政首次向公众开放，这要感谢查理一世。最初，邮资是由收件人支付的，这取决于包裹的大小。

直到 1840 年，英国才发行了第一枚黏性邮票，名为"便士黑"，上面印有维多利亚女王的头像。

奥特瑞德也有一些偏执，当时的一位传记作家写道：

他是一个小个子男人，长着黑黑的头发和（炯炯有神的）黑色眼睛。他的脑子一直在运转，会在灰尘上画线条和图表……直到夜里十一二点才会穿着他的紧身上衣上床睡觉……他会研究到深夜，并把打火匣带在身边，把墨水瓶放在床头。他睡得很少。有时候他两三个晚上不睡觉，或者直到达成了目标他才会下楼吃饭。

但奥特瑞德的生活也不只有数学。他的妻子卡里尔生了 13 个孩子。他最重要的著作是《数学之钥》（*Clavis Mathematicae*，1631），讨论了印度 - 阿拉伯语的符号，用现代分数的形式书写内容，并加入了大量的代数知识。他还引入了许多新的符号，包括用"×"代表乘法，":"代表比例，以及正弦 sine 和余弦 cosine！ 1630 年，他发明了一种圆计算尺，这可能是人们对他记忆最深刻的成果。但他与自己的学生理查德·德拉曼进行了旷日持久的论战，声称当时写了一篇类似文章的德拉曼剽窃了他的想法，却没有把功劳归功于他。

测验

大师取一套 8 枚邮票（4 枚红色、4 枚绿色），分别展示给 3 位逻辑学家看，然后在每位逻辑学家的额头上贴了两枚邮票。除了大师口袋里剩下的两枚邮票和他们自己额头上的两枚，每位逻辑学家能看到其他人额头上邮票的颜色，然后大师问他们是否知道自己额头上邮票的颜色，他们依次回答如下。

逻辑学家 A 说"不知道"。
逻辑学家 B 说"不知道"。
逻辑学家 C 说"不知道"。
逻辑学家 A 说"不知道"。
逻辑学家 B 说"知道"。
请问 B 的额头上是什么颜色的邮票？

"除非你是富人，否则不要洗湿漉漉的澡。因为那些富人的饮食更精致，包括干热的东西，比如优质的酒、浓烈的香料，还有野兔、鹧鸪和野鸡肉。这只是针对夏天的建议，因为在冬天我劝他们完全不要洗澡。"

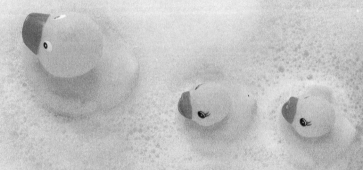

　　让我们面对现实吧，在 16 世纪欧洲的隆冬中沐浴可能是非常轻快舒适的。这条建议显然出自沐浴不可知论者，而且可能是气味难闻的弗朗西斯·拉斯帕德之手，他很可能也考虑到了这样一个事实：在中世纪，洗澡通常是在公共澡堂里进行的，而富人则可以在自己舒适而私密的家里洗澡（大概同时也可以吃一些野兔、鹌鹑和野鸡肉）。

韦达与阿尔-卡西的较量

这个分解公式

$$\frac{1}{\pi} = \frac{\sqrt{2}}{2} \times \frac{\sqrt{2+\sqrt{2}}}{2} \times \frac{\sqrt{2+\sqrt{2+\sqrt{2}}}}{2} \times \cdots$$

……通过使用这个公式，1593 年，法国数学家弗朗索瓦·韦达将 π 的值精确到了小数点后 9 位。

这本身就很酷，而这个结果的特别之处还在于它代表了数学史上的一个重要时刻。我们已经解释了无穷多个项加起来如何得到一个有穷的数，例如 $2 = 1 + 1/2 + 1/4 + \cdots$，但是 1593 年的韦达第一次找到了通过使用无穷多个计算式来计算数值的公式。

韦达的公式开启了一个美丽而非常重要的数学分支——"数学分析"，即微积分领域及各种神奇的东西。有些人甚至称这个时刻为"现代数学的曙光"。

试试这个公式，看看 π 的近似值有多精确。通过第一项我们得到：

$$\frac{2}{\pi} = \frac{\sqrt{2}}{2}$$

即 $2/\pi \approx 0.707107$ 或 $\pi \approx 2.828426$，这和 π 的确切值相去甚远。

现在取前两项，我们得到：

1641 年

1641 年，法国女数学家玛丽·克罗斯出版了一本著作，帮助传播了两个重要的基本数学标准。

首先，她引入了现代小数点来将一个小数的整数部分与小数部分隔开。

其次，她引入了一种表示方法：在小数部分使用零来表示一个位置是空的。

$$\frac{2}{\pi} = \frac{\sqrt{2}}{2} \times \frac{\sqrt{2+\sqrt{2}}}{2} = 0.653281\cdots$$

即 $\pi \approx 3.061470$，已经有了较大的进步。

如果你想要像韦达那样将 π 精确到小数点后 9 位，那么你需要将参与计算的项扩展到前 15 个（我十分钦佩能完成这么大计算量的人！）。

尽管韦达的公式已经相当时髦，但仍然不是当时求出的 π 的最佳近似值。

最伟大的波斯数学家之一是贾姆希德·阿尔-卡西（他的全名是吉亚斯丁·贾姆希德·麦斯欧德·阿尔-卡西，所以你知道为什么我会称他为阿尔-卡西了吧）。阿尔-卡西想要计算出非常准确的 π 值，从而可以测量地球赤道周长的 60 万倍而使误差范围不超过一根头发丝的宽度。你可以说他是一个十分追求精确度的人！

他做到了。与韦达类似，阿尔-卡西使用的方法与古希腊人一样古老，但他的成果远远超过了古希腊人。阿尔-卡西根据六边形的边长与所对的 60° 中心角将边数增加一倍，得到一个十二边形和 30° 的中心角。如果一直做这样的加倍操作，就可以得到 π 的近似值。

阿尔-卡西进行了这样的操作，通过令人难以置信的 27 次加倍（他的六边形变成了 805306368 边形……别担心，他不需要把这个

1650 年

1650 年，跻身有史以来最伟大的女性天文观测者行列、才华横溢的德国天文学家玛丽亚·库丽亚·库尼茨发表了她关于观测表格与理论的著作《和蔼可亲的乌拉尼亚》。这项工作使得开普勒在行星运动上的研究突破更容易为大众所接受。金星上的库尼茨环形山就是以她的名字命名的。

形状画出来），阿尔 - 卡西在六十进制中估计出：

$$2\pi = 6 + 16/60 + 59/60^2 + 28/60^3 + 1/60^4 + 34/60^5 + 51/60^6 + 46/60^7 + 14/60^8 + 59/60^9$$

这个在六十进制中将 π 精确到小数点后 9 位的结果在当时是相当先进的。而还不满意这一壮举的终结者阿尔 - 卡西将其从六十进制转化为十进制，为我们展示了精确到小数点后 17 位的 π 值，约为 3.14159265358979324。这是一个非常准确的近似值。事实上，它比美国国家航空航天局在设计宇宙飞船时使用的值还要精确两位！

1657 年

1657 年，费马试图求解丢番图方程 $61x^2+1=y^2$（其实早在 1000 多年前，婆罗摩笈多就已经解出了这个方程）。笛卡儿无法做到，但欧拉最终解出了这个问题，他发现

这个方程的最小正整数解是 $x = 226153980$，$y = 1766319049$。如果你能亲手验证这个解答，我也会大吃一惊。

1659 年

1659 年，瑞士数学家约翰·雷恩出版了一本名为《德国代数》的小书，其中介绍了除法符号"÷"（在此之前，人们有时会用它作为减法符号）。这也是"∴"第一次

超越完全数

很久以前，我们在本书的第65页和我们的好朋友尼科马库斯一起定义了完全数，而且我说过欧几里得已经对其进行了研究。

事实上，在《几何原本》第 9 卷的第 36 个命题中，欧几里得关于完全数的产生写出了以下美妙的观察：取一列数，它们依次以 2 倍的形式增加，直到它们的和为质数；把这个和与最后一个数相乘，则结果为完全数。这是什么意思？

成 2 倍增加的数意味着我们取 1,2,4,…，欧几里得注意到，如果我们将 2 的幂加起来并得到一个质数，那么通过将这个质数和最后一个 2 的幂相乘可以得到一个完全数。

稍微清晰一些但还是不太明白？让我们来举一个例子。事实上，最简单的例子只需要使用 2 的幂列表中的前两个数字：1 和 2。

$1 + 2 = 3$，3 是质数。我们的数列中 2 的最后一个幂是 2 本身，而欧几里得说用这个 2 乘以数列中各数相加的和 3 会得到一个完全数。

看：$2 \times 3 = 6$，它是一个完全数，因为 6 的因数除了 6 本身外，其总和加起来为 $1 + 2 + 3 = 6$。

下一个例子是什么？

继续

用于表示"因此"的意思。尽管对于雷恩是否自己发明了这些符号，或者是否是约翰·佩尔将《德国代数》译成英语的这些问题，人们的看法存在一些分歧。

1660 年

1660 年，英国皇家学会成立，学会的宗旨是"促进实验哲学的发展"。如今，它是世界领先的科学研究院之一，现有院士1600 多人。它的拉丁文格言 "Nullius in verba" 意为

"如未亲自实践，不要轻易相信任何事"。

　　$1 + 2 + 4 = 7$ 也是质数。该数列的最后一个数是 4，$4 \times 7 = 28$，这是第二个完全数。

　　而下一个数列的和 $1 + 2 + 4 + 8 = 15$ 则不是质数，因此我们不能使用这个数列来找到完全数。

　　1536 年，一个叫雷吉乌斯的人证明数列 $1 + 2 + \cdots + 1024 = 2047$，但是 2047 不是质数，它是 23×89 的乘积。他也证明了 $1 + 2 + \cdots + 4096 = 8191$，8191 这个质数产生了完全数 33550336（$= 4096 \times 8191$）。你可以把 33550336 的真因数加在一起检查一下。嘿，我敢担保它的确是完全数。

　　接下来的两个完全数是由意大利数学家彼得罗·卡塔尔第在 1603 年重新发现的。如果你认为自己擅长乘法，那你会喜欢下面这个小测验。我说"重新发现"是因为虽然卡塔尔第和雷吉乌斯无疑对自己的成果感到满意，但实际上他们只是重复了 300 多年前古埃及数学大师伊本·易卜拉欣·伊本·法鲁斯的工作。

测验

　　28 和 33550336 之间有两个完全数。试用欧几里得的方法找出这两个完全数。

　　卡塔尔第还表明 $2^{17} - 1$ 和 $2^{19} - 1$ 是质数。请问他得到了什么完全数？

约翰·多恩，不喜欢 π 的人。

在 17 世纪的诗《菲利普·锡德尼爵士和他妹妹彭布罗克伯爵夫人翻译的〈诗篇〉》中，多恩谴责人们试图"化圆为方"，或者是试图找到精确的 π 值来将上帝合理化：

永恒的上帝啊——智慧的你既无棱角，且无穷尽，对那些敢于寻求新的表达、引入直角、欲将你化圆为方的人——

宗教在多恩的诗歌和生活中也扮演了一个重要的角色。在他死前的几个月，他委托别人拍摄了这张他自己（穿着寿衣）的照片，就像他在第二次降临时从坟墓中复活时的样子。他把这幅画像挂在墙上，以提醒自己生命的短暂。

启蒙运动时期

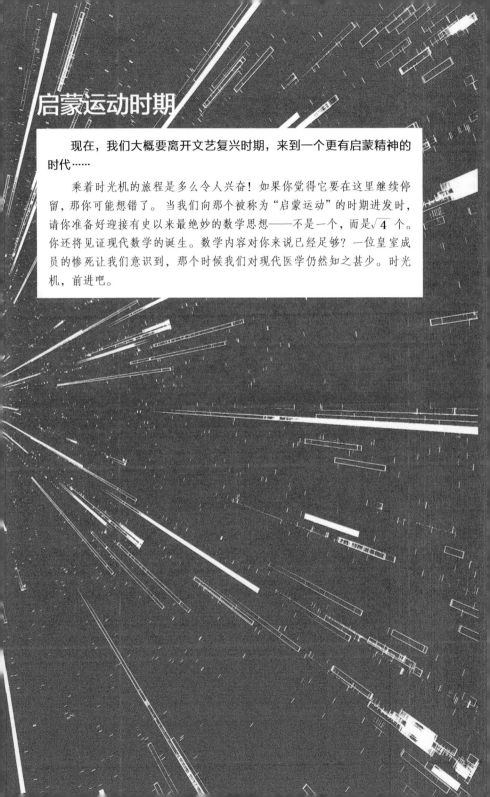

　　现在，我们大概要离开文艺复兴时期，来到一个更有启蒙精神的时代……

　　乘着时光机的旅程是多么令人兴奋！如果你觉得它要在这里继续停留，那你可能想错了。当我们向那个被称为"启蒙运动"的时期进发时，请你准备好迎接有史以来最绝妙的数学思想——不是一个，而是 $\sqrt{4}$ 个。你还将见证现代数学的诞生。数学内容对你来说已经足够？一位皇室成员的惨死让我们意识到，那个时候我们对现代医学仍然知之甚少。时光机，前进吧。

立方派

"将一个立方数分成两个立方数之和，或一个四次幂分成两个四次幂之和，或者一般地将一个高于二次的幂分成两个同次幂之和，这都是不可能的。我确信我对此发现了一种美妙的证法，可惜这里的空白处太小，我写不下。"

1637 年，法国律师、数学家皮埃尔·德·费马在阅读一本叫作《算术》的书时在边缘用拉丁文潦草地写下了这些句子。

简单地来看，尽管我们知道 $3^2 + 4^2 = 5^2$，但你永远不能求得两个非零立方数相加等于另一个立方数，在更高次的幂中也找不到类似的例子。这成了整个数学领域中最著名的定理之一。而令人惊奇的是，它最终在 357 年后被英国人安德鲁·威尔斯证明了。

测验

《辛普森一家》的作者显然很喜欢费马大定理。在《恐怖树屋》一集中，荷马假设 $1782^{12} + 1841^{12} = 1922^{12}$。在现实世界中，这个等式并不成立。答案更接近 1921.99999996^{12}。

类似地，在《常绿阳台的巫师》一集中，我们看到 $3987^{12} + 4365^{12} = 4472^{12}$。虽然方程两边结果的 44 位数字中的前 10 位是相同的，但用等号显然是错误的。为什么这个方程显然不正确？

提示：我不会阻止你计算到第 11 位数字，但是有一个更简单的方法可以看出这个等式不成立。

e

瑞士数学家雅各布·伯努利在1638年思考复利的影响时，发现了极为重要的数字e，即现在人们知道的欧拉常数。

想象一下，1月1日的时候你有100美元，而你每年会获得100%的利息。如果以1年为周期计算利息，那么在年底你的100美元将翻倍达到200美元。

但如果以半年为周期计算利息会怎么样？你将在6月30日获得第一期的收益，即本金加利息共150美元。之后在12月31日，第二期的收益将是75美元，而你的账户总额将达到225美元。因此，以复利的方式你会获得更大的收益。

如果以月为周期计算利息，你最终得到的金额将是 $100 \times (1 + 1/12) \times (1 + 1/12) \times \cdots \times (1 + 1/12) = 100 \times (1 + 1/12)^{12} \approx 261$（美元）。如果以天为周期计算利息，年末你会收到 $100 \times (1 + 1/365)^{365} \approx 272$（美元）。

伯努利想知道这个过程的"无穷极限"是什么。那么当 n 变为无穷大时，$(1 + 1/n)^n$ 会向哪个数值趋近？

答案是一个无理数：2.71828182845904523536028747135266249775724709369995…，也就是我们现在知道的e。

1663 年

1663年，剑桥大学设立了数学世界最负盛名的一个职位——卢卡斯数学教授席位。该职位首先由艾萨克·巴罗担任，然后是另一位艾萨克（牛顿），以及其他传奇人物，包括查尔斯·巴贝奇、保罗·狄拉克和更晚的斯蒂芬·霍金。瑞士籍的狄拉克是唯一一位担任这一职位的非英国人，但实际上他出生在英国。到目前为止，没有女性担任过这个职位。

数字 e 在数学的很多领域中出现，虽然很多人对它知之甚少，但它与数字 0、1 和 π 一样重要。

美国数学家约翰·艾伦·保罗士在他的《数字人生》（*A Numerate Life*）一书中给出了一个求 e 的近似值的不错的习题：

拿一个棋盘，并自然地把上面的方格编号为 1 到 64。然后在 1 到 64 之间随机生成 64 个整数（有很多方法可以做到这一点，包括掷硬币）。在编号为该数字的格子上放一便士。例如，如果生成的随机数是 19，则将一便士放在 19 号格子上，以此类推。在这个程序结束时，一些格子里会有一个以上的便士，有些则完全是空的。计算 64 个格子中有多少个没有硬币并将其标记为 U。64 与 U 的比率约为 e。

这个方法十分取巧！保罗士继续指出，"如果你想要得到更近似的值，那就买一个更大的棋盘……"

1667 年

1667 年 5 月 30 日，英国皇家学会创造了一个小小的历史纪录，它第一次允许一名妇女观看课程演示。纽卡斯尔公爵夫人玛格丽特·卡文迪什是一位科学家兼作家，绰号为"疯狂的玛奇"。她在和一群男学者们激烈辩论后，才被允许观看一堂有关色彩和光的课！

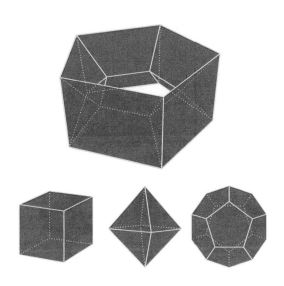

笛卡儿的多面体

1639年，笛卡儿首先注意到，对于一个立方体一类的物体，它的面（ F ）、边（或棱）（ E ）和顶点（或角）（ V ）的数量满足这样的关系： $F - E + V = 2$ 。

比如说立方体，其面数、边数和顶点数满足： $6 - 12 + 8 = 2$ 。

笛卡儿注意到这个特性也适用于许多其他物体，但他认为这并不重要。

了不起的欧拉重新拾起了这个问题，他还表明数学家称之为"简单多面体"的任何物体都满足这个特性，包括像立方体和十二面体的形状，但不包括中间有洞穿过或有一部分缺失的情况。

1672 年

1672年，艾萨克·牛顿第一次引起了科学界的注意，他开创性地研究了光在穿过不同的介质（例如大气、水或玻璃）时是如何折射的。

此外，牛顿还首先给出了5种颜色的光谱：红、黄、绿、蓝、紫。后来，他又加上了橙色和靛蓝。

测验

看看本页上方立方体旁边的其他两个形状，验证 $F - E + V = 2$ 。但是对于最上面的形状， $F - E + V$ 等于多少呢？

艾萨克·牛顿

艾萨克·牛顿出生于 1643 年，他自己在 84 年的生命中取得的非凡成就远远超出了本书提及的范围。

在 1665 年和 1666 年期间，他因为瘟疫而从剑桥回家。经过一段时间的激烈思考，在部分基于他人的工作的基础上，牛顿提出了一种新的光学理论——光是由具有弹性、刚性且无质量的粒子组成的。

他继续提出理论说，每个粒子都与宇宙中的其他粒子相互吸引——并且这个引力与粒子质量的乘积成正比，与粒子之间距离的平方成反比。

这好像还不够，通过研究如何计算在特定时刻函数的变化率，牛顿开创了一个革命性的新领域，就是今天我们所知的微积分。

这些发现只是牛顿由于瘟疫而待在家里完成的，真是令人惊讶。

回到创世之初

当《圣经》上说"上帝创造了天地"时,并没有给出"创世纪"的确切日期。

但这并不能阻挡 1650 年大主教詹姆斯·乌雪的探索。乌雪梳理了《旧约》中的故事以及事物的相生关系,并得出这个世界早在 6000 年前就存在的结论。更确切地说,世界的创始日期是公元前 4004 年 10 月,且很有可能是在 22 日周六的晚上 6 点。

乌雪不是唯一一个计算出类似数字的人。尽管被化石记录、天体物理学所质疑,这个数字在所有关于地球年龄的荒诞发现中是最受欢迎的,在神创论者中仍然颇有影响。

现在,如果你问"就算是很受欢迎,那么究竟有多少人相信呢?",人们一直声称有几乎一半的美国人可以接受《圣经》的字面解释。

1678 年

1678 年 6 月 25 日,意大利著名音乐家、数学家埃琳娜·卢克雷齐亚·科纳罗·皮斯科普亚用古典拉丁语讲了一个多小时,回答了有关亚里士多德作品的随机选取的问题。

结果,埃琳娜女士被评为哲学博士,并因此成为第一位获得大学学位的女性。

"动物可以活动，因为它们有四肢和肌肉；而地球没有四肢和肌肉，所以它不能移动。"

* 捂脸 *

　　17 世纪比萨大学哲学和数学教授西皮奥·基亚蒙蒂做出的这个论述很棒。

　　前面这段推论的逻辑形式被叫作"三段论"。还有许多著名的论断也遵循同样的模式,例如:马修·赖利写的所有书在封面上都有他的名字,且书里面写到很多死去的人;这本书封面上有马修·赖利的名字,且书里写到很多死去的人,所以显然亚当·斯宾塞(这本书作者的名字)是马修·赖利。

我可以把这个分数一直写下去……

1959 年，英国数学家威廉·布朗克勋爵写下了这个等式：

$$\frac{4}{\pi} = 1 + \cfrac{1^2}{2 + \cfrac{3^2}{2 + \cfrac{5^2}{2 + \cfrac{7^2}{2 + \cdots}}}}$$

这是数学中第一次使用无限连分式。

另一个趋近于 π 的连分式也同样复杂：

$$\pi = 3 + \cfrac{1}{7 + \cfrac{1}{15 + \cfrac{1}{1 + \cfrac{1}{292 + \cdots}}}}$$

测验

上面这个连分式可以为 π 生成越来越精确的近似值。

如果我们算到 π = 3 + 1/7 为止，可以得到常见的最喜欢的 22/7；但如果使用 3 + 1 /(7 + 1/15)，可以得到：3 + 1 /(106/15) = 3 + 15/106 = 333/106, 这个结果更接近 π 的精确值。

请继续将连分式计算到更下方两层，得到更精确的 π 的近似值。加油！

奥扎南的挑战

多年来，数学家们经常公开提出问题，看谁能够回答。

在 17 世纪，法国数学天才雅克·奥扎南就是这么做的，他向公众发出挑战，要求找出 4 个不同的正整数，其中任意 2 个的差值是一个整数的平方，前 3 个数的和等于第 4 个数。

奥扎南认为这是一个非常复杂的问题，答案中的任何数字都至少有 50 位。

出人意料的是，自学成才的数学家米歇尔·罗尔（他差点连小学都没毕业）随后回应解答了这个问题。在 1682 年 8 月 31 日出版的《智者杂志》上，罗尔展示了这一问题有无穷多组解，其中最小的是 7 位数 1873432、2288168、2399057 和 6560657。

你觉得你能跟上罗尔的节奏吗？看看下面的小测验。

测验

请证明页面上方罗尔给出的答案满足奥扎南设定的条件！

等等，还有呢！150568、420968、434657 和 1006193 这几个数具有与奥扎南谜题相似的属性。你能弄清楚这些数字有什么关系吗？还有这些数：198000、649584、660400 和 683809。

感谢伟大的加雷斯·怀特告诉我这些神奇的数。

如果放血和药物还不够，医生们也不会羞于给查理灌肠（孩子们，问问你的父母）。他们尝试了一下“拔火罐”——用烧烫的杯子和熨斗烫国王，让他的上半身和头皮上布满水泡；有一次，他们还用鸽子粪便制成的膏药包裹国王的脚……

尽管查理有几次略微好转（当时医生们一定都站在一旁互相祝贺对方做得很好），但他还是于 1685 年 2 月 6 日去世了。

1706 年

埃米莉·夏特莱生于 1706 年，是一位才华横溢的法国数学家，她与伏尔泰都提倡牛顿所提出的理论，即引力控制着行星的运动。她对《自然哲学的数学原理》的法文翻译至今仍被奉为标准。

1716 年

生于 1716 年的与谢芜村是日本江户时代最伟大的画家和诗人之一。与谢也是第一个写下这种叫作“尻目”的怪物的人。它是一种人形怪物，在肛门上长着一个眼球！

12枚硬币的问题

我敢肯定，硬币一旦铸造出来，人们就开始想办法打击赝品。

事实上，伟大的艾萨克·牛顿爵士在 17 世纪晚期担任英国造币厂的厂长时，非常重视打假，他追捕威廉·卡罗纳这样的无赖，直到他因所犯罪行被绞死。牛顿还为硬币引入了标准的重量、尺寸和价值，并在硬币边缘上刻了凹槽，这样硬币边缘就不会被恶意刮掉，避免了碎屑被用来制作新的假币。（请参阅第 156 页的"英国年度货币检验"。）

虽然几个世纪以来我们一直对假币持谨慎态度，但直到 1945 年才出现了关于假币的数学题（就像我在第 157 页给你们看的那道）。从此，它们让许多年轻人头疼。

霍华德·格罗斯曼在 1945 年的《数学手稿》中提出了一个非常棘手的问题：

你有 12 枚硬币，并且你知道最多有一枚是假币。如果它是假币，它可能比其他硬币更重或更轻，而不会是相同的重量。你能通过天平确定是否有假币吗？如果有，是比其他的重还是轻？

问题的挑战在于：你必须在 3 次称量以内得出答案！本书的最后列出了一种解决办法。

1727 年

1727 年，莱昂哈德·欧拉首次使用字母"e"作为自然对数的底数。就像很多由这位史上最伟大的数学家之一提出的其他东西一样，它至今仍在被人们使用。

数学时光机：跨越千万年的故事

足够长的绳子

这道烧脑题目来自英国神学家、历史学家和数学家威廉·惠斯顿，提出的时间是1702年。

假设我有一根绳子，它可以围成半径1米的圆圈。如果我想围一个半径比第一个圆长1米的新圆，我需要一根比第一个圆的周长长多少的绳子？

现在看看威廉·惠斯顿的问题：假设我有一根绳子，紧紧环绕着地球赤道一圈（这根绳子大约4万千米长！）。要想沿着赤道围出一个比地面高1米的圆圈，我的绳子需要增加多长？

请在书的后面核对你的答案。

测验

以《格列佛游记》闻名的讽刺作家兼诗人乔纳森·斯威夫特于1745年10月19日辞世，但他留给我们一个奇怪的小谜题。

我们是轻灵的小动物，我们有不同的叫声和特点：我们中的一个在玻璃（glass）里，还有一个在喷气式飞机（jet）里，你还可以在罐子（tin）里找到一个，第4个在盒子（box）里面，如果你想找找第5个，那它将永远不会离开你（you）。

"我们"是什么？

华伦海特先生

1724年，波兰-荷兰物理学家、工程师和玻璃吹制师丹尼尔·加布里埃尔·华伦海特提出了他的同名温标。

　　华伦海特最著名的发明是酒精温度计和以他的名字命名的温标。他去世的那天并没有天气状况的记录，但我们以华伦海特的名义为你准备了一些"美味"的数学难题，这肯定会让你们中的一些人感到愤怒！

　　要将华氏度转换成摄氏度，可以使用这个公式：

$$℃ = (℉ - 32) × 5 / 9$$

　　或者如果给定摄氏度，你想把它换成华氏度，可以这样做：

$$℉ = ℃ × 9/5 + 32$$

　　现在请利用这些公式完成以下题目：

1. 将 100℉转换成℃；

2. 将 15℃转换成℉（还有稍微难一点的）；

3. 有一个温度，用℉和℃表示的数值是相同的，请将它找出来。

　　这些公式，以及所有的 9/5、5/9 和 32 等可能有点让人困惑，但是如果你取近似值，使用℃ = 1/2(℉ -30) 和℉ = 2℃ + 30，计算就会容易得多。

　　应用这些近似值计算同样的问题，看看你的答案差了多少。

　　有答案吗？当然，它们在本书的最后。

1748 年

　　对不起，各位，我在这里要告诉你们的是，棒球并不是 1839 年由纽约库珀斯敦的年轻人、美国内战的英雄阿布纳·道布尔迪发明的。这个故事是由米尔斯委员会在 1845 年编造的，目的是使创造棒球成为美国运动的"传奇"。你知道，针对这项运动是起源于美国还是起源于英国的"绕圈球"，当时人们对此展开了激烈的争论。直到今天，人们在这一点上还没有达成一致意见。唯一 一件大家都同意的事情是，这不是阿布纳·道布尔迪发明的！

　　1744 年，童书出版商约翰·纽贝里出版了一本名为《美丽的小书》

调和一下

我们已经知道调和级数1 + 1/2 + 1/3 + 1/4 + 1/5 +··· 不收敛于任何有限的数，而是发散到无穷大。

我们也看到其他的无穷级数可以收敛到一个有限的答案，例如：

$$1 + 1/2 + 1/4 + 1/8 + ··· = 2$$

这一主题还有一种神奇的变体，请相信我，你会在第 312 页看到它。

那么，如果级数仅仅由质数的倒数组成会怎么样？我们称这个级数的和为"质数倒数之和"。1737 年，莱昂哈德·欧拉指出：1/2 + 1/3 + 1/5 + 1/7 + 1/11 +···发散到无穷大。

我不妨告诉你这一问题的更多信息，该级数之和不仅仅趋于无穷大（比你能想到的任何整数都要大），而且在任何阶段都不会精确地等于某个整数。

继续

的书，书中有一首名为《棒球》的诗。这是棒球这个词首次出现在出版物中。有记载的最早的棒球比赛是 1748 年 11 月在伦敦的室内举行的，参与者不是别人，正是威尔士亲王一家。据报道，1749 年 9 月，哈里王子在泰晤士河畔的沃尔顿再次与米德尔塞克斯勋爵打棒球。

莱昂哈德 · 欧拉

考虑无穷级数
$1-2+3-4+\cdots$

按照如下方式将 4 个级数求和：

$$1-2+3-4+5-6+\cdots$$
$$+1-2+3-4+5-\cdots$$
$$+1-2+3-4+5-\cdots$$
$$+1-2+3-4+\cdots$$

―――――――――――――

$$1+0+0+0+0+0+0+0+\cdots$$

在线的上方，我们把级数 $1-2+3-4+\cdots$ 相加了 4 次，总和是 1，即 $4\times(1-2+3-4+\cdots)=1$，结果令人吃惊：$1-2+3-4+\cdots=1/4$。

通过考虑上面这个例子，以及其他类似的题目，在 18 世纪中后期，伟大的欧拉和其他像他一样的人就已经意识到，我们需要进一步研究"和"的概念到底是什么。

虽然这是一个扰乱老师头脑的"大把戏"，但与欧拉最伟大的成就相去甚远。我在我的 3 本书中反复提到了"大欧"，从这点可以看出，就他的成果的深度和广度而言，他是有史以来最杰出的数学家。的确如此，你没有猜错！

图片：由雅各布 · 伊曼纽尔 · 汉德曼绘制的欧拉肖像(1753)。

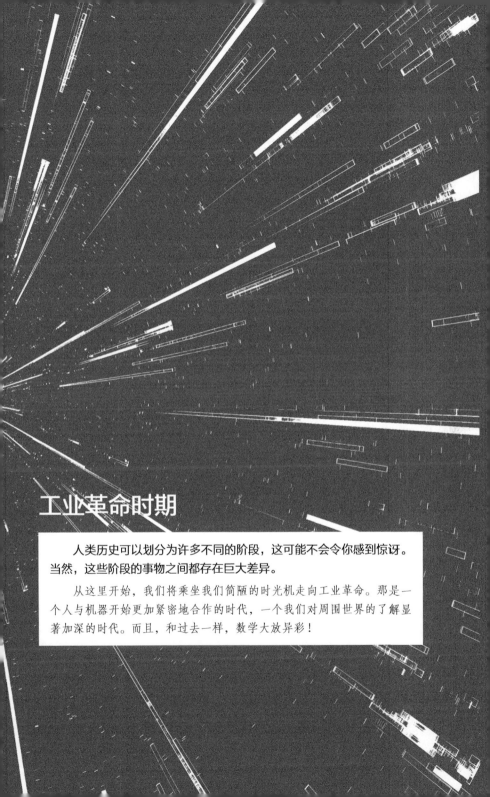

工业革命时期

人类历史可以划分为许多不同的阶段，这可能不会令你感到惊讶。当然，这些阶段的事物之间都存在巨大差异。

从这里开始，我们将乘坐我们简陋的时光机走向工业革命。那是一个人与机器开始更加紧密地合作的时代，一个我们对周围世界的了解显著加深的时代。而且，和过去一样，数学大放异彩！

阿涅西的女巫

"阿涅西的女巫"听起来像是《暮光之城》的续集，但它实际上是由才华横溢的意大利数学家、哲学家、神学家和人道主义者玛丽亚·盖塔娜·阿涅西研究的一条曲线的名字。

玛丽亚是第一位编写数学手册的女性，也是第一位女性数学教授，此外她还有其他身份。

11岁时，她就能说意大利语、法语、希腊语、希伯来语、西班牙语、德语和拉丁语。她在1748年写了一本杰出的书——《分析讲义》，它被评价为对欧拉(有史以来最伟大的数学家)著作的最好的介绍。在书中，玛丽亚讨论了这条很酷的曲线。

取一个圆，作两条平行线分别与圆的顶部和底部相切。底部的

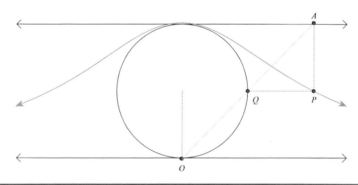

1759 年

1759年，钟表匠詹姆斯·哈里森完成了他著名的"航海钟"H4。由于它能在海上准确报时，这解决了一个著名的问题：让水手知道他们所在的经度，这样就不会在海上迷路或失事。但是哈里森被跟他对立的钟表匠们合谋陷害，各种各样的阴谋接踵而至。

平行线与圆的切点记为 O。

在平行线上取一点 A，并将 A 与 O 相连。这条线（AO）须与圆相割，除了 O 的另一个割点记作 Q。

现在画一个新的点，它的竖直位置和 Q 相同，水平位置和 A 相同。在我们的图中，这个点记作 P，它是组成曲线"阿涅西的女巫"的一个点。

现在将 A 点从圆的右侧较远处，沿着上方的切线移动，直到它接触到圆的边缘，再将其继续移动到圆的左侧较远处。随着点 A 的移动，你将不断得到新的点 Q，继而得到新的点 P。"阿涅西的女巫"是你得到的所有点 P 的集合，看起来像下图所示的这样。伟大的皮埃尔·德·费马在更早前绘制出了这条曲线。

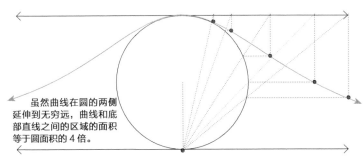

虽然曲线在圆的两侧延伸到无穷远，曲线和底部直线之间的区域的面积等于圆面积的 4 倍。

它是如何被称为"女巫"的故事相当复杂，但主要是因为拉丁语中表示航海绳索的单词与意大利语中表示"女恶魔"（或者"女巫"）的单词非常相似……

1766 年

1766 年 9 月 6 日，英国化学家和物理学家约翰·道尔顿出生。虽然物质由粒子构成的概念从古代就存在，但它们是以哲学概念而不是科学概念的形式存在的。道尔顿的研究成为现代原子理论的基础，尽管他的一些假设是不正确的。例如，他认为当不同的元素结合在一起时，它们总是以尽可能简单的比例结合，这使得他提出水的分子式是 HO 而不是 H_2O。

疑似消失的美元

弗朗西斯·沃金戈姆于1751年首次出版了他的经典著作《导师的助手：算术和完整问题集》。

它包含了许多"误导"谜题。虽然下面这个没有出现在这本书中，但它是我最喜欢的"误导"谜题之一。

3个人登记入住酒店的一个房间。

经理说账单是30美元，所以每位客人付10美元。后来经理意识到账单应该只有25美元。为了纠正这个错误，她取了5个1美元的硬币（共计5美元）准备返还给客人。

在去房间的路上，她意识到她不能平均分配5个硬币。

由于客人不知道修改后账单的总额，她决定只给每位客人1美元，剩下的2美元留给自己。

每位客人都得到了1美元的退款，所以现在每位客人只支付了9美元，总共支付了27美元。经理有2美元。

现在，27美元+2美元=29美元。那么，如果客人最初交了30美元……剩下的1美元呢？

答案——你猜对了！在本书的最后。

1770 年

1770年，意大利数学家约瑟夫·路易斯·拉格朗日证明了每一个整数都可以写成4个以内平方数的和。例如，$9=2^2+2^2+1^2$ 和 $23=3^2+3^2+2^2+1^2$。

测验

你能不能找到从1到100中所有需要4个平方数的和来表示的数，并把这些数表示成4个平方数的和？

莫扎特、贝多芬、圣桑和本·富兰克林都拥有的一样东西是什么？

一种叫作"阿摩尼卡"的神奇乐器，也就是玻璃口琴。

1761 年，富兰克林在英国剑桥看到埃德蒙·德拉瓦尔摆弄装满水的酒杯后，发明了这个奇特的装置。莫扎特、贝多芬和圣桑只是众多用这种乐器创作的著名作曲家中的一小部分。你可以通过互联网欣赏到一些精彩的表演。

到了 19 世纪，玻璃口琴已经不再流行了，尽管它的声音十分特别，总是萦绕在人们心头（或者这也是它不再流行的原因）。有传言说，这种乐器让听众和音乐家精神失常。更可信的说法是，对于越来越大的音乐厅来说，它的声音不够大。对了，而且它非常脆弱。

美国费城富兰克林研究所的档案中保存着富兰克林玻璃口琴的原件。1956 年，富兰克林的后代将它捐赠给研究所，他们说，"孩子们非常喜欢在家庭聚会上用勺子把碗打碎！"

空难调查

让-弗朗索瓦·皮拉特雷·德·罗齐埃是法国的一名化学和物理教师，是最早的航空先驱之一，也是一位全面的冒险家。

比尔·布莱森在他的杰作《万物简史》中描述到，"德·罗齐埃为了验证氢气的可燃性，用嘴吸入一口氢气，再将其吹向明火，当即证明了氢气的确易燃易爆，而且眉毛不一定是人脸上的永久特征"。

1783 年 11 月 21 日，德·罗齐埃和弗朗索瓦·达兰德斯侯爵进行了第一次载人气球飞行。这是一次巨大的成功。但不幸的是，19 个月后，德·罗齐埃的热气球在试图飞越英吉利海峡时坠毁。这使他和同伴皮埃尔·罗曼成为已知的第一起空难的遇难者。

1890 年左右发行的这张明信片（下页图）便是为了纪念他们。

1770 年

在拉格朗日于 1770 年的发现（见第 234 页的页脚处）之后，英国数学家爱德华·沃林声称，每一个正整数都可以表示为 9 个以内立方数的和，但他并没有证明这一点。

例如，17=8+8+1=2^3+2^3+1^3，是 3 个立方数的和；而 47=27+8+8+1+1+1+1，需要 7 个立方数。

现在我们认为例外的情况是有限的，但是其他的数字实际上只需要 4 个以内的立方数。在需要 5 个或更多立方数的数中，我们找到的最大数是 7373170279850（它需要 5 个立方数）。这里的"我们"指的是戴舍尔、希恩卡特和朗德罗，他们在 1999 年破解了这个难题。

MORT DE PILÂTRE DE ROZIER
ET DE ROMAIN SUR LA CÔTE DE BOULOGNE
1785.

MONTGOLFIERE
ÀTRE DE ROZIER

QUE ÉLEVÉ
VIMEREUX
LIEU DE LA CHUTE

测验

现在来轻松一下：

第一个可以用 9 个立方数的和来表示的数是多少？

同样，8042 是 7 个立方数的和中我们知道的最大的数。有 19 种不同的方法可以将 8042 写成 7 个立方数的和，而我最喜欢的一种方法包含了斐波那契数列中 4 个连续的数：2、3、5 和 8。也许你能找到那个等式？

1775 年

1775 年，美国开国元勋之一、全能的成就者本杰明·富兰克林发明了双焦镜。这种眼镜同时使用凹透镜和凸透镜，可以帮助既近视又远视的人。

"太吵了，我亲爱的莫扎特。音符太多了。"

图片：1780 年，由约翰·内波穆克·德拉·克罗齐绘制的莫扎特与家人的肖像（公有领域）。

　据说，1786 年，神圣罗马帝国皇帝约瑟夫二世（同时也是不那么著名的音乐评论人）这样向沃尔夫冈·阿玛迪斯·莫扎特评价了他的新歌剧《费加罗的婚礼》(The Marriage of Figaro)。

　虽然 18 世纪末并没有销售数据这样的东西，但可以肯定的是，约瑟夫面对当时的热门曲目，并不知道自己在说些什么。大约 230 年过去了，《费加罗的婚礼》连同莫扎特认为适合插入其中的所有音符，仍在上演、录制和研究中。

数学王子高斯

德国的卡尔·弗里德里希·高斯被称为"数学王子"，他被视为有史以来第二伟大的数学家(仅仅位于欧拉之后)。

一个著名的故事讲述了 18 世纪高斯所在的一个班级的学生被惩罚计算 1+2+3+…+98 + 99 + 100 的和，这是为了让他们在那天余下的时间里有事可做。哈！老师刚坐下，高斯就把问题解决了，并在黑板上给出了正确答案：5050。

高斯意识到，你可以将这些数字重新排序为 50 对：(1+100)+(2+99)+(3+98)+…，每对的和为 101。所以 50 × 101=5050。

高斯那时多大?7 岁！

在他的一生中，高斯取得了太多的成就，以至于无法在这本书中一一列举，但他确实有一个特别火爆的时期。

1796 年，就在他 19 岁生日前夕，他向我们展示了只用圆规和直尺就可以构造出一个正十七边形 (非常感谢，是一个十七边形)。他还在质数分布的理解上取得突破，证明了每一个正整数最多是 3 个三角形数之和。

1776 年

1776 年 4 月 1 日是法国数学家玛丽 - 索菲·热尔曼的生日，她以对弹力和费马大定理的研究而闻名。在十几岁时，索菲读了《数学史》后深受阿基米德的人生启发。索菲决定，如果伟大的阿基米德在数学中发现了如此深刻的魅力，那么它一定是一门值得研究的学科。

作为一名女性，她被禁止接受正规的大学数学教育，但得到一些讲稿自

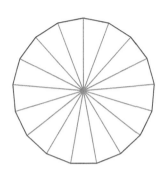

嘿，如果你觉得这看起来很像一个圆，请看第 18 页。

如果你对三角形数有点生厌，请记住，这些数字可以写成直角三角形中的一系列点，比如：

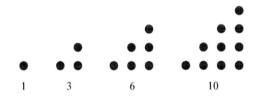

高斯还提出了另外两个不同寻常的数学问题，其中包括解多项式方程，以及许多其他发现。在这里解释它们有点艰深，但是相信我，它们绝对很震撼！

继续

学。她假扮成一个男人，与后来成为她导师的数学家约瑟夫 - 路易斯·拉格朗日通信。

在她死后，高斯说：“她向全世界证明了，即使是一位女性，也能在最严谨、最抽象的科学领域完成一些有价值的事情，因此她完全有资格获得荣誉学位。”

"法国人民没有能力弑君。"

　　不是很有名的临终遗言，但也差不了多少。据说，法国国王路易十六在1789 年左右，也就是法国大革命之前说过这句话。对可怜的老路易来说，结果并不好。背景雕刻显示，1793 年 1 月 21 日，他身体的主要部分不由自主地与头部分离，法国结束了延续 1000 多年的君主政体。

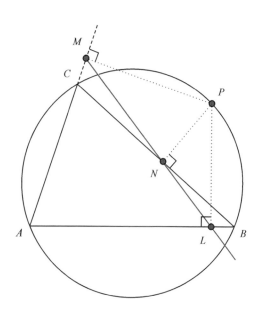

奇妙的外接圆

早在几个世纪以前，数学家们就知道，你可以经过任意
3个不在一条直线上的点A、B和C，画出一个圆。这个
圆叫作三角形ABC的"外接圆"。

　　1797 年，威廉·华莱士（数学家，而不是同名的苏格兰骑士，
那个苏格兰独立战争的领导者在 1305 年被绞死、开膛和分尸！）做
了一个有趣的观察。

　　取三角形 ABC 外接圆上的任意点 P。现在找出 AB、AC 和 BC
这 3 条边上最接近 P 的点 (在图中这些点分别是 L、M 和 N)。华莱

测验

　　索菲在证明费马大定
理时使用了后来人们所知
的索菲·热尔曼质数。如
果 2p + 1 是质数，那么质
数 p 是索菲·热尔曼质数。
例如，第一个索菲·热尔
曼质数是2，则 2×2+1=5

也是质数。83 是一个更
大的索菲·热尔曼质数，
2×83+1=167也是质数。
　　在索菲出生后，是
索菲·热尔曼质数的年
份的前 3 个是什么？

　　提示：你可以想一想
19 世纪早期、19 世纪末
期和 20 世纪早期。

士证明了 *L*、*M* 和 *N* 总是在一条直线上。

这条直线被称为"西姆松直线"，是以一位生活在华莱士之前的苏格兰数学教授的名字命名的。但西姆松的作品中似乎从未提到过这句话。如果你问华莱士为什么这样命名，我觉得有点难为他了！

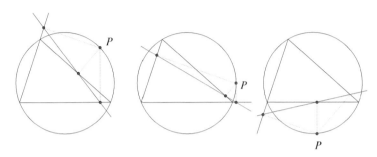

如果你把点 *P* 沿着圆周移动，所有的西姆松直线都是美妙的三尖瓣线的切线（图中阴影部分即三尖瓣线的包围范围）！

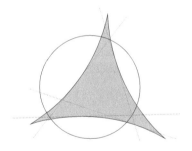

1778 年	**1783 年**	**1784 年**
美国独立战争 (1775—1783) 最终导致了 1778 年的英法战争，当时法国与美国结盟。人们可能会忍不住说"没什么大不了的"，因为当时英国和法国已经进行了 20 多场战争。	1783 年 9 月 18 日，著名数学家之一莱昂哈德·欧拉逝世。	1784 年，歌剧演员伊丽莎白·泰波尔与弗勒兰特先生一起在一个名叫古斯塔夫的热气球中飞行，以向瑞典国王古斯塔夫三世致敬。她是第一位乘坐热气球飞行的女性——距离第一次热气球载人飞行仅 8 个月。

Beobachtungen des zu Palermo d. 1. Jan. 1801 von Prof. Piazzi neu entdeckten Gestirns.

巴勒莫的皮亚齐

1801年1月1日，巴勒莫的意大利僧侣朱塞普·皮亚齐在他的望远镜里发现了一个黯淡的天体，他认为这是一颗运行轨道在火星和木星之间的新行星。

不幸的是，仅经过几次观测，谷神星（很快就会为人所知，它是一颗矮行星）就消失在了太阳的光晕中。不论大家怎么努力，都找不到它的踪影。

直到卡尔·弗里德里希·高斯出现，事情有了转机！凭借已掌握的很少信息，伟大的高斯用他自己的新数学方法再次找到了谷神星。因为证实谷神星不是大行星，而是火星和木星之间的小行星带中最大的天体，他成了世界有名的数学之星。

图片：1801 年 9 月，皮亚齐发表在《每月通信》上的观测结果。

1785 年

5月10日，在爱尔兰塔拉莫尔，一次热气球相撞事故引起火灾，据称烧毁了100多座建筑物。尽管如此，没有人在事故中死亡。第一次致命的航空事故在一个月后发生（见第236页）。

1788 年

澳大利亚人熟悉 1788 年，可能是由于亚瑟·菲利普与第一舰队进入南威尔士的航行。而这一年还发生了两个奥地利军队由于误会而自相残杀的卡兰塞贝什战役，他们都以为对方是奥斯曼的土耳其步兵。当真正的奥斯曼人 2 天后到达时，他们发现 1 万名奥地利士兵死于自己人之手。

!!!

数学家是一群容易激动的人，在计算问题时经常会用到感叹号。

4! 表示 4 的阶乘，它等于 $4 \times 3 \times 2 \times 1 = 24$。1808 年，法国数学家克里斯蒂安·克鲁普首次使用了这个符号，但它当时并不普遍或者广受欢迎。

另一个表示 n! 的符号是 $\lfloor n$。数学家奥古斯都·德·摩根讨厌用"!"的记法，认为 4! 看起来就像一个非常兴奋的 4，他说："引入那些在语言中常用但在数学上全新的符号是最草率的。作家们从德语中借用了缩写 n!，这让他们的页面看起来像是在表达对数学结果中包含 2、3、4 等元素的钦佩之情。"

尽管奥古斯都对"!"记号没有给予公正的评价，但印刷工人很喜欢这个记号，并迅速推广开来。

在我的上一本书《数字的世界》（2015）中，当我解释说一副扑克牌（不含大小王）的排列方式一共有 52!(8065817517094387857 1660636856403766975289505440883277824000000000000) 种时，人们似乎都惊呆了！

这意味着，如果 10 亿人每人都有一副扑克牌，每人每天洗一次牌，

1790 年

人们普遍错误地报道说，鞋带是哈维·肯尼迪在 1790 年 3 月 27 日发明的。这个日期比鞋带普遍使用的年代晚了几个世纪，显然是不正确的。也许哈维发明了一种特殊的鞋带，但他并没有"发明鞋带"。

那么几乎可以肯定的是，在 10 亿年（我知道，不太可能）的时间内，都找不出两种相同排列顺序的洗牌结果！

是不是令人印象深刻？好吧，接下来把你的注意力转移到围棋上（不是《星际迷航》中那种让你的思维达到神速的指令）。我们将在书靠后的部分更详细地讨论围棋（只需要等到我们发明了计算机！），但是现在我要告诉你，如果你在 19×19 的网格上下围棋，则有 361 个位置可以落第一枚棋子，并且有 2×10^{170} 种合理的棋局可以玩。

现在让我们来看一下：各种计算表明，在可观测的宇宙中大约有 10^{80} 个基本粒子……所以如果你想要玩遍每一种可能的"围棋组合"，真的要花很长时间了。

考虑到阶乘可以得到如此巨大的数，感叹号似乎是一个非常合适的符号！

1790 年

"要让 3 个人保守一个秘密，除非其中两人死了！"这句话出自美国开国元勋之一本杰明·富兰克林之口，他于 1790 年去世。但和许多名言一样，这句话可能不是他说的。

不过我们知道，老本杰明给商人的建议是："时间就是金钱！"他写了一本名为《给年轻商人的建议》的指南，其中首次使用了这句话。

如果按"时间"付给你报酬，或者更确切地说，每次你说到或读到"时间"这个词的时候都付给你报酬，那么你将会非常富有——时间是英语口语和书面语中最常用的名词。

方孔中的方钉

标题看上去很简单，对吧？别着急……

假设我有一个边长 10 厘米的立方体，还有一个边长 2 厘米的小立方体。很显然，我可以在更大的立方体中切开一个能让小立方体很容易通过的孔。是吗？

17 世纪时，有一个"纨绔子弟"名叫莱茵的鲁珀特王子（你觉得这是个好名字吗？他的名号有鲁珀特王子、莱茵的帕拉廷伯爵、巴伐利亚公爵、坎伯兰公爵，以及霍尔德内斯伯爵）。他提出了这样一个问题：如果两个立方体大小一样会怎么样呢？你能让一个立方体穿过另一个立方体里和自身一样大的孔吗？

事实证明你可以。可以通过一个给定大小的立方体的最大立方体叫作"鲁珀特王子的立方体"，在上面开出的方孔的边长最大可以达到立方体边长的 $3\sqrt{2}/4$（约 1.061）倍。

这一解决方案是由杰出的数学家皮特·纽瓦兰（被称为"荷兰的牛顿"）发现的。但在 1794 年，年仅 30 岁的皮特去世后，人们才在他的论文中找到这个解答，并于 1816 年公之于世。

1791 年

迈克尔·法拉第于 1791 年 9 月 22 日出生在伦敦，他的父亲是一个乡村铁匠。他 14 岁辍学，几乎没受过什么正规教育。

幸运的是，法拉第学会了阅读，作为一名装订工学徒，他读了他装订的所有书。尽管有如此卑微的出身，但他成了有史以来最重要的科学家和实验者之一。

我们现在知道电与磁密切相关，而法拉第的工在我们的插图中，穿过黄色立方体的白孔具有足够的空间，可以让一个和黄色立方体相同尺寸的立方体通过。

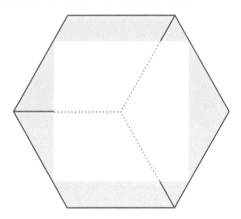

如果你很难想象一个魔方是如何通过与它自身尺寸一样大小的洞的，那么拿一个魔方来（来吧，如果你在读这本书，你手边肯定有一个魔方 ?!?），倾斜魔方使它上表面的一个角对着你，然后转动该立方体，直到该面变成一个正六边形。

能挤进魔方的最大立方体的一个面就包含在这个六边形中。

这实在是太酷了！

继续

作对于我们对电的理解至关重要。他还有无数个成就，包括发现了苯和发明了一种早期的本生灯。爱因斯坦在他书房的墙上挂着法拉第、牛顿和麦克斯韦的照片。

我告诉你我们有新银行了吗？

澳大利亚历史最悠久的银行，现在被称为西太平洋银行，于1817年4月8日在悉尼一间曾经是酒吧的小屋里开业了。

当时澳大利亚大陆最高级别的州长拉克兰·麦格里亚等了4个月才告诉英格兰，因为他知道他们不会开心。

上面是该银行最早的纸币（好吧，这是最早的纸币的图片，你可真聪明）。

图片：澳大利亚最早的纸币（西太平洋银行供图）。

1792 年

1792 年，剑桥大学化学和自然哲学教授威廉·法里什发明了笔试和"分数"，这使他成为学术史上，以及每个学生的年终噩梦中一位不朽的人物。

但在你对法里什感到愤恨之前应该了解，事实上在那之前学生们大多进行口试，他们的排名不是按照他们的表现，而是由他们的讲师的看法决定的。

1792 年

1792 年 4 月 25 日，法国强盗尼古拉斯·雅克·佩尔蒂埃成为第一个被送上断头台的人。不幸的是，斩首从此开始流行，从 1793 年 5 月到 1794 年 6 月，仅巴黎就有 1200 多人被斩首。

时光飞逝……

随着工业革命接近尾声，经济增长丝毫没有放缓的迹象；事实上，无论出于好的还是坏的目的，我们对机器的依赖才刚刚开始……

我们的时光机即将见证计算机和通信革命蹒跚学步的时期，其中一位女性扮演了一个奇妙的角色。在这个时期快结束的时候，一位杰出的印度数学天才诞生了，他很不幸，英年早逝，并没有活到 19 世纪。

消失的"卡泽琳"油

天然气最早可以追溯到4世纪的中国古籍，它经竹管运至千家万户，被用于照明和加热。

欧洲第一所用煤气灯照明的房子属于英国康沃尔的威廉·默多克，他在 1792 年用煤气灯照亮了自己的住所。1807 年 1 月 28 日，在德国发明家弗雷德里克·阿尔伯特·温莎的帮助下，伦敦的帕尔迈尔使用了第一个煤气路灯。

世界上第一家天然气公司是伦敦和威斯敏斯特煤气灯和焦炭公司，1812 年初由议会授权成立。在 1813 年新年前夜，公司组建还不到一年，威斯敏斯特大桥就被煤气灯点亮。

而在澳大利亚，到 1843 年，澳大利亚煤气照明公司已经安装了 165 盏灯。第一盏灯是 1826 年在悉尼麦考瑞广场点亮的。第二年，公司就需要雇一个固定的承包商才能点亮足足 100 盏大灯——每隔 45 米放置一盏灯，承包商每点亮一盏灯就能挣到 3 便士。《悉尼公报》还算有先见之明。该报 1826 年的一篇社论指出，煤气灯将"比所有能够集结起来防范劫掠和夜间骚乱的巡逻队更有效……费用会大大减少"。

我不得不说，最初的灯在设计上通常比一些更现代的同类产品更令人印象深刻。事实上，如果你在悉尼，就仍然可以看到安装在

1796 年

1796 年 5 月 14 日，英国医生爱德华·詹纳（1749—1823）为一个 8 岁的男孩詹姆斯·菲普斯接种了天花疫苗，这是世界上第一次接种天花疫苗。他通过故意使这个男孩感染一种类似天花但危险性明显较低的疾病——牛痘，从而达到免疫的目的。爱德华的工作对疫苗的开发至关重要，并最终促使天花在近两个世纪后被根除。

岩石上的煤气灯。

到 19 世纪 50 年代，许多富裕的城市都沐浴在用煤气灯照明的奇迹之中，但穷人仍然不得不使用蜡烛或油灯。这种油来自长须鲸，但它的产量满足不了照明的需求（这个情形对鲸来说也实在不妙！）

原油至少从 1815 年就开始用于照明，但直到 1859 年美国宾夕法尼亚州的第一次"石油热"之前一直供应不足。在伦敦，出版商、咖啡商和社会活动家约翰·卡塞尔引进了这种神奇的新燃料，它为大众带来了光明。卡塞尔叫它"卡泽琳"……大概是用他自己的名字冠名的。1862 年 11 月 27 日，他在《泰晤士报》上刊登了一则广告：

特许经营卡泽琳油，安全、经济、卓越……亮点纷呈，是人们期盼已久的强大的人造光能源。

爱尔兰的一位竞争对手塞缪尔·博伊德也开始销售卡泽琳油，他并没有因为卡塞尔的起诉而停下来，而是拿起笔把标签上的卡泽琳改成了加兹琳。虽然法官判定博伊德是个坏男孩，但在 1920 年之后，卡泽琳这个词就再也没有出现过，取而代之的是加兹琳（gasoline，今天"汽油"的英文）。

1799 年

1799 年 7 月 19 日，在法国对埃及的军事行动中，一个名叫皮埃尔·布沙尔的士兵在罗塞塔镇附近的一座堡垒里发现了一块黑色石板，上面覆盖着模糊的标记。幸运的是，他听到了拿破仑的指示——要收集文物，而不是将它们摧毁。这些模糊的标记是 3 种不同的古代语言，把它们全部翻译出来是历史上最伟大的工程之一。

完美火柴

你有没有想过小小火柴的起源？

著于 1366 年的一本名为《辍耕录》的书中记录到，早在 577 年，人们就开始使用一根浸过硫黄的小松木生火。几世纪后的 950 年，中国作家陶谷说：

一个聪明人发明了一种用硫黄浸透松木枝，并把它们储存起来以备使用的方法。浸透硫黄的松木枝一碰到火就会燃烧。这个神奇的东西以前被称作"引光奴"，但后来当它成为一种商品时，它的名字被改为"火寸条"。

还有一些故事，说的是 1270 年左右，著名的意大利旅行家马可·波罗在市场上卖过硫黄火柴。

但是，所有这些火柴只有在你已经有了可以点燃火柴的东西时才会发挥作用。直到 1805 年，我们才发明了可以（在人类的帮助下）自己点燃的火柴。法国人让·钱塞尔发明了一种火柴头，由氯酸钾、硫黄、糖和橡胶制成。一旦浸在硫酸里，它就会发出"嘣"的一声，燃烧起来。说实话，这样的产品实在不稳定，而且从未真正流行起来。

1826 年，英国化学家约翰·沃克发明了一种摩擦火柴，同样靠硫黄起效。一个盒子里装有 50 根火柴，盒子上有一张砂纸，将火柴

1799 年

1799 年 12 月 26 日，20 岁的汉弗莱·戴维脱掉衬衫，腋下夹着温度计，把自己关在一个特殊的房间里，吸入一氧化二氮（又名笑气），直到差点丧命。这都是以科学的名义进行的。

在上面划动就可以点燃。

　　能够将火种装进口袋当然很好，但更重要的是……如果没有发明火柴，就不会有我非常喜欢的著名的"火柴棒"谜题！这是我最爱的一道题：重新排列上面的火柴棒，从而使橄榄（中间的红色火柴头）可以从马提尼酒杯里拿出来；你不能碰橄榄，只能移动两根火柴棒。

　　马提尼酒杯可以倒向左边或右边，甚至倒过来。一旦你弄明白了这个……

1809 年

　　1809 年，被誉为"罐头之父"的法国糖果商尼古拉斯·阿培尔获得了一项价值 1.2 万法郎的大奖。他的发明表明，把食物严严实实地密封在一个玻璃罐子里，然后将其加热，这样可以保证食物较长时间的新鲜、安全。这也就不奇怪拿破仑给了发明者这么多赏金，他还说过一句名言："一支军队是靠胃行军的。"

1810 年

　　1810 年 4 月 27 日，大师路德维希·范·贝多芬完成了他著名的作品《致爱丽丝》，尽管没有人确切地知道爱丽丝到底是谁。有些人认为是他的朋友兼

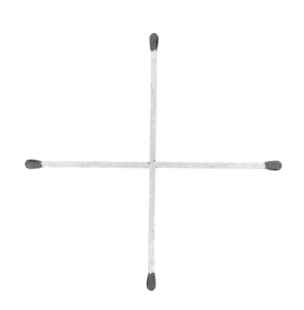

为什么不试试接下来这个问题呢？仔细看看上面的形状。你能只移动一根火柴棒，摆出一个正方形吗？

如果需要的话，你可以拿起火柴棒并移动它，但只能移动一根。

这个问题有两种解决方案，但都需要一些令人印象深刻的横向思考。要是一小时还想不出来，就翻到书的最后，停止苦苦思考吧！

继续

学生特蕾莎·马尔法蒂，后来贝多芬向她求婚（很遗憾对方拒绝了他）。还有人认为该神秘女子可能是女高音歌手伊丽莎白·洛克尔，她几次来探望在病榻上的贝多芬。

1811 年

早在 1811 年，将近 1/4 的英国女性叫玛丽，而 1/5 的男性叫约翰。事实上，从 1800 年到 1961 年，玛丽几乎每年都是英国最受欢迎的名字（琳达连续 6 年位居第二），然后它的受欢迎程度就面临断崖式的下跌。2015 年，这个名字远在 100 名开外。

拿破仑·波拿巴
其实没那么矮。

　　事实上，历史学家认为他比大多数法国人都要高。但拿破仑自己说过："那么，一般说来，历史的真相是什么呢？"这是一个众人认可的寓言。拿破仑·波拿巴说得太对了。

　　1815年，拿破仑在滑铁卢战役中被威灵顿公爵击败后，英国的宣传机构开始嘲笑他个子矮小。

　　但是，拿破仑自己也要为这个错误负一部分责任。1812年，他引入了习惯度量衡，一种将英制计量单位转换为公制的过渡系统。这种系统以米制单位重新定义了英制单位——所以，一尺比一英尺稍微长一点。

　　可惜，当拿破仑终于摆脱了尘世的纠缠后，验尸官报告说他的体长是5尺2寸，单位使用的是拿破仑的习惯度量衡，接近5英尺6英寸（约1.68米），甚至比他的死敌威灵顿还要高一点。但那时已经太晚了……接下来就是"历史"了。

图片：《拿破仑在杜伊勒里宫书房》，雅克－路易·大卫作，1812年。

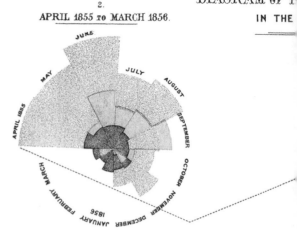

2.

APRIL 1855 TO MARCH 1856.

DIAGRAM OF T

IN THE

弗洛伦斯·南丁格尔

1820年5月12日，弗洛伦斯·南丁格尔出生于意大利佛罗伦萨。

虽然最为人所知的是她的同情心和她在克里米亚战争期间担任护士的技能，但我要很高兴地说，她也是一位伟大的数学家！弗洛伦斯·南丁格尔利用统计学方法计算了士兵群体的死亡率和感染率，证明了有必要让医院变得更干净，以避免不必要的死亡。

虽然已知最早的饼状图是 1801 年由威廉·普莱费尔绘制的，但优秀的南丁格尔才是使用饼状图真正的先驱。她推广了如上所示的

1819 年

1819 年 5 月 12 日，杰出的法国数学家、物理学家和哲学家索菲·日耳曼给同样杰出的卡尔·弗里德里希·高斯写了一封信，在信中她提出了一种证明费马大定理的方法。这是 100 多年来在这一著名问题上取得的第一次实质性进展。

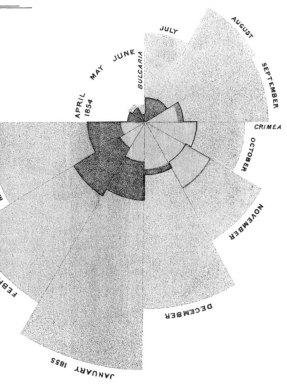

OF MORTALITY
EAST.

1.
APRIL 1854 TO MARCH 1855.

极坐标面积图（南丁格尔玫瑰图），并写了 200 多本关于护理和公共健康的书。

1820 年

1820 年，纽约立法规定，除非租约另有规定，否则所有租赁协议将于 5 月 1 日上午 9 点终止。这使 5 月 1 日成了"搬家日"。成千上万的纽约人会在这一天同时搬家，希望来年能租到更划算的公寓。这导致了大规模的混乱，没有足够的马匹和手推车来转移每个人的行李——我的意思是几乎每个人都在搬家。

这种奇怪的做法一直持续到第二次世界大战。

"奥"立群雄

1820年4月21日，丹麦物理学家和化学家汉斯·克里斯蒂·奥斯特正在调试一些机械，为晚上的课做准备，他注意到一些奇怪的现象。

当他接通和断开电源时，随身携带的罗盘上的指针移动了。这是第一次有人注意到电和磁体之间的"联系"。

短短几年之内，得益于许多杰出科学家的工作，特别是迈克尔·法拉第和詹姆斯·克拉克·麦克斯韦的工作，人们证明了电力和磁力并非和之前想象的一样是分开的，而是一种统一的力，也就是所谓的电磁力。这也许是19世纪物理学领域最大的发现。

电磁力比引力强得多。如果两个电子相互靠近，引力会把它们拉到一起，但是电磁力会把它们分开[1]。电磁力赢了，因为在两个电子之间，电磁力是引力的4000000000000000000000000000000000000000000倍！

当我站在地面上，地心引力把我拉向地面，但是我脚上的原子和地面上的原子非常接近，并通过电磁力相互排斥。电磁力再次战

---

[1] 作者注：读到这篇文章的铁杆物理学迷可能不喜欢我只说电磁力"把电子推开"。我希望他们能放我一马，以防那些非物理学迷的脑袋爆炸！

1821 年

1821 年 4 月 4 日，美国机械工程师、制造商小莱纳斯·耶鲁诞生，他由于发明了许多锁而闻名，特别是圆筒销子锁。耶鲁近 200 年前的设计至今仍在使用。看看你能否"解锁"右侧这一棘手问题的答案。

测验

约翰想邮寄一件礼物给珊莎，但在他们住的地方，任何没有上锁的包裹中的东西都会被偷走。约翰和珊莎有很多挂锁，但他们都没有对方锁的钥匙。约翰怎样才能把礼物安全地送到珊莎手中？

胜了引力。正是如此，我才可以走着去商店，而不是被吸到地球的中心。

电磁力真好。

如果这还不能让你觉得奥斯特很棒，我要告诉你他也是第一个使用"思想实验"这个词的人。

也许有史以来最著名的思想实验是爱因斯坦的想象：如果你以接近光速的速度追逐一束光，会发生什么？他绞尽脑汁思考这个难题，之后提出了狭义相对论，并对我们的宇宙有了一些更深刻的理解。

测验

一所很大的新学校成立了，有 10000 名学生，每个人都有一个储物柜。一天，老师让第 1 名学生去打开每个储物柜；第 2 名学生每两个储物柜就关上一个；第 3 名学生去处理每 3 个储物柜：如果它是开着的，就把它关上；如果它是关着的，就把它打开。他告诉第 4 名学生对每 4 个储物柜做同样的事情，改变其打开或关闭的状态。最终，第 10000 名学生完成了这个过程。

请问最后有多少储物柜是开着的？(提示：你可以从一个有 20 名学生和 20 个储物柜的简单问题开始探索。)

"伦勃朗在人物绘画方面无法与我们才华横溢的英国艺术家里平吉尔先生相比。"

图片：伦勃朗 1659 年自画像的局部（美国国家美术馆供图）。

　　虽然我和其他人一样喜欢里平吉尔，但脾气暴躁的艺术评论家约翰·亨特可能低估了这位英国画家的前辈伦勃朗·哈尔曼松·范·莱因的才华。

　　尽管如此，爱德华·维利尔斯·里平吉尔的绘画尤其是水彩画仍然吸引着人们。佳士得拍卖行在 2007 年以 1320 英镑的价格出售了他的作品《炉边故事》，这几乎是最初估价的两倍。

　　说到估价翻倍，一幅 9 英寸的名为《无意识病人——气味预言》的油画最近抹去了它的原始估价——500 美元到 800 美元，因为越来越多的人猜测它可能是伦勃朗的早期作品。这实在太棒了，它最终以 100 万美元的天价售出。对于这幅被认为是荷兰艺术黄金时代超级巨星的作品来说，这绝对是个好价钱。2000 年，他的一幅更著名的画作《62 岁女士的画像》以 1980 万英镑的价格售出。

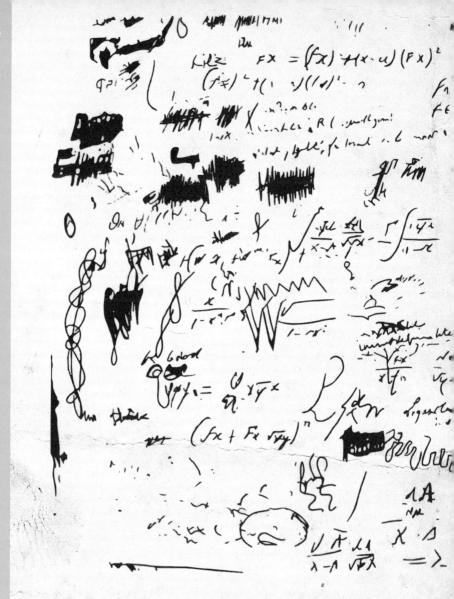

　　1821 年 4 月 11 日，伟大的英国浪漫主义诗人珀西·比希·雪莱收到一封信，信中说他一个最好的朋友——同样伟大的诗人约翰·济慈去世了。雪莱着手创作了一首挽歌，叫作《阿多尼》。这首诗有 495 行（共有 55 节，每节 9 行），是他最伟大的作品之一。

　　一年后，雪莱的船"唐璜"号在意大利北部的斯佩齐亚湾遭遇暴风雨而翻沉，他溺水身亡。过了 10 天雪莱的尸体才被发现，他的脸和手都已被海洋生物吃掉了。人们在雪莱的口袋里发现了一本约翰·济慈的诗集。我说过他们是最好的朋友。

1832年5月30日

那是数学史上一个悲伤的日子。才华横溢但陷入困境的天才埃瓦里斯特·伽罗瓦在决斗中被枪击中，当时他只有20岁。一天后他去世了。

他的故事十分不凡，所以请在互联网上阅读更长的报道。相信我，他值得你这样做。伽罗瓦知道自己可能会在第二天去世，于是通宵工作，写下他的发现，解释为什么我们找不到解"五次方程"（包含 x^5 项的方程）的公式。虽然这已经被证明过，但伽罗瓦的证明带来了更有用的见解，它被称为伽罗瓦理论。这个发现是如此深刻，以至于世界上头脑最敏捷的数学天才花了将近一个世纪的时间才完全理解这个年轻人所发现的东西。用"走得太快"这句话形容他再恰当不过了。

这场臭名昭著的决斗发生在巴黎南部郊区的根蒂利，决斗的原因可能是伽罗瓦要争夺德赫宾维尔的未婚妻斯蒂芬妮-菲利希亚·波特林。

我们只能猜想，如果伽罗瓦的枪法和代数一样好，那么他会取得多大的成就！

左图：伽罗瓦的一些原始笔记和作品的复制品。（有人能看明白他写的东西真是太好了……）

1824 年，路易斯·布莱叶的父亲的工作室发生了一起事故，导致他在 3 岁时失明。仅仅 9 年后，别人向他展示了一个由纸上 12 个凸点组成的系统，这个系统被称为"夜间书写"，士兵们用它来无声地交流。

这个系统对大多数成年人来说太复杂了，对布莱叶来说却不是这样。他把这个系统改进为一种只需要 6 个点的语言。它最终被世界各地的人们采用，以帮助盲人进行阅读。

艾达，第一位计算机程序员

艾达·勒芙蕾丝是英国著名诗人拜伦的女儿。

诗人拜伦和艾达的母亲安娜·米尔班奇离异后，母亲为了避免艾达像父亲一样气质忧郁、情感太过丰富，对她研习数学和机械的热情给予了极大的鼓励。

现如今，艾达被公认是计算机编程的先驱，尽管她 36 岁便英年早逝了。

十几岁的时候，她遇到了查尔斯·巴贝奇，当时他正在研究差分机和后来的计算设备分析机。从许多方面来看，这些工作都属于首批研制计算机的项目。在 1842 年和 1843 年，艾达受命将关于分析机的文章从意大利语翻译成英语，但她不仅进行了翻译还添加了自己的笔记。这些笔记很多，使得最终的文章比原文的篇幅要长 3 倍，而且还包含了如何使机器执行一个过程并且重复这个过程的内容。从本质上来说，这是有史以来第一个计算机程序。

相比于巴贝奇，艾达也更了解可以在这些机器上进行的更深入的计算。她不仅对数字进行操作，还对符号、声音和图形进行操作，想象出了一种"可以像提花织机编织花朵和叶子那样对代数式进行组织"的机器，并且"可能在任何范围、任何复杂程度上谱写出精美而科学的音乐语言"。

1826 年

1826 年 7 月 4 日，美国第二任和第三任总统约翰·亚当斯 (1797—1800 年在任) 和托马斯·杰斐逊 (1801—1809 年在任) 在几小时内相继去世。他们曾在 1800 年一场激烈的选举中竞争。据说，90 岁高龄的约翰·亚当斯的临终遗言是："托马斯·杰斐逊还活着。"事实上，杰斐逊早在 5 小时前就去世了，享年 82 岁。他们都死于 7 月 4 日美国独立日。

对于 19 世纪 40 年代来说，她的洞察力令人难以置信，而她在 36 岁时早逝也成为一桩憾事。她的笔记在出版时使用了 A.A.L. 的缩写作为署名，因为她的全名显然是一名女性，这也是那个时代的标志。这些笔记在一个多世纪以后才被重新发现并得到充分的认可。艾达·勒芙蕾丝称得上计算机编程的第一人。

1827 年

1827 年，由传奇钟表学家（钟表匠）亚伯拉罕-路易·宝玑为法国王后玛丽·安托瓦内特制作的手表终于完工。它是有史以来最伟大的手表，而女王却从未见过它。因为它是在女王于法国大革命中被斩首 34 年后、宝玑接受订单 44 年后完成的!

不仅如此，在手表制作完成时，宝玑本人也已经去世 4 年了。一块作为计时工具的手表却没能按时交到主人手中，这其中有着奇妙的讽刺意味。

1830 年

如果你正好在用可调扳手修理割草机，那么你可以停下来了解一下这个巧合：这两个工具都是由英国工程师艾德温·布雷德·布丁发明的，割草机和可调扳手分别发明于 1830 年和 1842 年。

传真机于 1843 年 5 月 27 日获得专利。

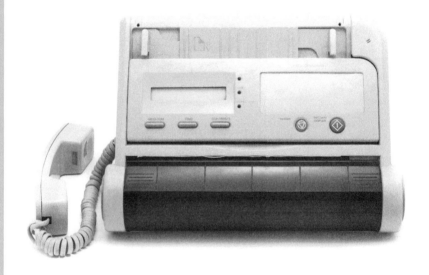

　　发明"电子印刷电报"的苏格兰发明家亚历山大·贝恩被授予了这项专利。1865 年，意大利物理学家乔瓦尼·卡塞利在巴黎和里昂之间推出了第一个商业电报服务，比花哨洋气的电话的发明时间早了 10 多年。

▄ ▄▄▄ ▄▄ ▄ ▄▄▄ ▄▄▄▄ ▄▄▄ ▄

1844年5月24日，塞缪尔·芬利·布里斯·摩尔斯坐在华盛顿特区最高法院的会议厅里，通过一条130千米长的试验线路发出了第一条电报。

国会拨款 3 万美元修建了这条线路。这在当时是很大一笔钱。摩尔斯的助手阿尔伯特·韦尔在克莱尔山火车站收到了这条电报，译出来的文字是《圣经》中的一句话"上帝创造了什么"。

1876 年 3 月 10 日，电话的发明者亚历山大·格雷厄姆·贝尔给他的助手托马斯·沃森打了第一个电话："沃森先生，请过来，我要见您。"虽然此前人们已经可以传送声音，但这是人类第一次通过电话说话。

1901 年 12 月 12 日，意大利物理学家古格里莫·马可尼第一次发送了横跨大西洋的无线电信号。这条信息几乎没有什么内容。事实上，它只是字母"s"的莫尔斯电码信号，但重要的是，它从英国康沃尔传到加拿大纽芬兰，行程超过 3000 千米。在这之前，有的人认为弯曲的地表会将无线电的传播距离限制在 300 千米以内，这次实验产生了完全相反的结果。但是你会在接下来看到，古格里莫推翻了自己的预测。

1835 年

名叫哈丽的加拉帕戈斯象龟生于 1830 年左右，约 175 岁时在澳大利亚去世。这使得哈丽成为世界上年龄第三大的龟，仅次于 1965 年去世的图伊·玛丽拉 (188 岁) 和 2006 年去世的阿德韦塔 (255 岁)。据说，查尔斯·达尔文环球考察探险时，在 1835 年访问加拉帕戈斯岛时捉到了哈丽。然后，她被运到英国，又被比格尔号的一位退休船长带回了她最后的家澳大利亚。

尼古拉·特斯拉

　　　你可能听说过特斯拉，有人认为这个品牌的电动汽车将给汽车行业带来一场革命。

　　　你甚至可能听说过杰出的科学家和发明家尼古拉·特斯拉，这家汽车公司就是以他的名字命名的。但是你知道吗，特斯拉除了提出过一本书都装不下的好点子之外，他还会说8种语言。他可以用塞尔维亚－克罗地亚语、捷克语、英语、法语、德语、匈牙利语、意大利语和拉丁语与人聊天！

为什么是2*K*？

数字3和5是质数，但它们之间的数字4显然不是质数。

我们称 3 和 5 为"孪生质数"，或者说它们的质数间隔为 2。(5,7)、(11,13) 和 (17,19) 都是孪生质数。

质数 7 和质数 11 之间的质数间隔为 4[因为 8(=2 × 4)、9(=3 × 3)、10（=2 × 5）这几个数都是合数]。我们将间隔等于 4 的一对质数称为"表兄弟质数"。质数对 (13,17) 和 (19,23) 之间的质数间隔等于 4，如果你愿意，还可以找到更多这样的例子。

1849 年，法国数学家阿尔方·德·波利尼亚克提出了波利尼亚克猜想：

对于每一个正整数 *k*，都有无穷多个质数对，它们的质数间隔为 2*k*。

如果他是正确的，孪生质数和表兄弟质数的列表都应该无限长。

k=1 的情况也被称为孪生质数猜想，是一个著名的未解数学问题，尽管近年来数学上取得的一些突破让数学迷兴奋不已。396733 到 396833 之间的 99 个整数中没有质数。这是我们遇到的最小的 99 个连续合数，换言之，这是我们遇到的第一个质数间隔为 100 的质数对。

测验

连续质数之间必然存在质数间隔。找出第一个大于 10 的质数间隔。找到第一个正好是 10 的质数间隔。当你找质数间隔的时候，你会发现在大于 10 的质数间隔第一次出现后，它马上又会再次出现。

1835 年

1835 年 1 月 8 日是美国历史上唯一一个没有债务的日子！截至 2017 年 12 月，美国的债务约为 20 万亿美元（即 20000000000000 美元），或者说人均约 6 万美元。有人指出，1917 年，当时世界上最富有的人、石油大亨约翰·D. 洛克菲勒能够自己一个人还清美国的所有债务。而现在比尔·盖茨的财富只能支付美国的债务几个月的利息。

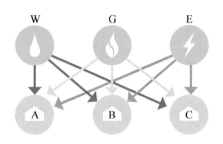

杜德尼，我的燃气呢？

英国最伟大的数学谜题家亨利·杜德尼(出生于1857年)写了一篇关于一个绝对经典的数学谜题的文章。

有六七个谜题，像山一样古老，又不断地冒出来……人们曾经认为其中一个谜题像座死火山，但是它偶尔会以一种令人惊讶的方式爆发。我收到了大量关于这个古老谜题的信件，我称该谜题为"水、气和电"。它比电灯，甚至煤气都要古老得多，但对题目的包装使它跟上了时代。难点在于，要将水、气和电（W、G、E）的管道接入到 A、B 和 C 3 所房子的每一所，任何管道都不能交叉。

换句话说，你能否将公共设施 W、G 和 E 及 3 所房子 A、B 和 C 相连，并且保证 9 条线路中没有任何两条交叉？答案在本书的最后。

1839 年

1839 年，业余化学家兼摄影师罗伯特·科尼利厄斯在自己的相机前一动不动地坐了一分钟，然后拿掉了镜头盖。在冲洗完照片后，他把这张很可能是首张"自拍"的照片拿在手里。

你是不是认为这很酷？等下你就会遇到发明"自拍"这个词的澳大利亚人（见第386页）！

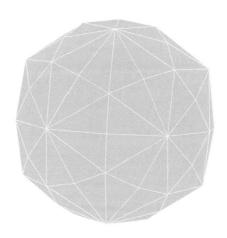

120面骰子

我相信你对6面的骰子很熟悉。

你已经知道：它有 6 个面，且每个面都是正方形。如果你玩幻想或冒险类的棋盘游戏，你可能会看到一个 20 面的骰子，它的每个面都是一个等边三角形。

但你可能没有见过四角化菱形三十面体，或者叫 120 面骰子。欧仁·卡塔兰于 1865 年描述了这种几何体，但它直到 2016 年才首次被制造出来。就像普通骰子相对的每两面上的点数加起来是 7 一样，在 120 面骰子中，相对的每两面上的点数加起来是 121！

1844 年

现代体育的第一场国际比赛是美国和加拿大之间的板球比赛。

1844 年 9 月，"美利坚合众国对大英帝国的加拿大省"的比赛在纽约圣乔治板球俱乐部举行。本着真正的比赛精神，比赛原定只有两天，但第二天的赛程因下雨被取消了。第一天，两队共有 19 次击球手出局，加拿大队先击球，10 个全部出局后得 82 分，之后美国队击球，9 个出局后得到 61 分。在第三天的比赛中，美国队继续第一天未完成的击球局，总共 10 个出局后拿到 64 分。之后加拿大队再度击球，拿到 63 分，此时美国队再得 82 分即可获胜。最后美国队击球局拿到 58 分，一个叫惠特克罗夫特的队员来晚了而没有参加比赛。球队所有人的名字里都没有"i"这个字母，惠特克罗夫特的名字里也没有。

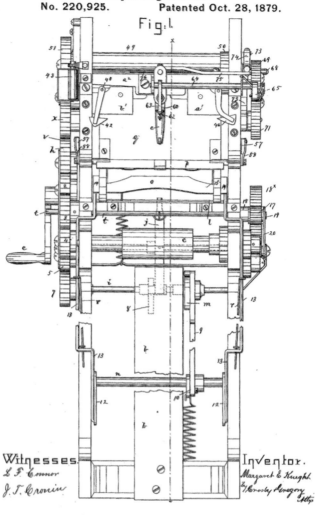

M. E. KNIGHT.
Paper-Bag Machine.
No. 220,925.   Patented Oct. 28, 1879.

6 Sheets—Sheet 1.

276

1847 年

1847 年 9 月 22 日，英国各城镇采用"当地时间"而引起的混乱终于结束了。从当日起，铁路清算所将英国所有铁路公司所在车站的时间改为格林尼治时间，赋予了英国一个统一的时间。

1858 年

1858 年，美国发明家埃兹拉·华纳发明了开罐器，为饥饿的人们改变了这个世界。这一刻人们已等了很久，因为罐头食品在英国人彼得·杜兰德的技术支持下已经存在了 48 年。

它并没有那么快流行起来，但是罐装的、加热保存的食物很快就受到了英国皇家海军的欢迎。他们是怎么打开罐头的？当时的使用说明上写着：用凿子和锤子在顶部接近外缘的地方进行切割。

平底制造机

1868年，美国内战刚刚结束，30岁的玛格丽特·奈特来到马萨诸塞州的一家纸袋厂工作。

玛格丽特很快意识到，如果纸袋的底部是平的，那么把东西装进纸袋会容易得多。因此，她发明了一种可以折叠并粘牢纸袋底部的装置，赋予了纸袋形状和强度，也基本确立了我们今天在大多数商店仍然使用的纸袋的形态。很棒的工作！

查尔斯·安南就没那么厉害了，他偷了玛格丽特的制袋设备的设计，想把它冒充成自己的。在法庭上，安南的主要论点是"一个女人怎么可能发明那样的东西"。玛格丽特制作了一些图表和文件，大概意思是说，"是我做的，你这个傻瓜"。

幸运的是，她赢得了控辩，并在1871年获得了一项专利。她后来成为有史以来最伟大的发明家之一，创造了从旋转引擎到切鞋机的许多东西。据报道，她在设计自己的第89项发明时去世，并拥有多达27项专利。

你可以在上一页看到她神奇的"纸袋机"专利的示意图。

哦，查尔斯·安南呢？他被扔进了大男子主义吹牛大王的垃圾箱。

这是个不错的结局。

1859 年

1859 年 6 月 30 日，法国 35 岁的走钢丝演员兼杂技演员布隆丹用一根长 340 米、宽仅 8 厘米的钢丝穿过了尼亚加拉瀑布，这根钢丝就悬在汹涌的水面以上 50 米处。

布隆丹在钢丝上多次往返，时而蒙着眼睛、推着独轮手推车、踩着高跷、背着他的经理在钢丝上行走。有一次他甚至在钢丝中间坐下，做了一个煎蛋卷吃。确实是一位走钢丝高手！

镜中"棋"缘

刘易斯·卡罗尔是一位真正的博学家（这意味着他并不热爱数学，或者尽管他热爱数学，却做了大量别的事情）。你也可以称他为一位有学问的人。

刘易斯·卡罗尔，原名查尔斯·卢特维奇·道奇森，是牛津大学的数学讲师、字谜作家、逻辑学家、牧师和摄影师，但他最出名的当然还是他的书。他热爱下棋，喜欢观看国际象棋锦标赛，也热衷于参加比赛，甚至在他 1871 年的经典著作《爱丽丝镜中奇遇记》中加入了一个有关国际象棋的主题。事实上，依我之见，这个故事真的是一个伟大的、辉煌的象棋比喻！

如果我们认为爱丽丝是白方的兵，而且不在乎白方有时会连续走几步，那么书中的情节可以总结成下一页的象棋游戏。爱丽丝用

1861 年

1861 年 8 月，英国第一任气象局局长罗伯特·菲茨罗伊在英国《泰晤士报》上发布了第一则公开的天气预报。这是对未来 24 至 48 小时的预测，与现在的预报相比非常笼统。

1862 年

才华横溢的英国小说家乔治·艾略特其实是个叫玛丽·安·伊万斯的女人——她以乔治这个男名写作，为的是让大家认真对待她的作品！乔治（或玛丽）创造了几个我们现在认为是理所当然的词，例如"灯罩"

和"午餐时间"。

不仅如此，1862 年，她抱怨说"有太多的'流行音乐'让人无法彻底享受室内乐"——这是有史以来第一个对"流行音乐"的描述！

了 11 步取胜。

1.	爱丽丝遇见红皇后(RQ)	红皇后走到王车 4 格(KR4)
2.	爱丽丝(乘火车)穿过皇后3 格(Q3)到皇后 4 格(Q4)(特威丹和特威帝)	[白皇后(WQ)走到后象 4(QB4)(披肩后)]
3.	爱丽丝遇到白皇后(WQ)(披肩)	[白皇后(WQ)走到后象 5(变成羊)]
4.	爱丽丝到 Q5(商店、河、商店)	[白皇后(WQ)走到 KB8(把鸡蛋放在架子上)]
5.	爱丽丝到 Q6(胖墩儿)	[白皇后(WQ)走到 QB8(从红马 R.Kt.飞过去)]
6.	爱丽丝到 Q7(森林)	[红马到 K2(ch.)]
7.	白马吃红马	(白马到 KB5)
8.	爱丽丝到 Q8(加冕礼)	[红皇后走到国王格(考试)]
9.	爱丽丝成为女王	(皇后王车易位)
10.	爱丽丝王车易位(宴会)	[白皇后到 QR6(汤)]
11.	爱丽丝吃红皇后,获胜	

　　如果你不喜欢白方走多步,可以将卡罗尔 1871 年的经典情节描述如下(不要忘了象棋符号 N 代表骑士,K 代表国王,x 代表吃子,+ 表示将军,方块标记了爱丽丝从 d2 开始):

　　1.d3+Kxd3 2.Qa3+Kd2 3.Qb2+Kd3 4.Qd4+Kc2 5.Ne3+Qxe3 6.Qxe3 Ne7+ 7.Kb5 Nd5 8.Rf2+Kd1 9.Qd2 将杀

测验

　　刘易斯·卡罗尔还写了这个谜题,即"被囚禁的女王"。

　　一位女王和她的儿子、女儿被锁在一座高塔的顶楼内。他们的窗外有一个滑轮,上面绕着一根绳子,绳子的两端各绑着一个质量相等的篮子。如果一个篮子里的东西比另一个篮子里的东西重 15 磅以上,则对任何一个人都是危险的,因为篮子会下降得太快。一个向下降落的篮子自然会把另一个篮子向上拉。女王重 195 磅,女儿重 105 磅,儿子重 90 磅,而重物是 75 磅。他们能否安全逃离?

"当巴黎世界博览会结束时，电灯也将随之关

图片：克雷格·梅休和罗伯特·西蒙，美国国家航空航天局戈达德空间飞行中心（公有领域）。

闭，从此不再被人们提起。"

当然，当巴黎博览会结束时，牛津大学教授伊拉斯谟·威尔逊1878年的预测似乎已经站不住脚了。我不会写太多，这样我们就有足够的空间来欣赏背景这张令人惊叹的照片。这是美国国家航空航天局发布的地球夜间图像，由1994年10月1日至1995年3月31日的数据合成。我们也许可以给图片起一个简单的标题："嘿，伊拉斯谟，想打赌吗？"

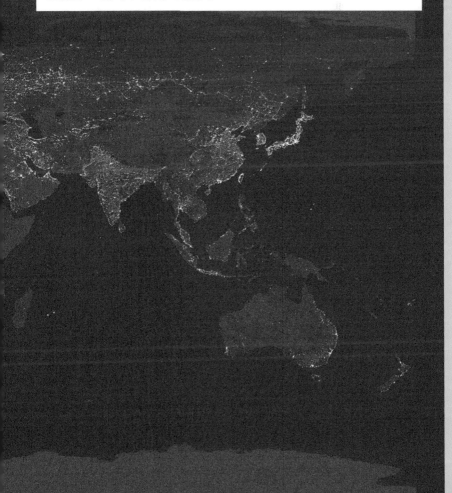

更神奇的残缺棋盘

如果那个写爱丽丝的男人把你的大脑搞得一团糟，那么你会喜欢挑战这些棋盘游戏的。

还记得那个著名的残缺棋盘问题吗？在第 152 页页脚处的那个问题中，要求把对角线上的两个顶格去掉，然后把 31 张多米诺骨牌放在剩下的棋盘上。

如果我去掉任何一个单独的黑色方块和白色方块，就像左上方图中的棋盘，会怎么样？现在可以把 31 张多米诺骨牌放在剩下的棋盘上吗？

好吧，再试一个。假设我的多米诺骨牌是 L 型的（数学家们称之为三格骨牌），就像右上方图中的那样。如果我移走棋盘上的任何一个方块，那么能在剩下的 63 个方块上放 21 个 L 型骨牌吗？

答案在书的后面。

1865 年

1865 年 7 月 26 日，詹姆斯·米兰达·巴里医生去世。巴里医生曾是医院的监察长，是英国军队中军衔最高的医生。巴里医生也是一名女性，原名玛格丽特·安·伯克利，她以男性的身份进入医学院学习，并且在之后晋升时一直使用这个策略。

她的墓碑上写着："她是一位杰出的医生，是英国第一位医学院女毕业生，她愚弄了英国军队和全世界长达 50 年。"

斯里尼瓦瑟·拉马努金

1887 年他出生在印度。他几乎没有接受过正规的数学训练（在他很小的时候，数学似乎完全是自学的），却在后来的人生中取得了一些超凡的突破。

他将自己的一系列绝妙想法写下来，寄给了剑桥大学的资深数学教授戈弗雷·哈罗德·哈代，很快便在其指导下创造了丰硕的成果。他有许多新的发现，而且由于没有接受大学教育，他偶然发现了许多他没有听说过的伟大成果。

事实上，当有资历的数学家试图帮助拉马努金填补他身上正规教育的空白时，他们常常发现这是不可能的。因为一旦他们教他一些新东西，他就会沿着那条路飞奔而去，源源不断地提出观点和观察结果，速度快到让人跟不上。

拉马努金向哈代指出 $10^3+9^3=12^3+1$，这个等式的形式非常接近费马大定理（也称费马最后定理）的反例，类似的例子还有 $6^3+8^3=9^3-1$。但在 2015 年，人们发现了一份拉马努金约一个世纪前的手稿，才知道这个伟人找到了无数个类似的等式。随便举几个例子：$135^3+138^3=172^3-1$、$791^3+812^3=1010^3-1$、$11161^3+11468^3=14258^3+1$。为了证明你高超的算术能力，为什么不动手计算一下这些等式呢？

拉马努金一生都在与疾病做斗争，他于 1920 年去世，享年 32 岁，这是科学史上最大的损失之一。

有没有想过为什么这么多海盗都只有一只眼睛？

　　想象一下海盗是什么样子的。继续想。我打赌你想象他戴着眼罩。但事实上，几乎没有什么证据表明他们曾经戴过眼罩。英国小说家罗伯特·路易斯·史蒂文森在1881年出版的连载小说《金银岛》中描绘了这种海盗形象，此后独眼海盗的概念开始流行起来。

　　但是，假设海盗们确实没有戴的话……我们可以认为史蒂文森笔下著名的海盗是根据某个人的故事改编的。海盗们戴眼罩很可能并不是因为他们只有一只眼睛。有些人认为，海盗在一只眼睛上戴上眼罩可以帮助他们更快地适应战斗中的黑暗。当他们下到船舱里时，他们只需要把眼罩换到另一只眼睛上。

爱因斯坦对勾股定理的证明

我们已经了解过勾股定理（又叫毕达哥拉斯定理或毕氏定理），即直角三角形中两条短边（直角边）的平方之和等于长边（斜边）的平方。

例如，对于一个边长分别为 5、12 和 13 的直角三角形，有 $5^2+12^2=13^2=169$。就像给茄子去皮的方法不止一种，证明勾股定理的方法也有很多。到底有多少种方法？目前在网上有 100 多种不同的证明方法。如果这对你来说还不够，以利沙·斯科特·卢米斯教授的优秀著作《毕达哥拉斯命题》中包含了 367 种证明方法。

如果我告诉你阿尔伯特·爱因斯坦在 19 世纪 90 年代早期提出了一个证明方法，你应该不会太惊讶……他那时大约 12 岁。

他的证明思路如下。

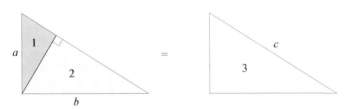

取一个边长为 a、b 和 c 的直角三角形，从直角顶点向斜边作垂线，

从而将三角形分成两个较小的三角形。

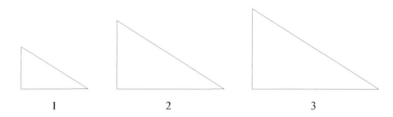

现在，你创造的这 3 个三角形中都包含了完全相同的角，它们只是边长不同。我们把形状相同、大小不同的三角形称为相似三角形。

为了让你更容易跟上我的思路，我将使用一个 $a=b$ 的直角三角形作为例子。爱因斯坦的证明适用于任何三角形，但下面这个例子更容易理解。

在 $a=b$ 的情况下，我们的 3 个三角形是这样的：

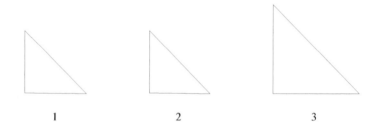

很明显，在这 3 个三角形中，如果你沿着长边画一个正方形，那么该正方形正好能装下 4 个原来的三角形。

1881 年

1881 年，德国医生、特殊教育学校的倡导者奥斯瓦尔德·贝尔康是首个发现人们在阅读或理解单词、字母和其他符号时可能会遇到困难的人。我们现在称之为阅读障碍。"阅读障碍"这个词直到 1887 年才被使用，首先是由眼科医生鲁道夫·柏林使用的。著名的阅读障碍患者包括理查德·布兰森、汤姆·克鲁斯和杰出的发明家尼古拉·特斯拉。

1882 年

1882 年 3 月 23 日，德国数学家艾米·诺特诞生。作为 20 世纪最才华横溢的人之一，艾米的工作具有令人难以置信的独创性和创造力，她是有史以来最伟大的数学家之一。

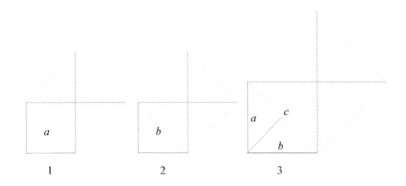

1   2   3

所以三角形的面积是它们对应的正方形面积的 1/4。

第一个正方形的边长是 a，所以它的面积为 a^2。同样，其他两个正方形的面积分别是 b^2 和 c^2。

现在精彩的部分来了。回到最开始，显然三角形 1 和 2 的面积之和等于三角形 3 的面积。

用正方形的面积来表示三角形的面积，我们得到 $(1/4)a^2+(1/4)b^2=(1/4)c^2$，或者 $a^2+b^2=c^2$。

当最初的三角形不是等腰三角形时，情况就不那么明显了，但是唯一的不同就是 1/4 变成另外一个分数。你仍然可以得到这个很漂亮的结果：$a^2+b^2=c^2$。

继续

如果你不愿相信我的话，那么看看她 1927 年经典的《代数数域上理想论的抽象结构》或者 1926 年的《对特征 p 有限线性群不变量有限性的证明》，以及 1929 年的《超复数及其表示》，还有……你还有什么理由不相信我的话呢？

出谜题的阿尔伯特 · 爱因斯坦

这个古老的谜题有时被归功于年轻的阿尔伯特·爱因斯坦。我没有找到证据，但这是个很好的脑筋急转弯。

有 5 座房子和 5 个住户，每座房子都刷了不同的颜色，每个人都喝不同的饮料、喜爱不同的食物、偏好不同的香烟[2]，并且都有一只独特的宠物。我们知道的信息如下。

1. 英国人住在红房子里。
2. 瑞典人养狗。
3. 丹麦人喝茶。
4. 绿色的房子紧挨着白色房子的左边。
5. 绿房子的主人喝咖啡。
6. 吸波迈烟的人养鸟。
7. 黄房子的主人吸登喜路烟。
8. 在中间那座房子里的人喝牛奶。
9. 挪威人住在第一间房子里。
10. 吸混合型烟的人有一个养猫的邻居。
11. 吸蓝色马斯特烟的人喝啤酒。
12. 养马的人住在吸登喜路的人隔壁。
13. 德国人抽王子牌香烟。
14. 挪威人住在蓝房子的隔壁。
15. 吸混合型烟的人有一个喝水的邻居。

现在请问，谁是养鱼的人？答案就在书的后面！

---

[2] 作者注：注意，这个谜题出现时，我们还没意识到吸烟对身体有巨大的危害……

1883 年

1883 年 8 月 27 日上午 10 时 02 分，印度尼西亚的喀拉喀托火山爆发。人们在 5000 千米外 50 个不同的地点听到了"远处重炮的轰鸣声"，这些地区覆盖了全球 8% 的面积。附近一艘船上一名船员的鼓膜被震碎，火山爆发造成的火山灰笼罩地球长达 3 天。

在附近的巴达维亚煤气厂，水银气压表测量到火山爆发的声音为 170 分贝。所以即使在 150 千米以外，它的声音仍然是一台喷气式发动机旁边的噪声的 4 倍！火山灰以每小时 2500 千米的速度喷涌而出，形成了一个高达 30 千米的烟柱。

美国和加拿大曾经有2500万头野牛。

而到了19世纪末,这一数字已降至600头。

目前,该地区的野牛数量已回升至50万,其中大部分分布在私人牧场。顺便说一下,这种美洲草原野牛的学名是 *bison bison bison*。这是为了与其他野牛进行区分,比如说阿萨巴斯卡野牛(*bison bison athabascae*)或者美洲山地野牛(*american mountain bison*)。同样,西非低地大猩猩的学名是 *gorilla gorilla gorilla*。这样命名只是为了方便区分。

"X光将被证明是一个骗局。"

对不起，英国皇家学会主席、开尔文勋爵……这并非骗局。

当开尔文在19世纪末听说威廉·伦琴卓越的发明——X射线时，他深感怀疑。不过，他在给伦琴写信的时候确实很有风度，"我简直无须告诉你，当阅读你的文章时，我有多么惊讶和高兴。现在我对你所取得的伟大发现表示热烈的祝贺"。

1896年5月，开尔文勋爵拍了自己手部的X光照片，并以自己的名字来命名从物理学家们所说的"绝对零度"（即-273.15℃）开始的温标——开尔文温标。

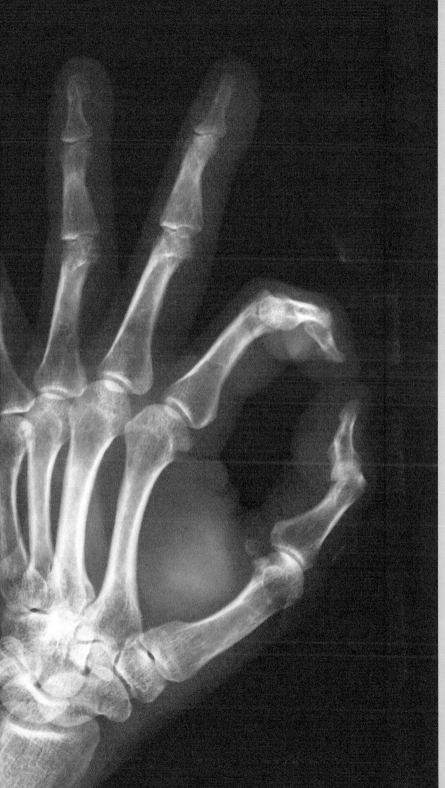

摇摆摇摆

早在公元前1000年，我们就知道地球在太空中运动时是倾斜的。

想象把地球放置在厨房的一张大桌子上，太阳也在同一张桌子上。当地球绕着太阳运行时，它也在绕着自己的"轴"旋转——这是一条假想出来的从北极到南极的线。但是地轴并不垂直于餐桌，它的倾斜角度约为23.5°。

地轴的角度也不是固定的。随着季节的变化，以及不同的地方会有降雨、降雪，"摆动"的地轴会画一个圆圈。而由于更重要的因素，如大陆自身的移动，这个圆圈本身也随着时间而移动。自1899 年世界各地的极地专家们成立了"国际纬度服务"国际组织以来，我们测量了地球地理极点的运动。而这个结果才是真正有趣的，而且也许会吓到你。

从 1899 年到 2005 年，人们所知的"轴向摆动"正缓慢地向东南方加拿大的纽芬兰与拉布拉多省移动。我们用一种叫作"毫角秒"的酷酷的单位来测量这种运动。什么是角秒？我很高兴你这么问。1 角秒是 1 角分的 1/60，1 角分是 1° 的 1/60。

在 21 世纪初，北极以每年 6 厘米的速度向东南方移动。但自2005 年以来，北极的方向发生了变化，并且以更快的速度向格陵兰岛移动。人们认为这其中的原因是随着地球变暖，在北极有数百万亿千克的冰融化。

北极的变化本身并不令人担忧，但我们对地球的影响如此之大，以至于我们改变了一个世纪以来北极的自然运动。这一事实无疑是令人担忧的。

1889 年

1889 年《纽约世界报》的女记者伊丽莎白·科克伦·希曼——她的笔名娜丽·布莱更为人所知——进行了一次被广为宣传的环球之旅。受儒勒·凡尔纳 80 天环游世界的启发，娜丽用 72 天独自完成了这次旅行，创造了当时的记录。

在此两年前，娜丽发表了一篇报道，揭露了布莱克威尔岛上的精神病院对女患者的残忍和不人道待遇。她假扮患者进入精神病院秘密采访了 10 天。她的故事轰动一时，并促使有关部门启动了对该机构的大规模调查。

马克·吐温的旅程

"想想智慧是受到了怎样的麻痹才会产生这种想法。"

1895 年，马克·吐温在一次澳大利亚巡回演讲中如是说。当时，他坐火车从悉尼前往墨尔本，但他不得不在奥尔伯里 - 沃东加下车，拖着行李穿过铁轨，登上一辆新火车。

为什么？因为新南威尔士州和维多利亚州使用的铁轨尺寸不一样！

即使到了 1900 年，澳大利亚联邦也没能把铁轨的标准统一。澳大利亚直到 1962 年才确定使用"标准轨"。

截至 2014 年，澳大利亚的铁路网总长约为 3.3 万千米。不过马克·吐温可能仍会沮丧，因为这个铁路网仍然被分为 11801 千米的窄轨铁路、3221 千米的宽轨铁路以及 17381 千米的标准轨铁路。

而积极的一面是，所有州的首府现在都使用了标准轨……假如马克·吐温活到 1995 年，那个时候墨尔本和阿德莱德之间的火车轨道刚刚转为标准轨！

右图：马克·吐温的肖像，1907年由A.F.布拉德利拍摄。

1891 年

1891 年，德国数学家康托尔证明了无理数的无穷大大于有理数的无穷大。某些无穷大比其他无穷大更大的观点对一些伟大的数学家来说甚至也是一种挑战，他们把康托尔的观点描述为一种影响着数学的"严重疾病"，而康托尔则是"年轻人中的堕落者"。但是，当他的美妙成果被接受时，他们是这样说的："康托尔为我们展示了他的天堂，我们敬畏地屏住呼吸。我们知道，我们不会被驱逐。"

1894 年

在"马粪危机"最严重的时候，英国《泰晤士报》预测，如果不采取措施的话，到 1950 年整个伦敦将会有 3 米厚的马粪！

1896 年

1896 年，沃尔特·阿诺德成为英国第一个因超速而被罚款的司机。尽管限速约为 3.2 千米 / 时，但沃尔特还是以约 12.8 千米 / 时的高速狂奔，最后被警察逮个正着。我想知道，

在 1896 年时速达到法定速度的 4 倍，是否相当于现在限速 90 千米 / 时，而车速达到 360 千米 / 时？

欢迎来到20世纪

在时间和空间的宏大规划中，20世纪的早期显得相当随意。

但对我们人类来说，这标志着一个转折点，至少在心理上如此。我们有了汽车、电视、电脑和切片面包……现在请你体验这精彩的100年。

时光机：请回到20世纪！

"在我们的日常字母表中不会有C、X和Q。它们会因为没有使用的必要而遭到抛弃。"

如果你问我，我会说这是一个大胆的预测。然而，《女性家庭杂志》对此反应强烈，并将其纳入 1900 年的"未来 100 年可能发生的事情"的预测中。

100 年后，数学家罗伯特·莱万德将英语字母表中的字母按照出现频率从高到低排序，并得出了这个结果：etaoinshrdlcumwfgypbvkjxqz……在我看来，字母"z"也应该出现在《女性家庭杂志》的热门榜单上。这也表明，榜单中纳入字母 "c" 显然没有道理。

令人惊叹的是，这个杂志的许多其他预测实际上都实现了。所幸，对于各地的拼字爱好者来说，这是一个不切实际的想法，并且事实证明它是错误的。

欧拉错了?!

听说过"36名军官"的问题吗？

某部队有6个团，每个团由6名军衔不同的军官组成。有没有可能把这36名军官安排在一个6×6的正方形里，使任何一排或一列都没有重复的军衔或团？

这6个团分别用A、B、C、D、E、F表示，军官的军衔分别是1、2、3、4、5、6，那么36名军官中的每一位可以分别被命名为A2、B5、F1等。问题变成了：你能否将它们排列在一个6×6的网格中，而不会有一行或一列包含相同的字母或数字？

1782年，伟大的莱昂哈德·欧拉提出，36名军官的问题无解。1901年，法国数学家加斯顿·塔里终于证明了欧拉的结论。

令人惊讶的是，这一问题所涉及的数学理论（称为组合学，或"数东西的方法"）在数百年后计算互联网数据的传输方法时很有帮助！

欧拉针对7×7、8×8和一般的军官排列问题找到了解决方案。然而，他确实认为行列人数为10、14和18等的情况没有解决办法。也就是说，欧拉认为对于$n×n$的网格，当$n=4k+2$（k为正整数）时，该问题无解。

事实证明这位伟人错了。1959年，数学家们找到了一个22×22数组的解，进一步证明了10×10、14×14等（4k+2）形式的解都可以找到。所以，事实上，在所有3×3以及更大的正方形中，36名军官问题是唯一一个无解的问题！

测验

如果我们只有4个团，以及4种不同的军衔，你能否将A1、A2、…、D3、D4排列在一个4×4的网格中，使其满足我们的规则？事实上有144种方法。

1900年

1900年7月19日，13名运动员参加了巴黎奥运会的马拉松比赛。根据体育历史学家大卫·沃利钦斯基的说法，赛道布置得非常糟糕，以至于运动员迷了路，只能和汽车甚至动物一起跑。当地最受关注的乔治·图凯-达尼退出了比赛，原因不是受伤或体力耗尽，是因为他躲进咖啡馆逃避40℃的高温，喝了几杯啤酒，而这个量对他来说太多了！

"老鼠"攻击

1903年6月4日，就在古格里莫·马可尼的无线电报在英国皇家学会公开展示之前，发生了一件怪事。

马可尼位于 500 千米外的一个无线电台处，在他发送信息之前，别的信息却传到了接收人那里。最开始是"老鼠"一词，后面跟着押韵的句子：

小伙儿来自意大利，骗得大家傻兮兮……

原来马可尼的信道被一个叫内维尔·马斯卡林的人"黑"了，他被雇用来检查马可尼的系统是否安全！负责这次展示的物理学家约翰·弗莱明十分愤怒，称这是"科学流氓"的行为。马斯卡林（他的父亲发明了收费厕所，但那是另一个故事）回应说，他向公众揭露了系统是不安全的。

1901 年

想象一下，在一个小镇上，理发师打广告说："谁不给自己刮胡子，我就给谁刮胡子。"现在你问问自己，谁给理发师刮胡子？如果理发师不给自己刮胡子，他就得自己刮胡子。如果理发师自己刮胡子，他就不能给自己刮胡子。嗯？

罗素悖论并不仅仅是一个文字游戏，它以英国著名哲学家、数学家伯特兰·罗素的名字命名。1901 年，罗素悖论实际上攻击了数学的一个分支——集合论的基础，并引发了巨大的麻烦。与此同时，一个大多数人没有想到的可爱的答案是：也许理发师是女人？

"我们对天文学的了解可能已经接近极限。"

    嗯……不完全是。就在 5 年后，加拿大裔美国天文学家、应用数学家西蒙·纽科姆改变了他的论调，并在 1903 年写道："摆在我们面前的是一个无穷尽的领域，10 年前几乎没有人认为它会存在。"

    纽科姆因其在经济学、统计学等众多领域的重要贡献而被人们铭记。"书虫"们可能还会记得他的科幻小说《捍卫者的智慧》。

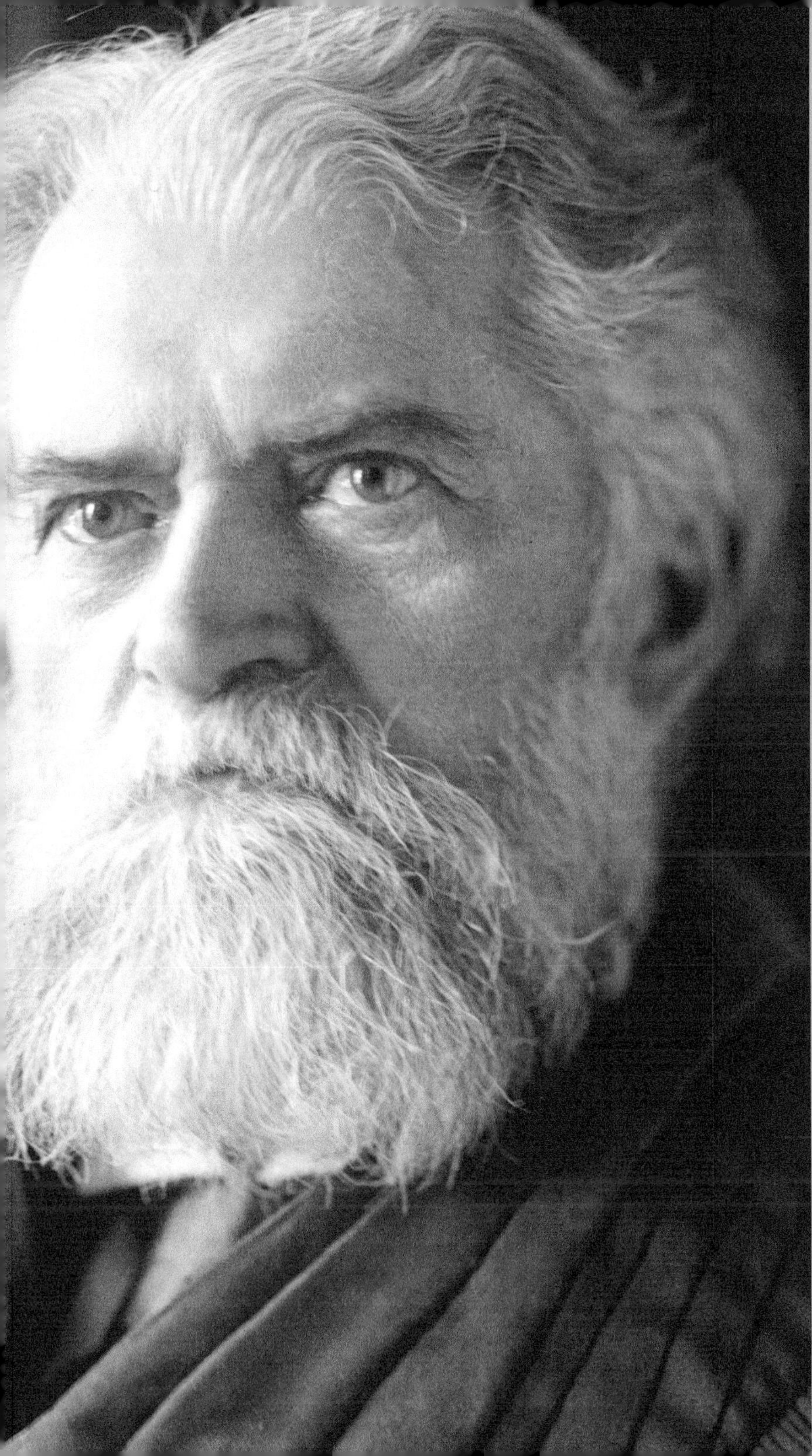

波音 747 的翼展比莱特兄弟的第一次飞行距离还要长。

1903 年 12 月 17 日，威尔伯·莱特和奥维尔·莱特的"飞行者一号"在 12 秒内飞行了 36.5 米，比波音 747 的翼展短 23.5 米。当天莱特兄弟一共飞行了 4 次，基本上都是直线，每一次都以颠簸的"意外"着陆而结束。在"飞行者一号"出现无法修复的损坏前，最后一次飞行持续了 59 秒，飞行了 260 米。

图片：1903 年 12 月 17 日，莱特兄弟"飞行者一号"的第一次飞行。奥维尔驾驶，威尔伯在翼尖上奔跑（公有领域）。

一剂"放克"

1911年，著名波兰化学家卡西米尔·冯克(英文为Funk，和放克音乐是同一个词，多酷的名字！)注意到，吃糙米的人不会得脚气，而只吃白米的人会得这种病。

冯克在米糠中发现了一种化学物质，可以防止人们感染这种疾病。他把这种物质称之为"维生素"。

人们很快发现了其他可以预防坏血病和佝偻病等疾病的物质，这些物质被统称为"维生素"(冯克发现的维生素现在被称为维生素B1)。

如今，一些维生素和矿物质被认为是人体所必需的微量元素，在某些情况下它们还被添加到盐(添加了碘)、牛奶(添加了维生素D)和面粉(添加了几种维生素)中。尽管全球有价值数十亿美元的维生素产业，但是我们大多数人都能从均衡、健康的饮食中获得所需的所有营养。事实上，我们不需要食用昂贵的保健品也能安心度日！

1901 年

1901 年 10 月 24 日，安妮·泰勒为了赚钱，在她 63 岁生日这天成为第一个坐木桶飞越尼亚加拉瀑布的人。尽管只是头部有一道伤口，但这位女士显然并不喜欢这次经历："如果是在我弥留之际，我会提醒任何人不要尝试这种壮举……我宁愿走到炮口，知道它会把我炸成碎片，也不愿再从瀑布上摔下去。"

1903 年

1903 年，在纽约的一次旅行中，发明家玛丽·安德森注意到，下雨时，司机必须打开窗户才能看清窗外。她想出了用摇臂来擦除雨水的主意，于是雨刮器就诞生了。

"如果上帝想要一条巴拿马运河，他就会自己把它放在这里。"

事实证明，上帝确实想要一条巴拿马运河，如果 1552 年西班牙国王腓力二世这句话可以作为依据的话。不过，这花了一段时间，还借用了来自法国和美国的一点帮助。

这条全长 77 千米的奇迹工程直到 1881 年才开始动工，由于工程技术问题和工人的高死亡率（到 1884 年每月工人的死亡人数达到 200 多名）而暂停。

美国在 1904 年接手了法国的建造工作，并在 10 年后将运河建成。在建成后的第一年，大约有 1000 艘船通过这条运河。如今，这个数量每年已接近 1.5 万艘，每艘船大约需要 6 至 8 小时的航程。所以你现在知道其中的来龙去脉了……感谢上帝（以及法国和美国）修建了巴拿马运河！

这一工程奇迹还产生了一个著名的回文（一个正着读和倒着读一样的句子）——"A man, a plan, a canal ... Panama!（一个人，一个计划，一条运河……巴拿马！）"

马车 vs 汽车

我们现在所知道的一件事是，事物在发生变化，而且变化得非常快。运动手环、苹果手机、智能手表……哇，我们正在奔向未来。

但这不只是在 21 世纪才发生的事。未来学家托尼·西巴喜欢向人们展示这两张照片，并给他们设置一个挑战。左边的照片是 1900 年复活节游行时在纽约第五大道拍摄的。请你仔细看看，你能找到

图片：1900 年复活节早晨的纽约第五大道（美国国家档案馆提供）。

1908 年

1908 年 7 月 24 日，国际公认的距离为 42.195 千米的马拉松比赛，在伦敦奥运会上首次举行，当时组织者延长了马拉松的赛程，以便王室成员在他们的体育场包厢前观看选手们冲

图片：1908年奥运会的马拉松比赛。

那辆孤零零的汽车吗？

现在你看，右边这页的照片拍摄于同一条路，时间是仅仅13年后的复活节。你能在路上找到一匹马吗？

在这个阶段，让我们回想一下密歇根储蓄银行的总裁，他在1903年建议亨利·福特的律师不要投资福特汽车公司，因为"马车将会保留下去，但汽车只是一种新奇的东西——一种时尚"。

哦，还有一件事要告诉你——这张照片是由乔治·格兰瑟姆·贝恩拍摄的。1898年，他在纽约创办了第一家新闻摄影服务公司。

图片：1913年复活节的纽约第五大道（乔治·格兰瑟姆·贝恩收藏）。

继续

刺的过程。

顺便说一下，照片中的那个人是多兰多·佩特里，他原本在1908年的奥运会马拉松比赛中居于首位。这对他来说意味着巨大的努力——他的总时间为2小时54分46秒，最后350

米用了10分钟！

不幸的是，他后来被取消了比赛资格。美国队对他在最后一段比赛中受到的帮助提出了投诉，他在最后一段比赛中摔倒了4次，裁判帮助他站了起来。

纵横字谜游戏

1913年12月21日，第一个纵横字谜游戏由亚瑟·韦恩创作，并在《纽约世界报》上发表。

与词语相关的类似游戏已经存在了许多年，但这被认为是第一个纵横字谜游戏。

十年间，纵横字谜已经成为一种绝对的热潮，甚至让一些人感到愤怒。比如1924年的《纽约时报》就怒斥说，纵横字谜是"一种罪恶的浪费，是在完全徒劳无功地寻找那些单词，而这些词中的字母或多或少符合预先安排好的模式。这根本说不上是一种游戏，也几乎不能称之为一项运动……（那些解出字谜的人）除了得到一种原始的心理锻炼外，其他什么也得不到，而且任何解谜尝试的成功或失败都与人的心理发展无关"。

你可能听说过另一个有关《纽约世界报》杂志的轶事——它赞助了后来被称为"世界大赛"的棒球总决赛。各位，这是一个神话。1884年，"美国（棒球）锦标赛"的冠军被颇有影响力的小报《体育生活》称为"世界冠军"。而之后发生的……就像他们说的，是历史。

你为何不现在尝试一个被形容为"罪恶的浪费和完全无用的笑话"的字谜（见下页）？你会注意到给出的提示并不是分为横向和纵向，而是通过单词两侧的数字或字母来表示的。

1911 年

1911年7月25日，鲍比·利奇成为第二个乘坐木桶飞越尼亚加拉瀑布的人。利奇声称，安妮·泰勒（第一个如此疯狂的人）所能做的，他都能做得更好。与头部轻微受伤的安妮相比，傲慢无礼的利奇非常不幸，他的膝盖和下巴受到重创，在医院里待了6个月才恢复过来。具有残酷讽刺意味的是，在1926年新西兰的一次宣传之旅中，利奇摔断了腿，伤口感染，染上坏疽，最终死亡。这位无畏的冒险家到底是怎么摔断腿的？他踩在橘子皮上滑倒了。

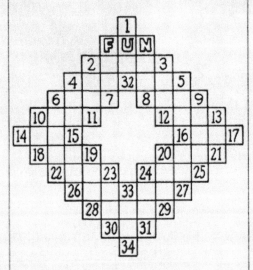

FUN'S Word-Cross Puzzle.

FILL in the small squares with words which agree with the following definitions:

2-3. What bargain hunters enjoy.
4-5. A written acknowledgement.
6-7. Such and nothing more.
10-11. A bird.
14-15. Opposed to less.
18-19. What this puzzle is.
22-23. An animal of prey.
26-27. The close of a day.
28-29. To elude.
30-31. The plural of is.
8-9. To cultivate.
12-13. A bar of wood or iron.
16-17. What artists learn to do.
20-21. Fastened.
24-25. Found on the seashore.

10-18. The fibre of the gomuti palm.
6-22. What we all should be.
4-26. A day dream.
2-11. A talon.
19-28. A pigeon.
F-7. Part of your head.
23-30. A river in Russia.
1-32. To govern.
33-34. An aromatic plant.
N-8. A fist.
24-31. To agree with.
3-12. Part of a ship.
20-29. One.
5-27. Exchanging.
9-25. Sunk in mud.
13-21. A boy.

1913 年

美国邮政总局的包裹邮寄业务始于 1913 年，在此之前不久，邮政总局第一助理局长昆斯不得不通过了一项官方规定，即"儿童不得以包裹邮寄方式运输"。尽管如此，还是有几篇关于孩子们被寄出去的报道。

《纽约时报》报道的一个例子称，"E.H. 斯特利女士通过包裹收到了她两岁大的外甥，他是由在俄克拉荷马州斯特拉福德的祖母寄来的。他 3 个星期前留在那里和祖母待了一段时间。男孩脖子上挂着一个标签，上面写着寄出他的邮费是 18 美分。在到达铁路之前，他在乡村路线被运送了 25 英里（约 40 千米）。他和邮差一起骑马，和他们一起吃午饭，一路平安地来到这里。"

神奇的变化

在本书前面的部分，我们已经讨论过美丽但有时令人不快的无穷级数的概念。

你会记起来（当然每次我说到"你会记起来"的时候你都很可能不太记得了，但是你可以很快翻回到第 228 页上的相关篇章，而我不会知道这件事）1737 年伟大的欧拉表示：1/2+1/3+1/5+1/7+1/11+⋯发散到无穷。

那么调和级数中所有不含有 9 的项之和呢？这个问题意味着我们将无限多的项相加但不包括 1/9、1/90、1/91、1/453679252 等项。1914 年，奥布里·约翰·肯普纳得出了一个惊人的结果，即这个调和级数的子集中所有不包含 9 的数（现在称为肯普纳级数）收敛到约 22.92。

怎么会这样呢？一旦分母变大，它们很可能包含 9，所以随着分母的增大你就排除了无穷级数中的绝大多数项。请注意，一位数中包含 9 的数的比例只有 1/9 或 11.11⋯%，但 3 位数中包含 9 的数的比例已经跃升到近 30%。这也许对你来说仍然有些难以理解——但是它很有趣。

1915 年

1915 年，威廉·劳伦斯·布拉格爵士和威廉·亨利·布拉格父子二人因研究 X 射线以及 X 射线如何揭示晶体结构而获得诺贝尔物理学奖。

1918 年

1918 年，法国数学家保罗·普莱特注意到，如果你把 12496 的因数（除了这个数本身）加起来，你会得到 1+2+4+8+11+16+22+44+71+88+142+176+284+568+781+1136+1562+3124+

6248 = 14288。

呼！休息一下，放松一下。我们还有很长的路要走。

对 14288 做同样的处理，除了它自身的因数相加得到 15472。重复，得到

现在登机

1914年的新年，亚伯拉姆·C.费尔买票登上一艘贝诺斯特飞艇，从圣彼得堡飞越海湾前往佛罗里达州的坦帕。

这次 23 分钟的短途旅行是有史以来第一趟由商业航空公司运营的付费航班。但有一件事是费尔作为航班上唯一的乘客需要设法避免的，那就是登机失败。

这是一个真正让我觉得很棘手的事情，所以请允许我有一点暴躁。

拥有数学头脑的一个坏处是，像我这样的人看到的是一个充满数字的世界。数字无处不在。这通常是一件美丽的事情——例如，注意到汽车车牌上的一个漂亮质数，或者看到花瓣上的斐波那契数列。但有时它会成为一个愤怒之源，比如登机的时候。

我们都有过这样的经历：你坐在自己的座位上，忙着自己的事，比方说，你的座位是 47A。现在，我们看着在你前面的第 46 排会发生些什么。

一位和善的男士走过来了，他将坐在 46C 那个靠过道的座位上。他在过道上站了一会儿后，把包放进头顶的行李舱里，然后坐下开始忙自己的事情，直到一位可爱的女士走近，在他旁边停下，指着中间的座位 46B 微笑着说，"不好意思，我得进去一下"。

因此这位男士从 46C 座位上起来，走到过道上，这位女士把她

继续

14536。再来一次，得到 14264。

你为什么要这样对我们，亚当！相信我，很快就会有回报的。找出 14264 的因数（除了它本身），并将它们相加，就得到……

12496。一开始的那个数！

普莱特称这 5 个数 12496、14288、15472、14536 和 14264 为"社交数"。类似地，从 14316 开始，你会得到一个由 28 个社交数组成的链。我们发现了

350 多个社交数链，几乎所有的长度都是 4。长度为 28 的链仍然是最长的。

的包放进行李舱中，并坐到 46B 座位上，男士重新坐到 46C 座位上，这时后面几十个不得不等待这一切结束的乘客终于可以开始向前移动了。队伍一直向前移动，直到……你猜对了。一个同样可爱的十几岁的男孩走了过来，停在他们俩旁边，咧嘴笑着指向靠窗的 46A 座位说："对不起，我得进去一下。"

所以 46C 座位的男士起身站在通道上，让坐在 46B 的女士从座位里出来也站在通道上，等男孩进入后女士回到 46B，最后 46C 的男士再坐下来。注意，这是这个男士第 3 次在那个座位上坐下。

到这个时候，由于整个过程的效率非常低，我将会变得十分生气！

在登机时应该广播"如果你坐在靠窗的座位，请现在登机"，我是唯一一个这样想的人吗？其他旅客……少安毋躁……请再等几分钟。好了，既然我们把靠窗的座位都安排好了，我们让坐在中间座位的人登机吧。所有坐在靠过道座位上的旅客……少安毋躁……很快就会轮到你们。太好了，现在我们已经安排好了靠窗和中间的座位，如果你是靠过道的座位，请现在登机。

事实证明，我并不是唯一一个想到这一点的人。电视节目《流言终结者》做了一项实验，表明"先窗户后过道"的登机方法的速度几乎是随机登机速度的两倍。那么为什么实际上登机的效率这么低呢？

谢谢你让我一吐为快。

测验

关于登机还有一个更有趣的问题，那就是下面这个小小的脑筋急转弯。

100 个人排队等候登机，这架飞机的票已全部售完。第一名乘客丢了他的登机牌，但出于某种奇怪的原因，他还是被允许登机。他随便找了个座位坐下。第二名登机的乘客自己的座位如果还空着，就坐自己的；但如果被别人占了，他就随便找个其他位子坐下。随后的每一位乘客如果自己指定的座位还空着，就坐指定的座位，否则就坐一个随机的空座。请问，最后一位登机的乘客发现他或她的座位上无人的概率是多少？

敏锐的加德纳

1914年10月21日，20世纪最著名的谜题爱好者马丁·加德纳出生于美国俄克拉荷马州。

马丁为《科学美国人》杂志撰写了具有传奇色彩的"数学游戏"专栏，出版了数百本书，并写了很多文章。他活到了 95 岁高龄。

上面的插图常被认为是他最好的谜题之一。

其中一个图案是一个单独的复杂绳圈，而另一个实际上是紧密放在一起的两个绳圈。试着仅用你的眼睛分辨出两个分别是什么，不要用手指。然后检查你的答案……不要作弊！

测验

简单地画一条线，将图形分成两个相同的部分。这条线可以不是直线。我说的虽然是"简单"，但也有一个提示：我会用铅笔尝试，并备好橡皮擦。

"这款'电话'有太多缺点，不能被真正当作一种通信手段。"

图片：正在使用的贝尔电话（《大众科学月刊》第 12 卷，1877—1878）。

　　西联国际汇款公司 1876 年的一份内部备忘录如是说。事实上，至少可以说，人们早期对电话未来的预测并不乐观。苏格兰人亚历山大·格雷厄姆·贝尔为这一电信奇迹的首个实用版本申请了专利，他预测美国的每个城市都将拥有一部电话。我觉得他在技术上是正确的……尽管他把电话最终的数目低估了数百万倍。

　　贝尔在很多方面都走在了他那个时代的前面，尤其是他在 1917 年就预测："（对化石燃料的无限制使用）将产生某种温室效应""而最终结果是温室将变成蒸房"。在我们大多数人还没有意识到这一点的几十年前，他就开始提倡使用太阳能等替代能源。

　　当然，如果你相信一些更荒唐的电台主播的话，你有可能认为这是一个糟糕的预测。这让我想起了马克·吐温的另一句名言，他是最早使用电话的人之一。他在哈特福德的家中安装了一部电话，尽管他打趣说"人类的声音已经走得太远了"。我明白他的意思……

一个世纪过去了，玛丽·居里的论文，还有她的烹饪书，仍然具有放射性。

它们被密封在法国国家图书馆具有铅内衬的盒子里，如果你想看这些书，你需要穿上防护服，并签署一份知情同意书。当然，随着时间的推移，它们的放射性会降低，但你不用屏住呼吸。镭最常见的（玛丽和她的丈夫经常接触到的）同位素的半衰期只有 1600 年多一点。

图片：玛丽·居里和她的丈夫皮埃尔·居里，1903（公有领域）。

三人为众

一天，一位波兰裔美籍物理学家和一位英国天文学家、数学家、物理学家和爵士走进了一家酒吧……

希尔伯斯坦："有种说法，世界上只有 3 个人理解爱因斯坦的广义相对论。你认为这是真的吗？"

阿瑟·爱丁顿爵士："……(停顿)……"

希尔伯斯坦说："别这么谦虚，爱丁顿！"

爱丁顿说："恰恰相反……我只是想知道第 3 个人会是谁。"

1919 年 5 月 29 日，由英国天文学家、数学家和物理学家阿瑟·爱丁顿爵士领导的研究小组，在遥远的普林西比岛（位于非洲西海岸的几内亚湾）拍摄了一张日食的照片。在照片中，一些恒星看上去有些移位。这是因为这些恒星发出的光在经过太阳时发生了"弯曲"，这次观测证实了爱因斯坦的广义相对论，并使爱丁顿在一夜之间成了世界级的巨星。

那年晚些时候，波兰裔美籍物理学家路德维克·希尔伯斯坦和爱丁顿见了面，随后就发生了上述有趣的对话。

测验

1919 年，哥伦比亚大学的本杰明·德·卡尔贝·伍德发明了什么教育技术？
（a）手持计算器
（b）杜威十进制图书馆系统
（c）多项选择测试

320

"理智而负责任的女性不想投票。在人类文明的体系中，男性和女性的相对地位，在很久以前就被一种更高的智慧决定了。"

图片：美国妇女为争取选举权示威游行，1913年2月（美国国会图书馆提供）。

　　事实证明，年轻女性热爱投票，这对于美国前总统格罗弗·克利夫兰而言实在很不幸。

　　1905 年，克利夫兰提出这一主张时，新西兰和澳大利亚大部分地区都已经赋予了大多数妇女选举权，美国许多"明智而有责任感"的姐妹也认为她们应该获得投票的权利。1920 年 8 月 18 日，允许美国妇女投票的美国宪法第十九修正案终于获得批准。

　　暂且不要急着赞赏澳大利亚人的远见卓识，因为尽管他们是较早赋予妇女选举权的国家之一，但在普选问题上，直到 1962 年，澳大利亚联邦选举中对澳大利亚原住民（无论男女）的歧视才完全消除。昆士兰州是最后一个启用该法案的州议会，其在 1965 年的州选举中赋予了澳大利亚原住民投票权。

图坦卡蒙国王和他神奇的太空匕首

1922年11月，在进行了15年的搜寻之后，英国考古学家霍华德·卡特和他的团队在埃及帝王谷发掘出了公元前1332年至公元前1323年统治埃及的国王图坦卡蒙的墓地。

4天后，他们进入墓葬，尽管之前已经详查过两次，但他们还是对墓葬物品的数量和质量感到震惊。人们花了8年的时间才把每一尊雕像、每一件珠宝和每一件武器都仔细列出来，更不用说图坦卡蒙国王令人惊叹的石棺了。

将近一个世纪后的2016年6月，科学家们分析了墓穴中的一把刀。他们采取 X 射线荧光光谱法，用伽马射线"轰击"这把刀。实验产生的特征辐射表明，这把刀实际上是由来自外太空的金属制成的！刀片中镍的含量证明它是由陨石制成的。

你可能也以为图坦卡蒙国王的坟墓不会有新的绝妙发现了吧。

1920 年

1920 年 8 月 20 日，俄亥俄州坎顿的约旦和胡普莫比尔汽车展厅举办了一场由 5 支职业橄榄球队组成的美国职业美式橄榄球协会（APFC）会议。

这些先锋俱乐部包括阿克伦职业队、坎顿牛头犬队、克利夫兰印第安人队、石岛岛民队和具有几何吸引力的代顿三角队。

1922 年，他们改名为国家橄榄球联盟（NFL）。2014—2015 赛季，NFL 拥有世界上最多的国内体育赛事现场观众人数，平均每场比赛有 68776 名观众。

把传说中的图坦卡蒙的诅咒归咎于夏洛克·福尔摩斯。

　　好吧，其实不是这样的。但是标题引起了你的注意，不是吗？不出所料，霍华德·卡特和他的团队打开图坦卡蒙陵墓后不久，有关诅咒的新闻标题就开始出现了。虽然我们不能把这个传说归咎于夏洛克·福尔摩斯，但他确实与此有一点关系。

　　在图坦卡蒙国王的陵墓被发掘后不久，为卡特寻找陵墓提供资金支持的卡纳冯勋爵去世，当时塑造夏洛克·福尔摩斯的作家亚瑟·柯南·道尔爵士激发了媒体对诅咒的兴趣。亚瑟爵士认为，图坦卡蒙国王的祭司们为保卫陵墓而创造的某种"自然元素"可能造成了卡纳冯勋爵的死亡（事实上是勋爵刮胡子时血液发生感染造成的）。

　　后来的一项调查显示，墓穴和石棺打开时在场的58人中，只有8人在12年内去世，尽管许多人（包括持怀疑态度的霍华德·卡特）表示反对，但这种迷信还是诞生了。

图片：《纽约时报》的一张霍华德·卡特等人在图坦卡蒙国王的墓室打开神殿门的照片
（1924年时对1923年这个场景的复现）（公有领域）。

果味儿的银河系

如果你正飘浮在银河系中心人马座B2星云的一团巨大的太空尘埃中，气体的气味会是什么样的？你会尝到什么？

　　你可能会说："好吧，既然它被称为"银河"，那它一定是一种口味很好但又不会让你吃饱的淡巧克力。"在你说完就要冲过去尝试之前，先冷静一下！1923年，火星糖果公司的人们发明了世界上第一个装满一种香料的巧克力棒，而银河早在那之前很久就被称为银河了。银河巧克力实际上是以当时非常流行的麦芽奶昔命名的。而奶昔是以银河系命名的，这个名字可以追溯到很久以前。

　　古罗马人称银河系为"via lacteal"，"via"的意思是"路"，"lacteal"的意思是"乳汁"（我们今天从中得到词语"lactose"，即"乳糖"）。"乳汁之路"（即银河系）之所以如此命名，是因为它看起来就像一条盘旋在地球上空的乳汁大道。其他各种语言都把"乳汁之路"对应的翻译作为银河系的名称，比如德语的 Milchstrasse 和挪威语的 Melkeveien。

　　古罗马人并不是第一个想到这一点的人，因为古希腊人实际上把银河系称为 Galaxias Kyklos，即"乳汁圈"。根据希腊神话，这一切都要追溯到宙斯把他的儿子赫拉克勒斯带回家给他的妻子赫拉

1925 年

　　1925 年 3 月 25 日，约翰·洛吉·贝尔德在伦敦首次公开展示了电视上的动态图像。第一个"电视明星"是一位口技表演者的假人，名叫斯图基·比尔，它的脸被涂上了高对比度的颜料（而且我想我们可以放心地假设，它一定吓坏了路过的孩子！）。

　　1926 年 1 月 26 日，贝尔德传送了一张人脸的动态图像，人们广泛认为这是第一次电视演示。澳大利亚年度电视奖"洛吉斯"就是以贝尔德的中间名命名的。

哺乳的时候。赫拉睡着了，所以赫拉克勒斯做了婴儿做的事——吮吸赫拉的乳房。但是当赫拉醒过来的时候，她愤怒地把赫拉克勒斯推开了。赫拉不喜欢赫拉克勒斯，因为这个孩子不是她的，而是一个人类女性生的（相信我，事情很复杂）。当小朋友刚从她胸口掉下来的时候，她的乳汁还在继续分泌，溅出来的乳汁就是我们今天在天空中看到的银河系（如果你问我的话，我会说这是一道污渍！）。

这就解释了为什么银河系不一定是巧克力味儿的。但是，它尝起来到底什么味儿？

为了回答这个问题，我们必须来到距离宙斯和希腊神话几千年的今天——这个微妙的、人们普遍了解科学的时代。

2009年，德国马克斯·普朗克研究所的天文学家利用30米口径的IRAM射电望远镜对人马座B2星云中心的尘埃云进行了观测，希望能找到氨基酸。氨基酸是生命的基石，因此在地球数光年之外找到它们将具有重大意义。很不幸，他们没有发现任何氨基酸，但他们探测到了50个分子，其中有化合物甲酸乙酯。

甲酸乙酯属于有机物中的"酯"类，是由碳、氢和氧组成的一类特殊化合物。在地球上，它天然地存在于蚂蚁的体内和蜜蜂的刺中，而且……它闻起来像朗姆酒，覆盆子的味道就来源于它！

1928 年

1928年6月18日，美国飞行员阿米莉亚·埃尔哈特成为第一位飞越大西洋的女性。由于这一不可思议的壮举，她获得了美国杰出飞行十字勋章。1937年，在环球航行的最后一段航程中，她的飞机从巴布亚新几内亚起飞，在太平洋上空消失了。不幸的是，她和航海家弗雷德·努南再也没有出现过。

1929 年

1929年11月，查尔斯·L.格里格将销路欠佳的柠檬汽水重新命名为7-Up（即七喜），这是营销史上最伟大的决策之一。

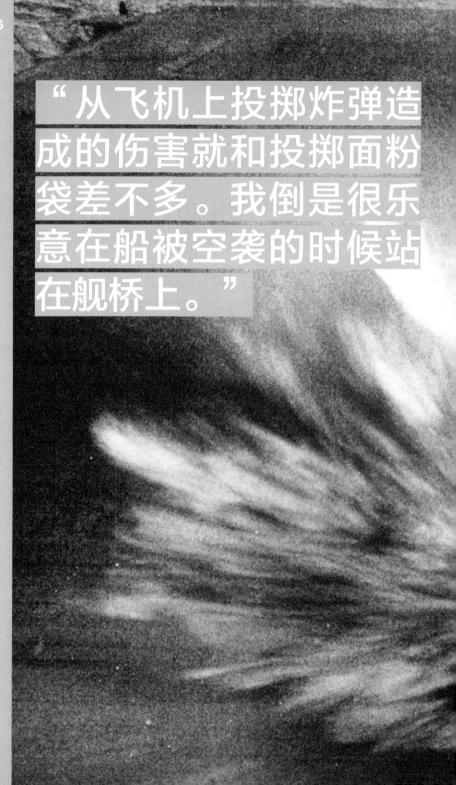

"从飞机上投掷炸弹造成的伤害就和投掷面粉袋差不多。我倒是很乐意在船被空袭的时候站在舰桥上。"

历史记载，美国战事参谋牛顿·D. 贝克在 1937 年圣诞节因脑溢血去世，所以他永远无法验证自己在 1921 年做出的关于空袭有效性的预言。

　　背景图片展示了 1942 年东所罗门群岛战役中，日军的炸弹在美军"进取号"的甲板上爆炸的景象。报告上说炸弹对甲板只造成了"较小损伤"……但是我现在要澄清它造成的伤害比被一袋面粉击中要严重很多。

话很少，想法很多

阿尔伯特·爱因斯坦曾经对杰出的英国理论物理学家保罗·狄拉克说："行走在天才与疯子之间令人眩晕的道路上，这种平衡真是可怕。"

　　爱因斯坦是对的。1925 年至 1928 年期间，狄拉克在 26 岁之前，就发展了量子力学理论，提出了狄拉克方程，并预测了反物质的存在。但狄拉克如此迷人还有很多其他原因。狄拉克非常害羞、非常古怪而且非常寡言，许多人将他视为唯一真正可以跟阿尔伯特·爱因斯坦相提并论的人。

　　1902 年，狄拉克出生于布里斯托尔。少年时期的他明显就是一位天才。他的老师要费九牛二虎之力才能给他布置足够的功课，于是他在 16 岁时便离开中学学校，前往大学学习，成为有史以来最年轻的获得工程学一等学位的人。20 多岁时，他是剑桥大学的研究员，后来被任命为卢卡斯物理学教授——这个职位曾经由艾萨克·牛顿爵士担任，后来由斯蒂芬·霍金担任。

　　狄拉克因言辞简练而著称。他是如此平淡乏味，以至于有人认为他患有自闭症。他的同事们甚至发明了一个恶搞的科学单位——"一个狄拉克"，用于表示"具有言语能力的人在人群中可以说出的可想象的最小数量的单词，平均每小时一个单词"。

1933 年

　　1933 年，詹姆斯·查德威克爵士发现中子与质子一起组成了位于原子中心的原子核。这一发现为他赢得了 1935 年的诺贝尔物理学奖。

　　我们对中子的了解仅有一年的时间，沃尔特·巴德和弗里茨·兹威基就提出，在超新星爆发中，普通恒星可以变成完全由紧密排列的中子组成的恒星。他们称这些恒星为……中子星。

　　中子星是宇宙中除黑洞外密度最大的天体，一茶匙中子星约重 55 亿吨！

1928 年 2 月，狄拉克取得了专业领域的重大突破，他宣布自己已经找到了现代物理学的两个关键理论——爱因斯坦的狭义相对论和量子力学之间的联系。狭义相对论让我们以接近光速理解物理学，而量子力学则是统治亚原子世界的规律。

这个成果现在被称为狄拉克方程，它是许多人心目中最美丽的等式，其地位甚至超越了 $E = mc^2$：

$$(i\partial - m)\psi = 0$$

它解释了像电子一样的粒子以近光速行进时的表现。它将极度微小的量子世界与适用于高速运动物体的爱因斯坦的狭义相对论联系起来。不仅如此，狄拉克方程也预言了后来探测到的反物质的存在。

尽管面临晋升的压力，狄拉克仍然厌倦公众生活。因为他不希望人们借用他的姓氏应付媒体，所以拒绝了爵位。他只是不喜欢抱怨。尽管他是当时最年轻的一位诺贝尔奖获得者——1933 年狄拉克获奖时仅有 31 岁，他也没有兴趣宣传他的作品，他认为这只能通过数学方法表达。

1984 年，保罗·狄拉克在美国佛罗里达州去世，享年 82 岁，直到最后也是一个谜一般的人物和天才。

1937 年

1937 年 5 月 24 日，作为国际现代生活艺术技术博览会的一部分，一个名为"发现宫"的科学展览在巴黎大皇宫的西翼开展。展览中"π 的房间"的圆形屋顶上，装饰着将 π 表示到 707 位的木制数字，该近似值基于 1853 年由英国人威廉·尚克斯完成的最后一个手动计算的 π 的纪录。

不幸的是，1946 年，当 D.F. 弗格森使用机械计算器验证时，他发现尚克斯在第 528 位数上犯了错误！3 年后，人们对"π 的房间"的天花板进行了更正。

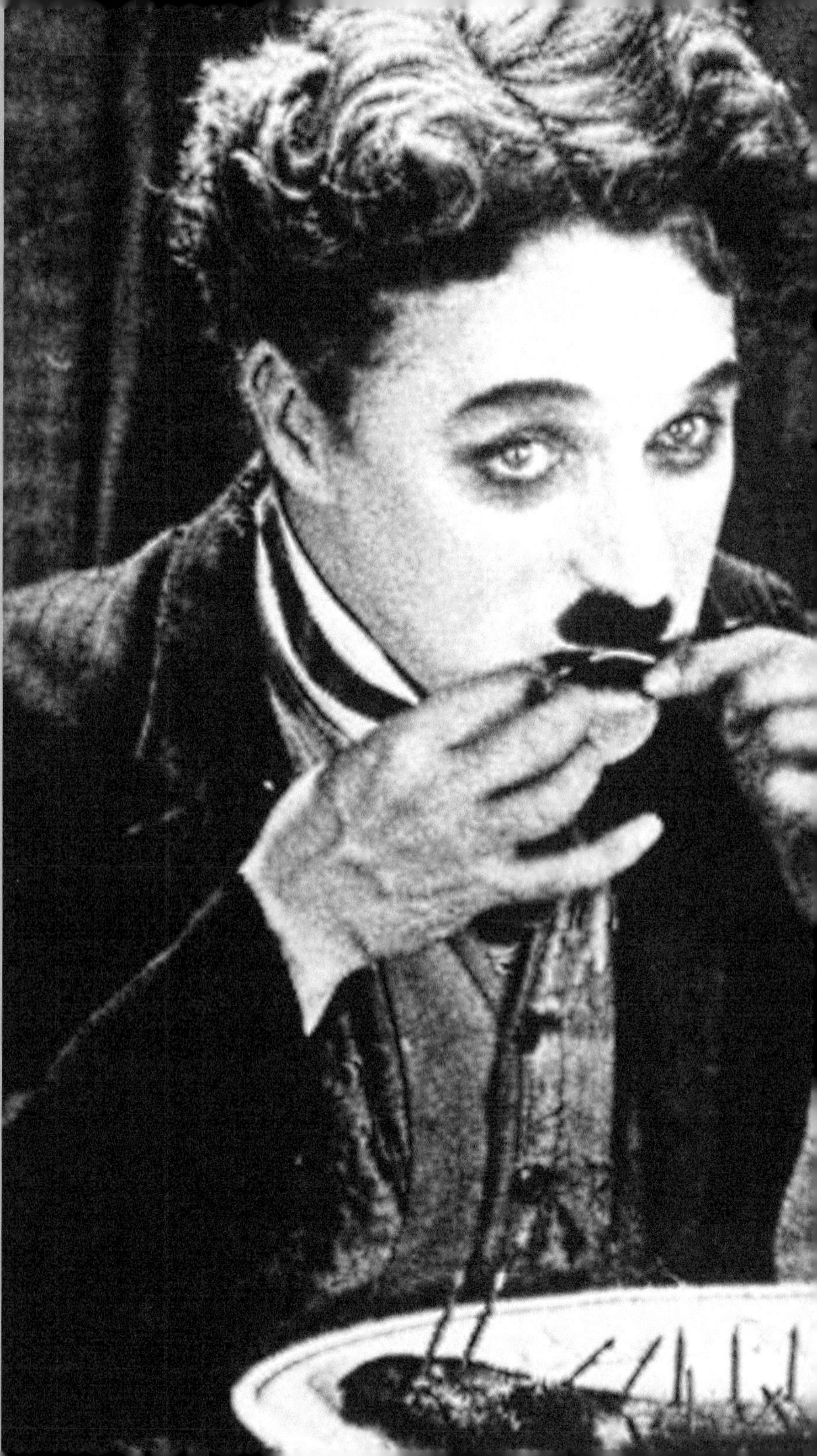

"电影不需要声音，就像贝多芬交响乐不需要歌词一样。"

　　没有官方消息确认下一部《星球大战》是否会有声音，但自从 1929 年以来，几乎每部电影都有声音，所以查理·卓别林 1928 年的预言似乎是错误的。人们真的很喜欢有声电影（在当时被称为"talkies"）的概念。

　　尽管如此，卓别林仍然是电影和喜剧行业绝对的先驱，他为人们留下了宝贵的财富，因而被视为 20 世纪最具影响力和知名度的人物之一。

　　如果你从未看过无声电影（这是对原有事物的新说法，有些不妥当，因为它们虽然没有对话，但有配乐），你可以看一部卓别林的经典作品，不然就太遗憾了。它们也是少数仅存的无声电影作品：美国国会图书馆估计，美国 70% 的无声电影已经失传。默片时代结束后，许多无声电影被生产它们的工作室毁佚。

图片：卓别林 1925 年的经典无声电影《淘金记》。

直到1928年才真的有切片面包出售。

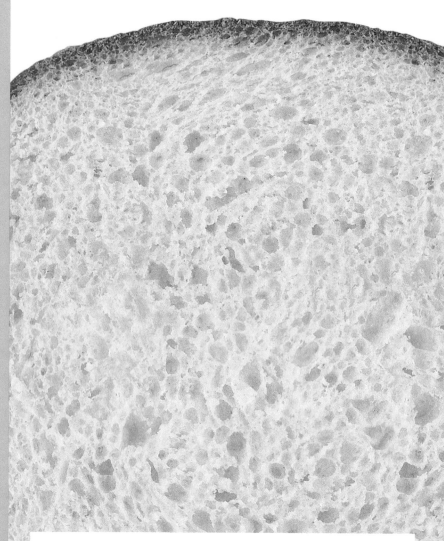

　　自从奥托·弗雷德里克·罗威德发明了一种一次可以切一整条面包的切面包机以后，切片面包就出现了。第一批"克莱恩女佣切片面包"的广告语说它是"面包有包装后烘焙行业最大的进步"，自此之后产生了"自切片面包以来最伟大的东西"这样的表达。

TIME

The Weekly Newsmagazine

认识这位老兄吗?

　　1929 年,当阿尔伯特·爱因斯坦登上《时代》杂志的封面时(我应该指出,这不是最后一次),他已经取得了相当多的成就——之后还会有更多的成就。

　　就像在他之前的牛顿一样,一部巨著也不足以涵盖他发现的一小部分。

　　仅在 1905 年一年里,他就取得了巨大的成就,有人称这一年为"科学史上最伟大的一年"。

　　在爱因斯坦奇迹年——1905 年 3 月至 6 月的短短 4 个月里,爱因斯坦计算了微观粒子的运动方式(布朗运动),帮助证明了原子和分子的存在。

　　完成这一项工作后,他继续提出,光是由被称为光子的单独能量包组成的,光子既有粒子的性质,也有波的性质。这就引出了量子理论。此外,他还解释了一些固体受到光照射时发射电子(即光电效应)的原理。他对光电效应的研究成果为他赢得了 1921 年的诺贝尔物理学奖。

　　通过考虑光的行为,以及物体可以接近但永远不能达到光速这一事实,爱因斯坦改变了我们看待空间和时间的方式,也由此改变了我们看待宇宙的方式。他的相对论产生了科学上最著名的方程之一 $E=mc^2$,这个方程解释了质量和能量如何相互转换。多亏了爱因斯坦我们才知道,因为光速 c 非常大,所以一小部分物质也包含了大量的能量。

　　对了,1905 年初,爱因斯坦获得了博士学位。这真是一个传奇。

1938 年

1938 年，美国通过了联邦食品、药品和化妆品法案，其中一项条款是禁止销售任何含有非食品成分的糖果。因此，善意的惊喜在美国是不合法的。

保龄球球童的消失

在20世纪初，摆放保龄球瓶是一项体力活……

20世纪30年代初，纽约的保龄球馆老板乔治·贝克尔向他的朋友戈特弗里德·施密特抱怨，他的球童们效率低下。施密特在球馆街对面的一家机械折纸厂工作。他们谈到要制造一种使用吸力的置瓶器，就像折纸机一样，用吸力来使球瓶复位。到了1936年，手动摆放球瓶就已成为历史了。

这种机器的发明标志着手工置瓶这一崇高职业的结束。球童通常是十几岁的男孩，他们会按正确的顺序重新摆放球瓶，然后把球还给球员，而且最好不要在这个过程中被过于急躁的投球手投出的球撞倒。好消息是，虽然不再需要人类来摆放球瓶，但这个角色演变成了"置瓶员"（或者不那么好听的"置瓶猴"），他们仍然受雇佣来处理新设备上出现的球瓶堵塞等情况。

图片：路易斯·韦克斯·海因拍摄（公有领域）。

1939 年

1939年的一天，乔治·丹齐格在加州大学伯克利分校上统计学课时迟到了，他急忙把黑板上的两道统计学题目抄了下来。他以为这是一项自己迟交的作业，于是在几天后交了自己的答案，并提醒自己，作业"似乎比平时更难"。

事实上，他抄下来的问题在当时是统计学中尚未解决的问题，教授只是拿这两个问题作为例子。丹齐格将多年来一直困扰着数学家的两个问题当成家庭作业解了出来！

哈兰·桑德斯：气泵、美食、持枪者

1931年5月7日，田纳西州纳什维尔的一名加油站经理哈兰·桑德斯与竞争对手加油站的所有者马特·斯图尔特发生了枪战，他涂花了桑德斯的广告标示。

　　在打斗中，桑德斯向斯图尔特开了枪（但并没有杀死他，尽管你可能在网上读到过相反的消息）。然而，斯图尔特确实杀害了桑德斯的一名同伴，并被判入狱 18 年。

　　那么哈兰·桑德斯呢？后来，他获得了肯塔基州州长颁发的上校奖（这不是一个军事职位，而是对他为社会所做出的杰出贡献而颁发的荣誉），之后开了一家餐馆，接着又炮制了一份炸鸡配方，其中包括 11 种神秘的草药和香料。他将其命名为肯塔基州炸鸡。

　　1968 年，澳大利亚第一家肯德基餐厅在悉尼西部郊区的吉尔福德开业。在 3 年内，澳大利亚就开了 75 家肯德基，这对一些人来说是个好消息，但对鸡来说是个坏消息：在这期间，澳大利亚的家禽产量猛增了 38%。

1943 年

　　奥班农号驱逐舰是美国海军在第二次世界大战期间装饰最华丽的驱逐舰。它还和历史上最具创意的一次武器使用案例有关。1943 年 4 月 5 日，奥班农号发现自己离一艘日本潜艇太近了，需要转移潜艇上正要开火的炮手的注意力。

　　奥班农号的水手们从厨房的储藏柜里抓起土豆，扔向潜艇！日本潜艇上的水手以为这些土豆是手榴弹，在他们抓住土豆并把它们扔进水里的这段时间里，奥班农号已经撤退到足够远的地方，可以安全地攻击潜艇，此时潜艇却无法还击。潜艇最终沉没了。

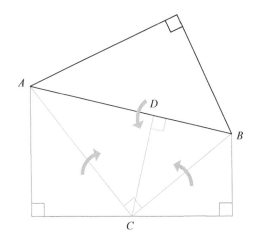

折叠出的毕达哥拉斯定理

1934年6月，来自俄亥俄州扬斯敦的年轻人、19岁的斯坦利·贾森斯基推导出了被认为是对毕达哥拉斯定理最短、最优雅的证明。

以色列出生的数学史学家伊莱·马奥尔后来称其为"折叠袋子证明法"。

从上图中可以看出，两个小三角形的面积之和等于大三角形的面积。这3个三角形有相同的形状，只是大小不同。我的意思是 $\angle ACD = \angle CBD$、$\angle CAD = \angle BCD$。因此，我们称这3个三角形为"相似三角形"。通过与爱因斯坦给出的毕达哥拉斯定理证明相同的逻辑（见第285页），我们知道三角形 ABC 的面积 = 三角形 ACD 的面积 + 三角形 BCD 的面积，可得 $AB^2 = AC^2 + BC^2$。证明得漂亮！

1945 年

1945 年 6 月，凯·麦克纳尔蒂、贝蒂·詹宁斯、贝蒂·斯奈德（照片里站在前面的就是她）、玛琳·韦斯科夫、弗兰·比拉斯和露丝·利希特曼被选为 ENIAC（电子数值积分计算机）的 6 名程序员。ENIAC 是第一台通用电子计算机，它占满了整整一个房间，重达 30 吨，内有 17468 个电子管和 500 多万个手工焊接的接头。

青蛙的呱呱声

在20世纪30年代，好莱坞有人需要一只青蛙的叫声来为电影配乐，营造夜间户外的感觉。

他们选择了一种太平洋树蛙，这种蛙在好莱坞的故乡南加州很受欢迎。太平洋树蛙的声音非常好听，以至于现在几乎所有需要蛙叫声的电影、卡通片和网站都在使用这种独特的"呱呱叫"。

唯一的问题是几乎没有其他种类的青蛙会呱呱叫，它们会发出咕噜声、尖叫声、唧唧叫和其他各种各样的声音，但它们不会发出呱呱的声音。当你在电视或电影中听到青蛙的呱呱声时，很有可能你听到的青蛙叫声并不来自那个地方，除非故事恰好发生在南加州。

同样，研究表明许多动物都有地方口音，包括牛、狼，甚至蓝鲸。也就是说，它们发出的叫声取决于它们来自哪里。

当我们谈到好莱坞时，令人惊讶的是，有那么多电影把数学作为剧情工具（或麦高芬）。哈佛大学数学家奥利佛·科尼尔收藏了一份有关数学的电影清单，其中包括艾伯特和科斯特洛1941年的喜剧《海军生涯》中经典的诡异除法。在这个影片中，科斯特洛以他独特的风格"证明"了 $7 \times 13 = 28$。

你可能会问，麦高芬到底是什么？这是一个好问题。它是一种剧情"工具"，能够激励角色，推动故事的发展。

1945 年

德国潜艇 U-1206 拥有最先进的厕所，可以在深海排放垃圾。然而具有讽刺意味的是，1945 年 4 月 14 日，施利特船长和一名工程师转错了阀门，导致潜艇内粪便泛滥。他们不得不浮出水面，很快被英国人发现并遭轰炸。

　　使这个词流行起来的伟大导演阿尔弗雷德·希区柯克是从这个故事中谈到麦高芬的：

　　这可能是一个苏格兰名字，取自一个关于火车上两个人的对话。一个人说："行李架上那个包裹是什么？"而另一个回答："哦，那是麦高芬。"第一个人问："麦高芬是什么？""嗯，"另一个人说，"这是在苏格兰高地诱捕狮子的工具。"第一个人说："但是苏格兰高地没有狮子。"另一个人回答："那么，那就没有麦高芬了！"所以你看，麦高芬实际上什么都不是。

　　谢谢，阿尔弗雷德。真的谢谢你创造这个概念。

1945 年

　　1965 年的一次电视节目揭露，美国科学家 J. 罗伯特·奥本海默曾说："我们知道世界将会不一样……我记得印度经文《薄伽梵歌》中的这句话。毗湿奴试图说服王子应该履行王子的职责，为了给王子留下深刻印象，他变成了多臂的形态，说：'现在我变成了死神，世界的毁灭者。'"

　　奥本海默是美国第二次世界大战核武器项目"曼哈顿计划"的科学主任，他谈到 1945 年在新墨西哥州成功进行的"三位一体"试验时，说了上面这番话。试验进行后不久，杜鲁门总统批准了对广岛和长崎进行原子弹轰炸。

铃铛为谁而鸣

1942年11月10日，印第安纳州的法兰奇·里克·斯普林斯镇颁布了一项法令，要求在13号星期五的时候必须给所有黑猫的脖子上挂铃铛，以缓解民众的精神压力。

　　很明显，在法兰奇·里克·斯普林斯镇，认为一只黑猫在你面前走过会带来坏运气的迷信仍然存在。挂在黑猫脖子上的铃铛可以让市民走其他的路躲开，从而避免许多麻烦。当然，除非他们是匆忙中从一个梯子下经过，或者碰巧在路上踩到了镜子……

　　我打赌你很想知道这个小镇为什么叫法兰奇·里克·斯普林斯。是这样的，1811 年，法国（French，即"法兰奇"）的一个贸易站建在一眼天然泉水（spring，即"斯普林斯"）和盐滩（lick，即"里克"）附近。把这些信息放在一起，就得到了法兰奇·里克·斯普林斯（French Lick Springs）！

1945 年

　　虽然大多数人认为亚历山大·弗莱明是发现青霉素的人，但澳大利亚阿德莱德的男孩霍华德·沃尔特·弗洛里和英国人恩斯特·鲍里斯·钱恩研究出了将青霉素制备成有用的形式的方法，从而用于治疗疾病。因为这一贡献，他们在 1945 年获得了诺贝尔生理学或医学奖。

一首洛伦兹的歌

洛伦兹密码机是希特勒在第二次世界大战期间用密码与他的将军们交流的一种设备。

2016 年 5 月，一位古董计算机爱好者约翰·韦特尔花了 20 美元从网上买了一台洛伦兹密码机。

当你在洛伦兹密码机上输入一个字母时，它会经过 12 个齿轮的处理，每经过一个都会把字符改变，直到最后一个字母出现。这些齿轮可以设置在不同的起始位置上，而且非常复杂，以至于一条消息必须有多达 $43 \times 47 \times 51 \times 53 \times 59 \times 37 \times 61 \times 41 \times 31 \times 29 \times 26 \times 23 \approx 1.6 \times 10^{19}$ 个字符才会显露出内部的规律。为了让你的内心受到更多震撼，可以再想一下，洛伦兹密码机的起始位置可以是 2^{501} 个起始点中的任意一个，这大约是 6.5×10^{150} 种不同的设置。

破解洛伦兹密码是第二次世界大战中最伟大的战术决策之一，对确保盟军的胜利起到了很大作用。那是由伟大的英国密码破译员比尔·图特编写的一段杰出的数学逻辑语言。

1949 年

1949 年 6 月 8 日，英国作家乔治·奥威尔出版了《1984》。虽然该书成为历史上最著名的书之一，却有很多人在该书的问题上撒谎。嗯？据估计，在说自己读过这本经典著作的人中，有 1/4 的人实际上并未读过。

1949 年

1949 年 10 月 20 日，美国工程师诺曼·伍德兰和伯纳德·西尔弗为超市收银台读取商品信息的"分类装置和方法"申请了专利。没错，他们发明了不起眼的条形码，其实里面充满了很棒的数学知识。

"没有任何迹象表明有获得核能的可能性。获得核能意味着原子可以通过任何形式被破坏。"

图片：伯莱恩·布利克斯纳，"三位一体"核试验爆炸后 0.016 秒的情形（公有领域）。

即使是伟人有时也会犯错，上面这句话来自 1932 年的阿尔伯特·爱因斯坦。

1945 年 7 月 16 日，作为"曼哈顿计划"的一部分，世界上第一颗代号为"三位一体"的原子弹被引爆。一个月后，日本广岛和长崎在第二次世界大战的最后阶段遭到原子弹轰炸。

爱因斯坦在早些时候加入了一个科学家小组，警告美国政府纳粹的原子武器可能很快造成威胁，并鼓励美国率先参与研制核武器的竞赛。爱因斯坦一生都是和平主义者，他设想原子弹将成为一种威慑力量。他确信，罗斯福总统绝不会让原子弹在愤怒中被使用。

1954 年，在爱因斯坦去世前几个月，他哀叹道："我一生中犯了一个巨大的错误……我在给罗斯福总统的信上签了名，建议制造原子弹。但这是有一定道理的——德国人会制造出这种危险武器。"

贪婪是不好的

1950年，梅里尔·弗勒德与在兰德公司工作的梅尔文·德雷希尔提出了著名的难题——囚徒困境。

现实地说，如果你在监狱里，可能会有不止一个困境要思考，但这里是弗勒德和德雷希尔的版本。

两名罪犯（甲和乙）遭到单独逮捕和监禁，他们之间无法交流。警方缺乏足够的证据对这两个罪犯定罪，但认为至少可以使较轻的指控成立，这样他们只会被判一年监禁。

警察同时向两个囚犯提供了以下条件：你可以背叛你的伙伴，说他犯了重罪，或者你也可以保持沉默。

让我们看看可能会出现哪些结果：

1. 如果甲和乙都背叛对方，他们都会被判入狱 2 年；
2. 若二人中只有一人出卖了另一人，叛徒就可以被释放，而被出卖的人需要服刑 3 年；
3. 如果他们都保持沉默，他们每人都只会以较轻的罪名被判刑 1 年。

如果你是囚犯甲，你会怎么做？背叛乙还是保持沉默？记住，你无法知道你的"朋友"是如何选择的。

1954 年

艾伦·图灵常被称为人工智能之父，他是英国数学家、逻辑学家和计算机科学家，以图灵机器思维实验和在第二次世界大战期间破解德国密码方面取得巨大进展而闻名。

1954 年 6 月 8 日，他死于氰化物中毒，他的死因被判定为自杀。他床边吃了一半的苹果中含有氰化物——尽管这个苹果从未经过化学测试，但关于他的死亡存在许多不同的猜测。一个更疯狂的猜测声称，他在表演他最喜欢的《白雪公主和七个小矮人》中的场景……

囚犯乙

	保持沉默	背叛对方
保持沉默	每人被判 1 年	囚犯甲被判 3 年，囚犯乙被释放
背叛对方	囚犯甲被释放，囚犯乙被判 3 年	每人被判 2 年

囚犯甲

20 世纪 80 年代，政治学家罗伯特·阿克塞尔罗德组织了一场比赛。比赛中，计算机程序团队之间反复上演着"囚徒困境"。这些程序通过一定数量的回合进行竞争，并记住他们的对手在前几回合面对对手时做了什么。

最终胜出的策略是一个最简单的计算机程序——只有4行代码。策略就是在第 1 场比赛中保持沉默，然后从第 2 场开始，做你的对手在前一场比赛中做的事情。有趣的是，贪婪或手法肮脏的程序在比拼中表现最差。

这个故事的寓意是什么？也许小偷之间也真的有道义吧！

1955 年

《财富》"美国 500 强排行榜"于 1955 年首次发布，该榜根据收入多少对美国最大的 500 家公司进行排名。如今，当年的前 500 强中仅剩下 61 家公司。由于合并、破产，以及数字时代现代产业的快速发展，88% 的最富有的公司被取代或完全消失。

如果你对此感到好奇，一些留下来的公司包括波音、金宝汤、通用汽车、家乐氏、宝洁、约翰迪尔、IBM（国际商业机器股份有限公司）和惠而浦。

346

"如今像ENIAC这样的计算机配有近18000根电子管，重达30吨，而未来的计算机可能只有1000根电子管，重量只有1.5吨。"

图片：1957年，美国国家航空咨询委员会的研究人员在使用IBM 704型计算机（公有领域）。

事实上，这个预测是正确的，尽管它可能很难被称为一个"乐观"的预言。当《大众机械》的作者在 1949 年写下这篇文章时，他们几乎无法想象到现代智能手机这样的奇迹。现代智能手机的速度比 20 世纪 40 年代的计算机快几千倍，不过具体的数值取决于你向谁问以及如何计算。我不知道你算出来如何，但我算出来的数字也要小很多。

至少可以这么说，自计算机发明出来以后，它的发展速度一直非常快（见第 358 页的"摩尔定律"）。例如，阿波罗号上导航计算机的功能远不如一般的 Wi-Fi 路由器……更不用说 iPhone 了。

但在你对自己口袋里的超级计算机过于自信之前，请停下来想一想，你的孙子辈们将会用它来做什么……谁知道呢，他们可能会笑着说，"2017 年的智能手机已经重到要让我们费力用克来计量了"！

好了，质数时间到

事情是这样的。

写下一列质数：

2　3　5　7　11　13　17　19　23　29　31　37　41　43

在下一行任意两个质数的空隙中，写出它们的差值：

2　3　5　7　11　13　17　19　23　29　31　37　41　43
　1　2　2　4　2　4　2　4　6　2　6　4　2

在质数差值的这一行下面，继续在每两个数之间写出上一行两个数的差值：

2　3　5　7　11　13　17　19　23　29　31　37　41　43
　1　2　2　4　2　4　2　4　6　2　6　4　2
　　1　0　2　2　2　2　2　2　4　4　2　2

这样一直、一直写下去……

1957 年

正如我们之前提到的，大约在 1800 年左右，我们第一次使用阶乘数这个词。例如，5! = 5×4×3×2×1=120。出色的大众科普、数学作家柯利弗德·皮寇弗（出生于 1957 年 8 月 15 日）在 1995 年出版的《通往无限的钥匙》一书中提到了阶乘数这个概念。

40585 是一个阶乘数，因为 40585 = 4! + 0! + 5! + 8! + 5!（注意：0 !=1。我知道这有点奇怪，但事实确实如此）。

```
2   3   5   7   11  13  17  19  23  29  31  37  41  43
  1   2   2   4   2   4   2   4   2   4   6   2   6   4   2
    1   0   2   2   2   2   2   2   2   2   4   2   2
      1   2   0   0   0   0   0   0   2   2   0
        1   2   0   0   0   0   0   2   0   2
          1   2   0   0   0   0   0   2   2   2
            1   2   0   0   0   2   0   0
              1   2   0   0   2   2   0
                1   2   0   2   0   2
                  1   2   2   2   2
                    1   0   0   0
                      1   0   0
                        1   0
                          1
```

1958 年，一位勇敢、顽强的美国数学家诺曼·吉尔斯特说，不管你开始时有多少质数，也不管你把这个三角形画了多少行，除原始质数那一行外，每一行都是从 1 开始的。诺曼证明了这个规律在三角形的前 60000 行都是正确的，而不只是我们在这里展示的 13 行（不包含原始质数行）。

这个推测究竟是对还是错尚未被证明。截至 1993 年，已被证实的三角形规模达到了 3.4×10^{11} 行。

测验

有一个小于 150 的 3 位阶乘数，找到它。

提示：6!=720，因此 6 太大，不能被包含在该数中，7、8 和 9 也是如此。

1957 年

1957 年 10 月 4 日，苏联发射了第一颗人造地球卫星斯普特尼克 1 号。在不到 10 个月后的 1958 年 7 月 29 日，《国家航空航天法》这项法案在美国国会通过并得到艾森豪威尔总统的签署，美国航空航天局就这样诞生了。女士们先生们，我们有了自己的太空竞赛！

易如反掌

1959年7月，国际上商定了"码"作为一个计量单位的长度为0.9144米。

因为一码等于36英寸，所以一英寸等于2.54厘米。在过去的几千年里，英寸对不同的人意味着不同的长度，如果你想比较一些东西，比如一匹马的大小，这就没有多大用处了。你可能听说过一匹赛马被形容为"16掌"高。但这意味着什么呢？

纵观历史，人类的手一直是人类进行度量的自然起点。手、拃（张开的手从拇指尖到小指尖的距离）、掌宽、指宽、手指甚至拳头都曾作为度量单位使用过，但并不稀奇的是，古埃及人的"一掌"和中世纪苏格兰人的"一掌"是不一样的。1959年，当我们一致认为"一掌"是4英寸时，这种不确定性就完全改变了。此外，由于我们对一英寸的定义也达成了一致，所以我们就确定了一系列度量单位。

现在，要测量马的高度，你要从地面开始测量马的"马肩隆"——马背部最高的部分，在脖子基部、肩膀以上，当马弯下脖子时，马肩隆不会变得更高或更低。

对数学爱好者来说，用手掌测量的最酷之处在于，它是一个四进制的记数系统。马可能是15掌，或者15-1、15-2和15-3，但下一个高度不是15-4，而是16掌……然后会再次重复这个过程。这真让人晕眩！

1960 年

1961 年 6 月 9 日，迈克尔·J. 福克斯出生于加拿大埃德蒙顿。实际上，他出生时的名字叫迈克尔·A. 福克斯，他的中间名叫安德鲁。后来他选择了艺名迈克尔·J. 福克斯，因为已

经有一个演员叫迈克尔·福克斯，他不能注册重复的名字，也不想被称为安德鲁。他后来成为20世纪80年代和90年代最著名的电视明星之一。

我在这本书中提到，

迈克尔主演了流行文化中经典的时间旅行电影：《回到未来》三部曲。

在晚年的生活中，他对推动帕金森病的治疗充满激情。1991 年，年仅29

以上就是关于测量的全部吗？

不完全是。当我们谈到测量事物时，让我们回到历史上大约1665年的芬兰。

如果你厌倦了用同样的古英语单词和短语来描述距离和重量 (谁不厌烦呢 ?)，可以试试这些芬兰经典度量单位。这些度量单位在1665 年第一次通过法律进行标准化，在 1735 年经过修订。遗憾的是，现在芬兰已经变为使用公制（十进制）的国家，从前的度量系统被抛在了一边。但我想它们还是很有魅力的。

如果你想描述一个大约 10.6 千米的距离，试试这个：佩尼库马（即芬兰语"里"）。它得名于在静止的空气中可以听到狗叫的距离。你有 14 克左右的火枪子弹？完美，它的重量是一罗蒂。一"波罗库塞马"（约 7.5 千米）指的是驯鹿在需要停下来小便之前能走的距离。这个词来自"驯鹿""小便"，至今仍被用于描述一个不确定的、不是特别遥远的地方。

所以下次你去烧烤的时候，可以插一句，"嘿，乔恩，想在牛排三明治上加点辣酱吗？"

"当然可以，亚当,但只加一罗蒂吧！""有人有啤酒吗？""没有，你得去酒水店买。""我能走着去吗？""你可以，这可是一次不错的远足……估计不到一'佩尼库马'，但大概有一'波罗库塞马'！"

继续

1960 年

岁的他被诊断出患有这种病。自 1998 年以来，他一直倡导人们加强对该病的关注，并呼吁找到治愈这种潜在疾病的方法。

弗兰克·麦克法兰·伯内特爵士出生在拉特洛布山谷的特拉拉尔贡，他与彼得·布莱恩·梅达沃爵士由于发现了获得性免疫耐受而共同获得了诺贝尔生理学或医学奖。他杰出

的工作提高了我们进行器官移植的能力。

算盘手与算术家

几十年前，诺贝尔奖得主、传奇的物理学家理查德·费曼去巴西旅行时，在一家他最喜欢的餐厅里安静地吃着晚餐，这时一位算盘销售员走了进来。

餐厅服务员感觉这会是一场有趣的"对决"，于是怂恿销售员，要他证明自己的算术运算速度比店里那位著名的客人还快。费曼表示同意，于是他们开始比赛。

费曼输掉最初的几次计算时，算盘销售员以为他已经胜券在握了。随着计算内容逐渐变得越来越难，最后销售员向费曼提出挑战，要他算出立方根。费曼答应了这个挑战，表示这只需要那些热衷于观看这场比赛的服务员选一个数字。他们选择了 1729.03。

于是算盘手的手指开始在算盘上飞舞着进行计算。与此同时，费曼只是静静地坐在那里。当服务员们问他在做什么时，他敲了敲脑袋说："在想！"几秒钟后，这位诺贝尔奖得主写下了 5 位数字——12.002。过了一会儿，算盘销售员喊道："12！"过了一会儿又喊道："12.0！"但此时费曼已经在他的答案上又加了几个数字。费曼赢了，服务员们笑话起那个可怜的算盘销售员，他羞愧地走了。

你能想出费曼是怎么做的吗？思考一下，然后看看书后的答案。

1963 年

1963 年，来自英国兰开夏郡普雷斯顿的太空爱好者大卫·特雷福尔在英国博彩公司威廉希尔以 1000 比 1 的赔率押下了 10 英镑。他认为，在 20 世纪 60 年代，人类会在月球上行走。

1969 年 6 月 20 日，大卫得到了 1 万英镑，这多亏了尼尔·阿姆斯特朗和美国航空航天局。

后来，博彩公司被登月这一成就的巨额赔付吓到了。在对人类 1973 年能否登上火星进行下注时，博彩公司立博的赔率就只有可怜的 4 比 1 了！不幸的是，大卫·特雷福尔不久后就去世了，他死于驾驶用奖金买来的跑车造成的车祸。

饼干与足球

在任何时候，美国总统都可以通过一个叫作"足球"的便携式公文包下令发动核打击。

这个公文包由一名助手携带，并一直与总统形影不离，使他可以确认他的身份和命令。总统还携带一张名为"饼干"的卡片，上面印有密码。总统必须输入密码才能获得授权。

据报道，"饼干"经历了一些至少可以说令人毛骨悚然的冒险。美国前参谋长联席会议主席休·谢尔顿将军在他的自传中声称，比尔·克林顿在2000年把"饼干"遗失了好几个月。谢尔顿说："这是一个失误，一个巨大的失误。"

1981年3月，罗纳德·里根在遭遇凶手行刺后被迅速送往医院，脱下衣服进行检查。枪击现场一片混乱，他的军事助手没有来医院。里根的"饼干"后来在医院的垃圾袋里被找到。

此外，据报道吉米·卡特曾不小心把"饼干"落在了他送去干洗店的夹克口袋里！

1963 年

墨尔本男孩约翰·卡鲁·埃克尔斯爵士与艾伦·劳埃德·霍奇金爵士、安德鲁·赫胥黎爵士共同获得了1963年的诺贝尔生理学或医学奖，他们发现在神经细胞膜的外围和中心部位与神经兴奋和抑制有关的离子机理，或者说神经冲动如何从一个细胞传递到另一个细胞。

1964 年

1964年，国际象棋天才鲍比·菲舍尔在好莱坞尼克伯克酒店与50名对手同时对弈，结果只输给了多恩·罗戈森（多恩一定一辈子都在吹嘘这件事！）。鲍比后来成为1972年国际象棋世界冠军。

超级计算员

1962 年 2 月 20 日，传奇的美国宇航员约翰·格伦成为第一个绕地球轨道飞行的人。

但很少有人知道凯瑟琳·G. 约翰逊，她是美国物理学家、空间科学家和数学家，她的任务是对格伦飞行的轨道进行数学验证。对此她毫无压力！

约翰逊是美国航空航天局数百名"超级计算员"之一，他们几乎都是女性。2015 年，奥巴马总统授予她总统自由勋章。

1966 年

大约在 1966 年（他记不清具体是什么时候了），计算机编程教师迈克尔·阿姆斯特朗让他的学生们试着找出所有长度为 n，且可以写作每位数字的 n 次方的和的数。

这是什么意思？一个例子是 1634，它有 4 位数字，可以写成 $1^4+6^4+3^4+4^4$。我们称这些数为阿姆斯特朗数（或超完全数字不变数）。

测验

证明 153 是一个阿姆斯特朗数，并找到另外 3 个 3 位的阿姆斯特朗数。你可以用笔和纸进行计算，或者用迈克尔·阿姆斯特朗的方法，试着写一些计算机代码来帮助你。

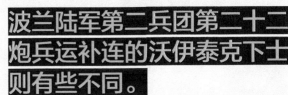

波兰陆军第二兵团第二十二炮兵运补连的沃伊泰克下士则有些不同。

最引人注目的是，它是一只叙利亚棕熊。

作为一名正式在编的士兵，沃伊泰克下士有自己的军饷、军衔和编号。1944年，在卡西诺战役中，它帮助士兵搬运了成箱的弹药，并因此得到了啤酒作为奖赏，啤酒很快成为它最喜欢的饮料。但是喝啤酒并不是它唯一的恶习：众所周知，它还喜欢抽烟或吃烟草。1947年退伍后，它被赠予爱丁堡动物园，直到1963年去世，时年21岁。

图片：第二次世界大战期间的波兰军队（帝国战争博物馆提供）（公有领域）。

1968 年

1968 年 3 月 3 日，英国粒子物理学家、英国广播公司科学节目广播员、电视明星、前摇滚乐队键盘手布莱恩·考克斯诞生。

1969 年

互联网可以说是始于20 世纪 60 年代人们对数据传输的研究。最早的计算机网络之一是高等研究计划署网络（即阿帕网），它成了互联网的基础。

第一个通过网络发送的消息是 1969 年 10 月 29日发送的"lo"。它本来应该是"login"这个单词，但是一个代码错误导致系统崩溃。1 小时后，错误得到纠正，完整的单词被成功发送。

如果一开始你没有成功……

1964年，英国物理学家彼得·希格斯向《物理快报》期刊提交了一篇论文，对粒子质量的来源问题给出一个假设。

多年来，这一直让物理学家们倍感压力。该刊物的编辑们拒绝了希格斯玻色子的重大假设，称其"与物理学没有明显关联"。希格斯并没有气馁，他重写了他的论文，投稿给了另一家刊物，希格斯玻色子的理论从此诞生。

50年后的2012年7月4日，在瑞士一条27千米长的隧道里，科学家们用9000块磁铁（大型强子对撞机）以接近光速的速度使质子相互撞击。在撞击后的物质中，科学家证明了希格斯玻色子的存在！

坚持不懈是值得的。永远值得。

1971 年

1971 年，美国科技公司鲍马销售了他们第一个烟盒大小的计算器鲍马901B。240 美元对于一个计算器来说似乎是一笔不小的数目，但在当时绝对是便宜的。它可以进行加、减、乘、除运算，可以显示 1000 万以内的数字。它甚至使用了可充电电池。

墨菲不是摩尔的对手

1965年，美国商人戈登·摩尔做出了一个有趣的预测。

他假定计算机芯片的功率（集成电路中晶体管的最大数量）将每年翻一番。1975 年，他将预测改为每两年翻一番。今天，我们将其称为摩尔定律。

确切地预测任何事情是很难的，但摩尔定律牢牢地站住了脚。这也是令人振奋的乐观态度——摩尔本人在纪念他的同名定律 40 周年时反思道，"这违反了墨菲定律。一切都变得越来越好。"

当然这不可能永远持续下去。许多人（包括摩尔）认为，尽管计算机芯片的性能越来越强大，但其增长速度正在放缓。最终，半导体微型化等各类限制（制造比原子还小的东西是相当困难的）将意味着芯片的性能不会持续翻番，这或许能维持 50 年？

如果你想在你的伴侣面前变成极客，可以试着在谈话中加入一些不太为人所知的技术定律。同样，它们不是一成不变的教条，只是一些观察结果。尽管如此，它们还是很吸引人。

1971 年

1971 年 10 月，哈菲勒 - 基廷的实验是在飞机上放置 4 个原子钟，并绕地球飞行——两个向东飞行，两个向西飞行。与地球上的时钟相比，向东飞行的飞机上的时钟慢了 0.00000006 秒，而向西飞行的飞机上的时钟则快了 0.000000273 秒。这几乎完全符合爱因斯坦的相对论在 50 年前的预测。

1972 年

1972 年 2 月 1 日，惠普公司追随鲍马，给极客世界带来了一台手持科学计算器 HP-35。它的价格为 395 美元！

克拉底定律

磁盘驱动器的密度将每 13 个月提高一倍。所谓磁录密度的持续增长意味着，随着时间的推移，数据存储将迅速变得体积更小、价格更便宜。

巴特尔定律

一根光纤能够传输的数据量将每 9 个月翻一番，这意味着数据传输的成本将持续下降。

梅特卡夫定律

一个通信网络的价值与接入该系统的用户量的平方成正比。

亨迪定律

每一美元可购买的数码相机的像素数将每 12 个月翻一番。

卷心菜沙律

切碎的卷心菜和胡萝卜加上蛋黄酱和少许醋。好了，关于这个经典的老笑话我就讲到这里。

1972 年

1972 年 6 月，第一个闰秒被加入到我们所说的协调世界时中。因为地球的自转速度正在逐渐减慢，所以我们偶尔需要增加一秒钟来让我们的时钟与地球自转同步。1972 年 6 月 30 日午夜时分（北京时间 7 月 1 日 7 点 59 分），官方时钟报时为 11:59:58、11:59:59、11:59:60，然后跳到 0:00:00。

1974 年

1974 年，美国航空航天局化学家芭芭拉·阿斯金斯成为第一位获得年度美国发明家的女性，她发明了一种利用放射性物质来大大提高太空照片质量的方法。

美味的科学

每天，物理学家和宇宙学家都在试图解决一些诸如"我们的宇宙是什么形状？"之类的问题。

虽然有很多证据表明宇宙是平的，但有些人认为它的形状可能像……品客薯片。

在品客薯片的中间，你可以看到它的表面朝着一个方向向上弯曲，但在同一位置上也朝着另一个方向向下弯曲。可能宇宙中的每一点都像品客薯片的中心点那样。我们说这意味着空间可以是负弯曲的。

在一个薯片形状的宇宙中，时间只会向前移动，而时空会永远膨胀——就像我们的宇宙似乎正在发生的那样。这就是为什么品客理论还没有被摒弃。

现在，如果你觉得这还不够怪，看看下面这个小细节如何。

弗雷德里克·鲍尔拥有有机化学博士学位，曾为美国海军工作，他和一个叫史蒂夫·鲍尔默的家伙一起发明了一种名为"寒潮"的冷冻冰淇淋。这个名字可能听起来有些耳熟……鲍尔默后来执掌了微软。

继续回到我们的朋友鲍尔身上。他最大的成就是在 1966 年设计了品客薯片！他对自己的工作如此自豪，以至于在他死后，他的骨灰应他自己的要求被密封在品客薯片的罐子里。多么极客！

1975 年

虽然字母 J 在 16 或 17 世纪是最后一个进入英语字母表的字母，但 Double J(现在是 Triple J) 广播电台于 1975 年 1 月 19 日首次在悉尼范围内广播 (现在是全国性的广播，甚至是国际性的)。这个电台播放的第一首歌曲是当时被禁止在商业电台播放的 Skyhooks 乐队的 You Just Like Me Cos' I'm Good in Bed。在我看来，Triple J 是世界上最适合年轻人的电台。

1975 年

约翰·沃卡普·康福思教授是一位才华横溢的澳大利亚人，他 16 岁上大学时失聪了。1975 年的诺贝尔化学奖授予他与弗拉迪米尔·普雷洛格教授，以表彰他们在"酶催化反应的立体化学"和"有机分子和反应的立体化学"方面的研究。

一万美元的钞票能换零钱吗？

1969年7月14日，美国财政部宣布将停止发行500美元、1000美元、5000美元和10000美元的纸币。

事实上，自1945年以来，美国财政部从未印刷过任何这些面额的新钞票，而尚存的那些钞票也很少见到。据估计，在今天仍流通的5000美元和10000美元纸币分别不超过350张。所以，如果你有一张这两种面额的钞票叠得整整齐齐地放在钱包里，你可相当幸运。如果这张纸钞的品相良好，那它的价值可能会超过10万美元。

在近50年后的2016年5月4日，欧洲央行宣布将逐步停止发行500欧元的纸币。这不是因为从来没有人用过它，而是因为犯罪分子都非常喜欢它！

那上面那张是什么呢？它是1934年在"政府内部"发布的，从未向公众发行过。所以，如果有人提出要用它买一些东西，比如说你的二手车……那是十分可疑的。

1976 年

1976年4月30日，英国摇滚乐队"谁人乐队"的鼓手凯思·穆恩付给9名出租车司机每人100美元，让他们把他在纽约城住的旅馆房间外的街道封锁住。他这样做是为了确保把他旅馆房间里的所有东西扔出窗外是安全的。还有一次，穆恩把炸药冲下了厕所。这导致他被禁止在世界上任何一家假日酒店、喜来登酒店和希尔顿酒店入住。

1969 年 7 月 20 日

图片：另一位登月者奥尔德林罕见地拍摄
到阿姆斯特朗在登月舱"鹰号"附近工作。

无须多说。

这不是奶酪做的，但味道还不错

毫无疑问，人类所做过最令人惊奇的事情之一就是在月球表面行走。

只有 12 名美国男性完成了"真正的"月球漫步（对不起，迈克尔·杰克逊的太空步不能包含在内）。严格来说，应该将其称为 EVA（即舱外活动——但我认为"月球漫步"听起来酷多了）。据美国航空航天局新闻网站报道，这 12 名宇航员身上都吸附了许多覆盖在月球表面的尘埃。

尽管他们在重新进入太空舱之前尽了最大的努力把尘埃从宇航服上清理掉，但要把所有黏糊糊的东西都除掉是不可能的。一旦脱下衣服回到舱内，他们就有机会感受并且嗅到月球表面的味道。

月球尘埃被描述为像雪一样柔软，但奇怪的是颗粒很粗糙。描述气味的时候，他们进行了相同的类比。几乎所有的阿波罗宇航员都熟悉枪支，而且大多数人把月球尘埃的气味描述为燃烧过的火药的气味。最近一个在月球上行走的人吉恩·塞尔南说，"闻起来就像有人在这里发动了一辆汽车。"

那么究竟月球尘埃里有什么呢？

几乎有一半的成分是玻璃。数十亿年来，流星一直在撞击月球表面，当它们撞击月球表面时，会把表层土壤烧成玻璃（二氧化硅），

1977 年

1977 年 8 月 20 日和 1977 年 9 月 5 日，美国航空航天局分别发射了旅行者 2 号和旅行者 1 号探测器（是的，旅行者 2 号是先发射的）。通过木星、土星、天王星和海王星每 175 年排成一线才会出现的引力弹弓，探测器现在正在探索太阳系以外的空间。

它们最初的服役期限已经被延长了 3 次，旅行者 2 号是迄今为止唯一一颗与天王星和海王星相遇的探测器。2012 年 8 月 25 日，旅行者 1 号成为第一个离开太阳系的人造物体。目前，它相对太阳的速度约为每小时 6.2 万千米。

而玻璃会碎成小块。月球尘埃中也含有铁、钙和镁元素，它们以橄榄石和辉石等矿物的形式存在。这意味着在化学层面上，月球尘埃和火药是完全不同的。

现代无烟火药是硝基纤维素和硝化甘油的混合物，正如美国航空航天局约翰逊空间中心月球样品实验室的加里·洛夫格伦所说，这些易燃的有机分子"没有在月球土壤中被发现"。

所以，对于那些想拿根火柴点燃月球的邪恶天才们（我也不知道他们为什么会这么做，但对邪恶天才来说你永远不会知道他们的动机）：即使你点燃了月尘……也不会使月球爆炸。

那么它为什么闻起来像燃烧的火药呢？你的疑问和美国航空航天局的一样。

1972 年 4 月，作为阿波罗 16 号任务的一部分，不止一次、两次而是三次在月球上漫步的约翰·杨吃下了月球的尘埃，并说"味道还不错"。我敢肯定这不是严格意义上的任务，但你能怪他这样满嘴尘土吗？

1978 年

库尔特·哥德尔是奥地利一位著名的逻辑学家。他以哥德尔不完全性定理而闻名，这个定理证明了在任何足够复杂的数学系统中，都存在不能被证明为真的真命题。可悲的哥德尔之后因为妄想症而去世，他认为有人想毒死他。除非食物是他妻子做的，否则他拒绝食用。1978 年 1 月 14 日，当他的妻子生病住院时，他被饿死了。

测验

大约在 1980 年，加拿大数学家吉尔伯特·拉贝尔注意到 588 和 2353 这两个数字有些可爱。他注意到了什么？提示：这和乘法有关。

《乓》的原型机

1972 年 8 月，雅达利公司的工程师艾伦·奥尔康作为编程练习而设计的电子游戏《乓》的原型机被安装在加利福尼亚州森尼维尔的一个酒吧里。

没过几天，店主就打电话来抱怨这台机器坏了。机器故障的诊断结果是什么？里面已经装满了硬币，因此没有人能继续玩了。

街机游戏就此诞生了。

不错，赖斯

　　1975 年，美国数学家玛乔里·赖斯在一本《科学美国人》杂志上发现，她的儿子正读到的内容是，已知的五边形中只有 8 位可以密铺或镶嵌整个平面。

　　这句话深深地印在赖斯的脑海里，经过两年的尝试，仅仅掌握高中数学知识的她又找到了另外 4 种符合条件的五边形。尽管她是位"业余爱好者"，但她的发现使她家喻户晓。当然，她的盛名也主要是在极客家庭中……但这仍然是一个了不起的壮举。

　　现在我们总共知道有 15 种这个类型的五边形，但就只有这些吗？好吧，让我们一起找找看！

老派的着色

1975 年，20 世纪最伟大的数学解谜者马丁·加德纳在愚人节开玩笑说，这张图推翻了数学史上一项最流行的定理。[1]

四色定理指出，无论多么复杂的地图，都可以只用 4 种不同的颜色着色，而不使任何两个相邻的"国家"颜色相同。

请尝试证明加德纳确实是在开玩笑，在这张图上只涂 4 种颜色而不使任何两个颜色相同的板块接触。我强烈建议你把这一页复印下来或者把它从网上下载下来，而不是直接把这一页从书上撕下来——这次涂色绝对是一个挑战。

四色定理最终在 1976 年被美国数学家肯尼斯·阿佩尔和沃尔夫冈·哈肯证明出来，但这个证明存在争议。这是第一个用计算机穷举法证明的定理，在这个证明中，计算机检查了 1936 种特殊类型的地图。一些数学家最初拒绝接受这个证明，因为它实在是太长了，任何一个人都难以读完，但它确实被证明了出来。你很快就会看到，对于计算机证明而言，这绝对只是初步阶段。

拆穿老马丁·加德纳的愚人节玩笑，也并没有因此变得更简单。尽情享受涂色的快乐吧。

---

[1] 马丁·加德纳的愚人节玩笑称，要使该图上任意两个相邻的区域颜色不同，至少需要 5 种颜色。

1982 年

1982 年 9 月 19 日，一位美国计算机科学家写道，"下面这些字符序列是一些开玩笑的标签 :-)"，这被认为是第一次在电子邮件中使用表情符号。给你一个笑脸吧，斯科特·法尔曼。然而，这些字符实际

上出现在 1967 年的《读者文摘》上，伟大的俄裔美籍作家弗拉基米尔·纳博科夫在 1969 年写道，"我经常认为应该有一个特殊的印刷符号来表示微笑——某种凹进去的弧，一个仰卧的圆括号。"

1983 年

1983 年，美国人查尔斯·赫尔发明了立体光固化成型装置。不，它不是一种开刀用的医疗设备，而是 3D 打印机的另一个名字，它很可能成为 21 世纪最大的技术颠覆者之一。

1984 年

"球棒和球合起来要1.10 美元。球棒比球贵 1 美元。这个球多少钱？"

如果你快速回答 10 分钱，那么你就错了（答案当然是 5 分钱）。别担心，很多人都没算对。你可能是个"认知吝啬者"，这个词最早是由美国学者苏珊·菲斯克和雪莱·泰勒使用的。该理论认为，人类被如此多的信息所包围，不得不做出很多决定（有些简单，有些复杂），以至于我们会走捷径来保证我们的思维效率，而不是像做研究的科学家那样分析权衡每一个决定。

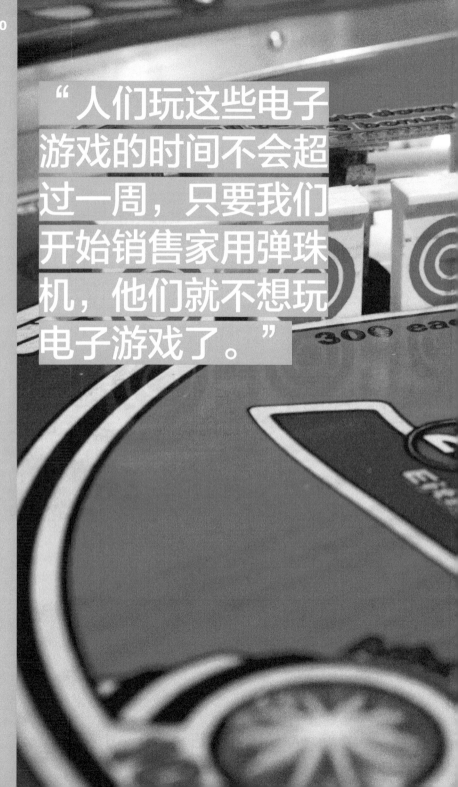

"人们玩这些电子游戏的时间不会超过一周，只要我们开始销售家用弹珠机，他们就不想玩电子游戏了。"

　　澳大利亚"游戏厅"公司的格斯·巴利在 1979 年发表的这个著名预言有一种极端的乐观情绪。弹珠机在当时已经经历了某种复兴。从 20 世纪 40 年代初到 70 年代中期，它在美国许多城市被禁止，因为它是一种碰运气的游戏，也是一种赌博形式。

　　1976 年，纽约娱乐和音乐运营商协会组织 26 岁的杂志编辑罗杰·夏普进行了一场表演，从而一劳永逸地证明了这个游戏并不全是靠运气。夏普指出了自己想要击球的确切位置，并且准确击中，从而创造了将弹珠机合法化的历史。人们将夏普与贝比·鲁斯相提并论，因为此举和鲁斯在 1932 年世界职业棒球大赛上的著名本垒打如出一辙。夏普后来承认，这一举动完全是运气……但我们还是面对现实吧，还有比打弹珠更糟糕的恶习。

　　尽管弹珠机已经让位给家庭电子游戏，但它们仍然很受欢迎。事实上，你可能会惊讶地发现，有史以来最畅销的弹珠机是"亚当斯一家"，这个产品直到 1992 年才开始发行。

铁路迷宫

伟大的英国数学家罗杰·彭罗斯对现代数学做出了许多实质性的贡献。

特别是他和史蒂芬·霍金在黑洞结构方面做了大量的工作。他证明了，只用两种砖片就能通过非周期性的方式覆盖一个平面；在他1989年出版的《皇帝新脑》一书中，他探讨了人类意识的起源问题。这可是本有分量的书。

他还玩了他父亲莱昂内尔发明的一种迷宫：铁路迷宫。在一个铁路迷宫中，你在路径上移动，就像火车在轨道上一样，所以你可以在一个环路上来回盘绕，但不能在一个路口停下来然后"急转弯"。

听起来像是你喜欢的类型？好的，那你能沿着下一页的铁路迷宫从 A 走到 B 吗？这个迷宫是伊恩·斯图尔特教授在他的优秀著作《数学推理案例集》里写的。

测验

"球和球棒"问题实际上是由诺贝尔奖得主、心理学家丹尼尔·卡尼曼提出的。这是来自加拿大多伦多大学的赫克托·勒瑞克的另外一个谜题。

杰克在看安妮，而安妮在看乔治。杰克结婚了，乔治还没有结婚。有没有一个已婚的人在看一个未婚的人呢？你可以选择 (A) 是、(B) 不是，或 (C) 信息不足。

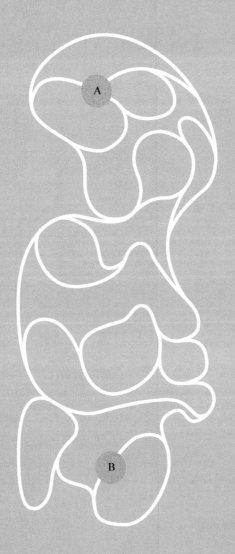

1989 年

　　1989 年 9 月 8 日，嘻哈团体"闪耀大师与狂暴五人"的成员、音乐家凯斯·"牛仔"·威金斯去世。他是第一个说"把你的手举到空中，然后挥动它们，就像你根本不在乎一样"的人。

"90万部手机。"

　　20 世纪 80 年代初，美国电话电报公司 (AT&T) 希望预测到 2000 年美国的手机持有数量。

　　那时，手机又大又重又贵，而且很快就没电了。所有这些因素导致国际咨询公司麦肯锡做出估计，到 2000 年美国的手机市场规模大约为 90 万部。

　　结果，到 2000 年美国有 1.09 亿部手机，每 3 天就有 90 万新用户开始使用手机！

2							2
				2			
	2		7				
				3		3	
		2			3		
2		4					
	1			2		4	

			1
	4		
		2	
5			

"数墙"谜题

1991年3月，在日本Nikoli公司出版的谜题书中首次出现了数墙谜题。

典型的数墙谜题是一个正方形网格阵，其中一些格子里填充有数字。这个谜题的玩法是算出哪些空格子可以着色，哪些格子可以留白，最后你会得到由一系列涂色的"溪流"包围着的空白"岛屿"。每个岛只包含一个有编号的格子，且这个编号是岛上所有格子的总数。剩下的涂了色的格子则形成了环绕岛屿的"溪流"。你只能创造一条连通的溪流，并且其中不能包含任何 2×2 甚至更大面积的涂色格子。

通过上面两个较小的数墙进行热身，如果你感觉不错，那么可以尝试一个更大的数墙！答案在书的后面。

1990 年

1990 年 5 月 20 日，哈勃空间望远镜拍摄了它的第一张照片——这张颗粒粗糙的图片中的双星 HD96755。它只是作为一个初步的测试，但一位过于热情的官员邀请了媒体，这让天文学家们非常懊恼。

不用说，当时的媒体对此印象并不深。后来人们发现哈勃空间望远镜 2.4 米口径的主镜有一个缺陷，需要更换。这个主镜直到 1993 年 12 月才修好。

北冈明佳

　　别紧张，我也觉得这张图在运动。它们是日本心理学教授北冈明佳的作品。

　　生于 1961 年的明佳研究了诸如老鼠如何挖洞、猴子的大脑如何工作等许多问题，之后便转而创造一些图案，使其通过几何形状、颜色和亮度来扰乱我们的大脑。

　　虽然我们的眼睛在帮助我们认知这个世界的过程中起着至关重要的作用，它与我们的大脑有着密切的关系，但它们偶尔也会被迷惑。比如 2015 年那个著名的网络"梗"："这条裙子是蓝黑相间的还是白金相间的？"明佳创造出的错觉利用了我们的视觉系统缺乏确定性的特点，从而产生了看似在转动的螺旋，或实际上是直线的"曲线"。你不相信我的话吗？那就等你在下一页看到绝妙的视错觉的时候再说吧。这里所有的线都是直的，我发誓！

　　你可以在网站上找到更多绝妙的例子。

测验

1990年，克雷格·惠特克给《大观》杂志的"玛丽莲答客问"专栏写了一封信。它引发了无休止的争议，现在被称为"蒙蒂霍尔问题"，这个名字出自美国的一个电视节目中

一位加拿大主持人的名字。问题是这样的。

假设在一个游戏节目中有3扇门供你选择：一扇门后面是一辆车，而其他的门后面则是山羊。你选了1号门，而知道门后

是什么的主持人打开了另一扇门，说3号门后面有一只山羊。

然后他问你："你想换到2号门还是坚持原来的选择？"这时改变你的选择会对你有利吗？

促销：1支坏掉的激光笔

1995年，出生于法国的伊朗裔美国人、电脑程序员皮埃尔·奥米迪亚在他的网站AuctionWeb上以14.83美元的价格出售了1支坏掉的激光笔。

该网站上线仅一周时间，便以 22 美元售出了超人金属午餐盒，以 3200 美元售出一辆丰田雄鹰车。1997 年，奥米迪亚将 AuctionWeb 更名为 eBay……该网站继续出售的包括：

- 形状像美国伊利诺伊州的玉米片，售价 1350 美元；
- 一份看起来像圣母玛利亚的烤奶酪三明治，售价 2.8 万美元；
- 澳大利亚人伊恩·亚瑟的"人生"，售价 309292 美元（这样他就可以在艰难时期过后重启新生了！）；
- 加利福尼亚州的布里奇维尔镇以 177 万美元的价格成交，尽管最终的成交价在 70 万至 80 万美元之间。

毫无疑问，迄今为止在该网站上出售的最贵的东西是一艘 120 米长的巨型游艇，售价 1.68 亿美元。

如今，eBay 拥有超过 3.4 万名员工，它在 30 多个国家开展业务，业务规模达数十亿美元。

测验

这是 1995 年的一个小谜题。一根绳子对称地绕在一根圆棒上。绳子绕着圆棒绕了整 4 圈。棒子的周长是 4 厘米，长度是 12 厘米。现在，求绳子的长度。

4 厘米 ⟵————— 12 厘米 —————⟶

对一氧化二氢说不

1997年，14岁的学生内森·佐纳在泛爱达荷福尔斯科学挑战赛上获得第一名，他的项目是提醒同学们注意一氧化二氢的危险。

他向同学们提供了以下信息，并问他们应该对化学物质一氧化二氢做些什么：

一氧化二氢无色、无嗅、无味，每年会导致数千人死亡。他们的死亡大多是由意外吸入一氧化二氢造成的，但其危险并不仅限于此。人体长时间暴露于其固体形态下会导致严重的组织损伤。摄入一氧化二氢的症状包括出汗过多和排尿过多，可能还有肿胀感、恶心、呕吐和体内电解质失衡。对于那些已经对一氧化二氢产生依赖的人来说，这种物质的缺失则意味着死亡。

一氧化二氢：

- 又称氢氧酸，是酸雨的主要成分；
- 可造成"温室效应"；
- 可能导致严重烧伤；
- 可造成自然景观的侵蚀；
- 会加速许多金属的腐蚀和生锈；

1991 年

万维网于 1991 年 8 月 6 日首次向公众开放。计算机科学家蒂姆·伯纳斯-李在欧洲核子研究组织工作时提出了网络的概念。他想让科学家们不需使用相同类型的硬件和软件就能在全世界范围内共享信息。这最终使他在 1989 年的一篇论文中提出了"一个带有键入链接的大型超文本数据库"。

- 可能会导致电气故障，并降低汽车刹车的效能；
- 已在晚期癌症患者被切除的肿瘤中发现。

所有的论据都是完全正确的。

内森接着指出，很多公司经常向河流和海洋倾倒一氧化二氢废料，而军方正在积极进行实验，以便在现代战争中更有效地利用一氧化二氢。

在针对此项目接受调查的 50 名学生中，43 名学生赞成全面禁止一氧化二氢，6 名学生没有做出决定，1 名学生表示反对该禁令。

他的项目取得了惊人的成功，他自豪地提交了他的研究论文，题为"我们有多容易上当受骗？"毕竟，一氧化二氢只是水的一种不太常见的化学名称。

内森的研究基于一个流传了一段时间的骗局，尽管他的调查规模很小，而且对象是九年级的学生，但它展示了人们很容易被误导。

"佐纳主义"这个词便是为了纪念他的实验而创造出来的。它指的是"利用一个真实的事实，引导对科学和数学无知的公众得出一个错误的结论"。真是愚弄公众。

1992 年

1992 年 1 月 1 日，美国计算机科学家、海军少将格雷斯·布鲁斯特·默里·霍珀去世。格雷斯是一个杰出的数学和计算机书呆子，她是第二次世界大战期间哈佛大学马克一号计算机的首批程序员之一。

她发明了第一个将代码从一种计算机语言转换成另一种计算机语言的编译器程序，并且是最早倡导可以在任何计算机上运行的编程语言的人之一。她的工作促成了 1959 年 COBOL 语言的诞生，这是一种至今仍在使用的编程语言。她太酷了，分别有一艘美国海军导弹驱逐舰和一台超级计算机以她的名字命名。

土星环

　　1997 年 10 月 15 日，美国航空航天局用大力神四号火箭将卡西尼－惠更斯号土星探测器发射升空。

　　在飞越地球、金星和木星之后，卡西尼－惠更斯号于 2004 年 7 月 1 日进入土星轨道。

　　在圣诞节那天，惠更斯号与卡西尼号分离，前往土卫六"泰坦"，3 周后它完成了在土卫六的首次着陆。

　　卡西尼号继续进入土星的大气层，并于 2013 年 7 月 19 日拍摄了有史以来最伟大的照片之一 ——土星环和地球的同框。

　　土星的光环相当明显，但如果你发现找到我们身处的这颗古老行星有些困难的话……下一页上的亮点便是地球。太棒了。

图片：美国航空航天局／加州理工学院喷气推进实验室／空间科学研究所。

1996 年

　　1996 年 5 月 5 日，悉尼天鹅队的勇猛少年艾萨克·希尼出生了。我的大女儿埃莉向我保证有一天他会成为我的女婿。

1996 年

　　1996 年 10 月 7 日，诺贝尔奖颁奖大会宣布，1996 年诺贝尔生理学或医学奖颁给澳大利亚的彼得·杜赫提和他的瑞士同事罗尔夫·M. 辛克纳吉。获奖原因 他们揭示了被称为"杀伤性 T 细胞"的白细胞如何识别受感染的细胞，并帮助从体内清除它们。

1999 年

1999 年 6 月 2 日，不丹结束了长期以来对电视的禁令，并开通了互联网。这是为了庆祝吉格梅·辛格·旺楚克国王登基 25 周年。我想我们都能猜到当晚收视率最高的节目是什么。

1999 年

我们知道，对于 1000000000000 以内的数来说，连续的质数之间最常见的差是 6，例如，23 之后的下一个质数是 29。但是在 1999 年，安德鲁·奥德利兹科、迈克尔·鲁宾斯坦和马雷克·沃尔夫宣称，1.7427×10³⁵ 附近的质数之间最常见的差变成了 30。他们还声称，一旦超过 10⁴⁵⁰，这个差值会变成 210。这完全属于"伙计们，你的话我信"的范畴。

现在……

随着时光机进入 21 世纪，我们逐渐来到今天，你会看到人类这个渺小的物种一直都有惊人的发现和成就。

我们现今偶然发现的一些概念和产生的一些想法告诉我们，还有很多东西需要我们去学习，这大概是最令人激动的事情了……引力波来了！

所以，系好安全带，准备好踏上这最后一程，在四周找找还没有真正发明出来的 GPS 导航设备，并且再一次把你的脚踩在时光机的地板上。

我们现在生活在……21 世纪！

"自拍"

2002年9月13日下午2时55分,澳大利亚人纳森·霍普在卡尔·克鲁谢尼克基博士的"自助科学论坛"上发布了一张自己嘴巴的照片。

他把这张照片质量差的原因归结为"这是一张自拍"。《牛津英语词典》将"selfie(自拍)"评选为2013年的年度词汇,并将霍普标为该词的发明者。

背景图片是我最爱的一张极客照片。2015年,我和纳森·霍普在悉尼市政厅与2000多人一起自拍。嘿,你也入镜了!

2001 年

2001年,匈牙利-奥地利物理学家费伦茨·克劳斯创造了持续时间1阿秒的光脉冲。阿秒是1秒的1000000000000000000分之一,阿秒的英文"atto-second"的前缀

"atto"来自丹麦语"atten",意思是18。将阿秒与秒进行比较就像将一秒与300亿年进行比较一样。顺便说一下,阿秒的缩写是"as",这恰好是我的名字的首字母缩写!

2002 年

2002 年 6 月，埃隆·马斯克不顾同行的建议，创立了太空探索技术公司，该公司更广为人知的名字是 SpaceX，其终极目标是让人们能够在其他行星上生活。在前 3 次发射失败后，该公司一度濒临破产，但在 2008 年，它成为首家将火箭送入轨道的私营企业。在前 24 次发射中，有 20 次都成功了。

对此，下面的内容可以给你多一些参考。在第 3 次发射失败后，剩下的资金只够再发射一次，马斯克在给员工的信中写道"或许值得告诉大家的是，那些发射成功的公司也遇到过困难。我的一个朋友写信提醒我，飞马座火箭

高处的时间

2010年9月，美国国家标准与技术研究院的物理学家们使用了两个通过铝离子驱动的"量子逻辑钟"，并且将其中一个钟置于另一个钟上方33厘米处。

正如爱因斯坦的广义相对论所预测的那样，他们的研究表明，把时钟抬得越高，它运行得就越快。这是因为，高处的时钟离地球远一些，受到的引力比低处的时钟稍弱一些。

那究竟快多少呢？在一个人一生的时长中大约会产生 0.00000009 秒的差异。虽然这可能看起来不多，但如果忽略相对论效应，依靠空间中的卫星运转的 GPS 导航系统将会产生 10 千米的偏差。

所以下次当你的导航成功把你带到目的地，而不是从一座尚未完工的桥上掉下去的时候，请向伟大的阿尔伯特·爱因斯坦致敬吧。

继续

的前 9 次发射中只有 5 次取得成功，阿丽亚娜火箭发射 5 次成功 3 次，阿特拉斯火箭发射 20 次成功 9 次，联盟号发射 21 次成功 9 次，质子号发射 18 次成功 9 次。SpaceX 在

这方面会长期坚持，不管遇到什么困难，我们都要让它成功。"

海蒂的时代

要描述海蒂·拉玛，几乎没有比"绝非虚有美丽外表"更适合的话了。

这位著名的好莱坞明星常被称为"世界上最美丽的女人"，但这个词严重低估了她的才华。在厌倦了电影中虽有性感外表但台词寥寥无几（更没有什么挑战）的无聊角色后，她开始进行发明——从改进交通信号灯到发明无线电引导技术。

在第二次世界大战期间，拉玛与美国作曲家乔治·安塞尔合作，发明了一种全新的跳频扩频技术，用来辅助鱼雷的抗干扰引导系统。

1942 年获得专利后，他们的这个想法却未风行。但在 1962 年，在古巴导弹危机的背景下，美国海军在其军舰上使用了这项技术。

如今，他们的设计已经成为 Wi-Fi 和蓝牙技术的重要组成部分。2014 年，安塞尔和拉玛在去世后最终入选美国发明家名人堂。

测验

2002 是回文数，但显然不是质数。

那么 1001,2002, 3003, …, 9009 中，有没有某一个或几个是回文质数？

2005 年

2005 年 2 月，特里·摩尔发表了著名的 TED 演讲，解释了系鞋带的正确方法。该视频自发布以来，已经有超过 500 万人观看，我强烈建议你也去看看。

2005 年

在澳大利亚，2005 年 4 月 3 日被记为 3/04/05，且根据勾股定理（又叫毕达哥拉斯定理）有 $3^2+4^2=5^2$。我们可以称这一天为毕达哥拉斯日（注意，在美国 3/04/05 表示 2005 年 3 月 4 日）。我们通常将毕达哥拉斯三元数从小到大排列，所以对澳大利亚人来说，2005 年 3 月 4 日（4/03/05）不算毕达哥拉斯日。

测验

下一个澳大利亚毕达哥拉斯日是什么时候？21 世纪的毕达哥拉斯日都有哪些？

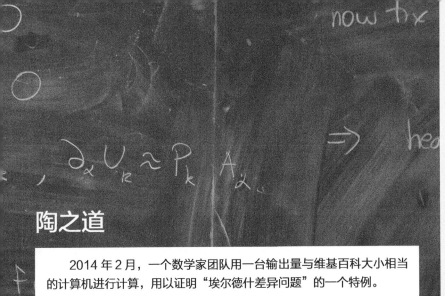

陶之道

　　2014 年 2 月，一个数学家团队用一台输出量与维基百科大小相当的计算机进行计算，用以证明"埃尔德什差异问题"的一个特例。

　　2015 年 9 月 17 日，生于澳大利亚的华裔数学家陶哲轩用老办法解决了更为复杂的差异问题的一般情况，为人类扳回一局。虽然 2014 年 2 月得到的结果让他有了一些启发，但陶哲轩是在没有大型计算机程序可用的情况下得到他的结果的。

　　我只想说，陶哲轩在他非凡的职业生涯中所做的还不止这些。虽然他的大部分发现都不容易解释清楚，但你可以听听下面这个。

　　质数 3、5、7 可以构成一个长度为 3、前后两项的差均为 2 的数列。同样，5、11、17、23 和 29 是一个长度为 5、差为 6 的数列。我们发现的最长质数等差数列包含 26 个质数。这个数列起始于一个巨大的数字 43142746595714191，前后两项的差为 23681770×223092870。但是一个令人难以置信的数学定理（即格林－陶定理）表明，无论你想要多长的数列——30 个质数、200 个质数，甚至 30 亿个质数，总能找到一个符合要求的数列。虽然目前我们还找不到你想要的那个质数列，也算不出数列中前后两项的差，但我们知道这个数列一定存在。

　　停下来想一想，你会对天才陶哲轩有一个简短的了解，他被称为"数学莫扎特"。

2005 年

　　在 2005 年的澳式橄榄球联盟总决赛上，里奥·巴里在最后一秒完成了令人惊叹的进球。不久之后，悉尼天鹅队在 91898 名球迷的见证下以 8.10(58)：7.12(54) 击败了西海岸老鹰队，夺得 72 年以来的首个超级联赛冠军。

2005 年

　　澳大利亚肠胃病克星巴里·詹姆斯·马歇尔教授和罗宾·沃伦博士共同获得了 2005 年诺贝尔生理学或医学奖，他们的研究成果表明，溃疡不是由压力或辛辣食物引起的，而是由细菌引起的。为了证实他们的观点，巴里·马歇尔喝了皮氏培养皿中的上述细菌（幽门螺杆菌），结果病倒了！为科学献身！

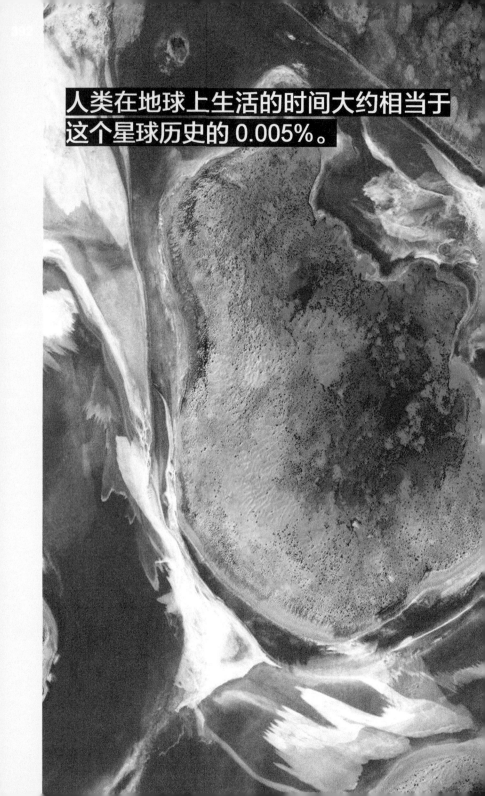

人类在地球上生活的时间大约相当于这个星球历史的 0.005%。

　　很难想象我们的种族（我猜想这指的是人类）在整个地球存在的时间里只居住了很短暂的一点时间。事实上，如果地球的年龄只有一个星期，那么人类在地球上存在的时间不到 30 秒。

　　自从来到这里，我们已经做了相当多的事情——比如进入太空，正如这张照片所证明的那样。这张澳大利亚的照片由美国航空航天局的宇航员斯科特·凯利于 2015 年 10 月 12 日至 13 日在国际空间站飞越澳大利亚时拍摄。

图片：美国航空航天局提供。

回到未来

在经典的极客穿越电影《回到未来2》中，马丁（迈克尔·J. 福克斯饰）和布朗博士（克里斯托弗·劳埃德饰）"回到"未来，来到了2015年10月21日。

　　1989 年，作者们能想到的最不可能发生的事件是芝加哥小熊队赢得棒球世界大赛冠军。世界各地的科幻迷们都在庆祝"回到未来日"的时候，芝加哥小熊队的粉丝们却没有如此庆祝：堪萨斯皇家队在2015 年夺得了冠军。

图片：这是一张很棒的照片，作者是奥托·戈弗雷和贾斯汀·莫顿，拍摄的是马丁和布朗博士的时光机——强大的德罗宁跑车。

2006 年

　　2006 年 3 月 21 日下午 12 点 50 分，@jack 用键盘输入"设置推特"（just setting up my twttr），点击回车，推特（Twitter）就诞生了。@jack 就是杰克·多尔西，他现在是这个社交网络平台的首席执行官。

出发吧，LIGO!

一个世纪前，阿尔伯特·爱因斯坦首次预言了引力波（时空本身的一种扭曲）的存在。

2015 年 9 月 14 日上午 9 时 51 分，美国激光干涉引力波天文台 (LIGO) 探测到了引力波。

引起这些波的事件是两个黑洞的碰撞，每个黑洞的质量大约是太阳的 30 倍。这一惊人的宇宙事件发生在大约 13 亿年前。

不可思议的 LIGO 将光束射入两条隧道，每条隧道都有 4 千米长。由于引力波会使时空伸缩，当它通过 LIGO 探测器时，这 4 千米长的干涉臂将会拉伸或收缩，光在其中传播的距离将不再完全相同。

LIGO 探测到一束激光比另一束走得更远，其距离的差距大约是质子直径的 1/1000！这无疑是人类最伟大的技术成就之一。2016 年 6 月 15 日，LIGO 证实在 2015 年 12 月 26 日发现了第二例引力波。

我觉得这简直棒极了。

2006 年

2006 年，科学家们确定，老挝市场上即将出售的一只啮齿动物实际上是一只老挝岩鼠，科学家认为这种动物在大约 1100 万年前就已经灭绝了。

来吧，下围棋

2016年3月10日，一台计算机在一场棋类游戏中击败了一个人类，全世界都为此屏住呼吸。

在我的上一本书《数字的世界》中，我们回顾了自 20 世纪 90 年代末以来，计算机是如何在国际象棋中完全超过我们人类的。如今，你可以花不到 15 美元在智能手机上安装一款应用程序，这个程序可以打败任何下这种棋的人。但在很长一段时间里，我们一直认为围棋太过复杂，计算机无法掌握这种需要把棋子放在 19×19 的格子交点上的游戏。

直到 2016 年 3 月，谷歌实验室项目阿尔法围棋（AlphaGo）击败了世界一流棋手李世石，这一切都改变了。实际上，阿尔法围棋不仅打败了他，还击溃了他。在第二场比赛中，计算机的第 37 手被一些评论员称赞为绝顶巧妙、超出人类想象的一招。

这一招看似平凡，只是将黑子下在了棋盘的 O10 位置上，但阿尔法围棋是在检验了它与自身博弈产生的数百万棋局后使用的这一招，与人类会使用的策略截然不同，以至于最初电视评论员认为这一手是一个可怕的错误。在后来的许多招中这一手的高超智慧才显现出来。

2008 年

2008 年，对国内电力供应改善充满信心的古巴，宣布了解除对烤面包机禁令的计划。但实际上，烤面包机直到 2013 年才真正获得自由。

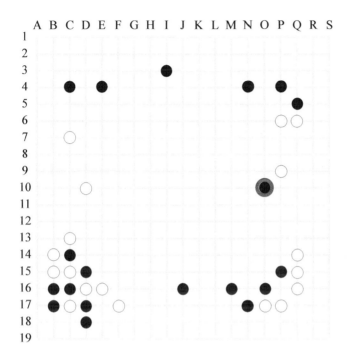

阿尔法围棋被授予"荣誉9段"，这是围棋选手所能达到的最高等级。阿尔法围棋有趣的地方在于从没有人类教它如何下棋。它的学习从分析优秀业余选手的比赛开始，并试图预测他们的下一手棋招。一旦达到一定的水平，它就开始与自身产生的其他棋局下棋，并通过分析结果进行改进。从这个意义上说，阿尔法围棋是"自学的"，而且是不断学习的。

2009 年

2009 年，出生于塔斯马尼亚的斯纳格小镇（人口仅 800 人）的澳大利亚教授伊丽莎白·布莱克本，以及她的同事卡罗尔·格雷德教授和杰克·绍斯塔克共同获得了诺贝尔生理学或医学奖，获奖理由是发现了端粒和端粒酶保护染色体的机制。这让我们对细胞的生死有了更深入的了解，也许还能帮我们找到对抗癌症等疾病的方法。

网络科学

网络科学是一个相对较新的研究领域，它将诸如通信系统、电网或猴子种群等事物表示为一组由路径连接的字符。

研究网络可以使用诸如数学中的图论和社会学理论等各种科学方法，而且可能帮助我们解决各种问题，例如在全国范围内选择发电站的最佳位置、计算流感病毒可能的传播速度等。我所见过的最酷的网络理论案例发生在 2016 年 4 月，当时明尼苏达麦卡莱斯特学院的数学副教授安德鲁·贝弗里奇和本科生单杰用网络理论解答了问题："谁才是电视剧《权力的游戏》的核心人物？"他们研究了该剧第 3 部《冰雨的风暴》中的 107 个角色和 353 段人物关系。两个名字之间的连线越粗，他们之间的关系就越密切。从他们制作的这张壮观的图表中可以看出，最重要的人物是提利昂，其次是琼恩、罗柏、詹姆、桑萨和丹妮莉丝。

2010 年

2010 年，佛罗伦萨科学史博物馆更名为伽利略博物馆，该馆中一项最受关注的展品是伽利略的两根手指。这两根手指是在这位伟大的天文学家去世近 100 年后，即 1737 年从他的尸体上取下的。他的拇指和中指是在拍卖会上购得的，与博物馆现有的另一根手指和一颗牙齿一同展出。

顺便说一下，如果你曾经在伽利略执教多年的意大利帕多瓦大学读书，那么你还可以看看他的一根脊椎骨。

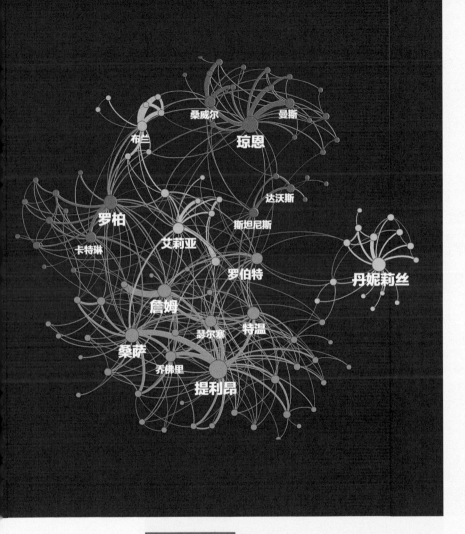

桑威尔　　曼斯

布兰

琼恩

达沃斯

斯坦尼斯

罗柏

卡特琳

艾莉亚

罗伯特

丹妮莉丝

詹姆

瑟尔塞　特温

桑萨

乔佛里

提利昂

2011 年

2011 年 3 月 12 日，日本东北地区的地震引发了海啸，福岛核电站的应急发电机受损。反应堆过热，在接下来的几天里发生了灾难性的火灾、爆炸和几次核熔毁。

5 年后，停用反应堆的负责人向美国广播公司承认，600 吨核燃料在灾难期间熔毁，他们不知道残骸中燃料的确切位置，而且用于移除燃料所需的技术还尚未可知！

砰！

2016年5月3日，几所大学和美国航空航天局联合宣布委内瑞拉的马拉开波湖为世界"闪电之都"，这个地方平均每年每平方千米出现233次闪电。

2011 年

2011 年 3 月 28 日，一名 75 岁的格鲁吉亚妇女在挖废铜时不小心截断了一条地下光缆，因此切断了通往亚美尼亚全国的互联网服务。由于格鲁吉亚提供了亚美尼亚 90% 的互联网服务，导致大约 320 万人断网数小时。这次事故还影响了格鲁吉亚和阿塞拜疆的大部分地区。

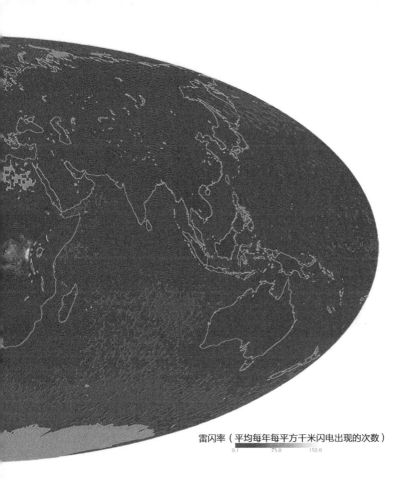

雷闪率（平均每年每平方千米闪电出现的次数）

0.1　　75.0　　150.0

马拉开波湖是南美洲最大的湖泊，与安第斯山脉相邻，寒冷的山风和湖上温暖空气的结合造就了这个绝佳的闪电区域。平均而言，马拉开波湖每年有 297 个夜晚会出现雷暴。在这张由美国航空航天局提供的地图中，显示了全世界每平方千米范围内从 1995 年到 2013 年平均每年发生闪电的次数。

2011 年

2011 年，英国科学家马丁·奥莱瑞把他通常用来研究冰川形状和运动的数学方法用在了绘制"暗物质"在宇宙中分布的比赛中。

他得到的结果比用美国航空航天局和世界各地的天文学家一直使用的数学方法得到的结果都要好！在随后的"暗物质测绘"比赛中，来自卡塔尔的尤·金·洛克和阿里·哈桑使用了通常用于验证笔迹和签名的数学方法，从而取得了领先的名次。

虽然最终一些真正的天文学家赢得了比赛，但这些非天文学家的成功是极客社群中"众包"解决难题的一个胜利。

中转航班

自莱特兄弟的第一次飞行以来，空中飞行已经发生了很大的变化——问问马丁·格朗让就知道了。他绘制了 3200 个机场和全球 60000 条航线的现代空中交通图，展示了下面这个令人难以置信的网络。他说："从根本上说，这些地图（有时是漂亮的图案）并不代表数据本身，而是代表（它背后的）复杂性和数量的某种概念。"当然了，马丁。这真是一个不错的作品！

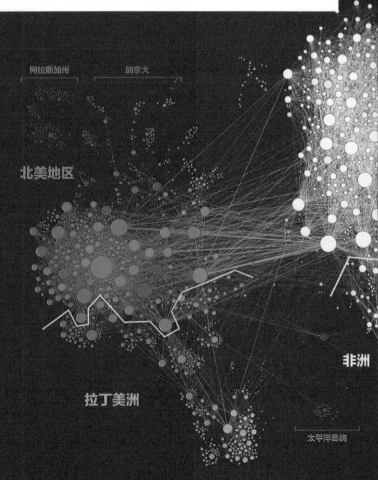

阿拉斯加州   加拿大

北美地区

非洲

拉丁美洲

太平洋岛屿

地理分布

颜色代表经度
尺寸代表航线数量

俄罗斯

亚洲

印度

中东

大洋洲

夺取金牌!

赢得奥运会奖牌被认为是体育成就的顶峰。在澳大利亚,成千上万的孩子在凯茜·弗里曼、道恩·弗雷泽、安娜·米尔斯、伊恩·索普等人的激励下长大。

但并不是只有游泳、田径、自行车和其他"传统"运动才能在奥运五环旗帜下一决胜负。

下面,我们会看到奥运史上一些更杰出、更奇特、更危险的竞赛项目。还要警告一下,如果你喜欢鸽子,请做好思想准备!

拔河比赛

我们大多数人可能认为拔河比赛是在暑期学校的假日野营中才举行的,或者是在学校的运动会中。好吧,让我们看了下面的内容再想想。从 1900 年到 1920 年,拔河一直是奥运会的正式比赛项目。每个国家可以派出多个代表队,所以 1904 年美国获得了拔河比赛的全部 3 枚奖牌,1908 年英国也是如此大获全胜。曾经,拔河比赛中的奥运金牌甚至可以由来自不同国家的混合队伍赢得。

我希望这个项目能重回奥运会,再加上其他的一些学校运动会项目。想象一下,如果你代表澳大利亚参加"手推车竞走",或者你在奥运会结束后因为拥有第二清洁的座位区而获得银牌,这会使

2011 年

2011 年 9 月,当威尔士超级园丁伊恩·尼尔培育出的 38.92 千克的瑞典甘蓝被评为有史以来最大的瑞典甘蓝时,他一定大吃一惊。然而,当说唱明星史努比狗狗邀请他参加 2011 年 10 月在卡迪夫举办的表演来讨论他园艺成功的秘诀时,他可能也有点困惑。人们只能猜测,史努比狗狗是想知道具体如何利用灌溉和水培技术来使培育的植物长到最大。

2016 年 4 月 13 日,来自澳大利亚南部艾尔半岛的 13 岁男孩基根·迈耶斯创造了一项世界纪录,他种植出了一根 130.5 厘米长的黄瓜! 等着史努比狗狗打电话来邀请你吧,基根。

你的父母感到多么自豪。

射击活的鸽子

如今，在奥运会上，射击比赛通过射击掷向空中的泥盘，即"泥鸽"来赢得奖牌。嗯，你可能知道我想说什么了，这些射击目标并非一直是用黏土做的。1900 年巴黎奥运会上，那时弗雷德·莱恩正在泳道中和船底下游来游去(继续往下读，他太棒了)，来自墨尔本的职业射击运动员唐纳德·麦金托什为了赢得射击比赛连续杀死了 22 只鸽子。排在第二位的是西班牙的维兰科萨侯爵，他射下了 21 只鸽子。

攀爬绳索

从 1896 年到 1932 年，奥运会体操项目中包括攀爬绳索。这是世界各地体育老师最喜欢的一种设施，参赛者坐在地面上，将自己拉到8米高的空中以触摸绳子顶端的一个圆形"铃鼓"。大多数情况下，这只是一场竞速比赛。但在 1896 年，奥运会组织者在比赛中加入了一个"风格性"的元素，即参赛者必须在 15 米长的绳子上保持富有艺术感的"L"型姿势攀爬——别让老师知道，否则体育课会更痛苦！

最伟大的奥林匹克爬绳运动员一定是 1904 年圣路易斯奥运会的冠军。美国体操运动员乔治·艾瑟值得我们永远钦佩，这不仅是因为他在难以置信的、不可战胜的短时间内完成了比赛，也不是因为他比赛时场地的质量，而是因为他拖着一条木制的假腿赢得了金牌！

2011 年

2011 年，澳大利亚教授布莱恩·施密特和其他科学家共同获得了诺贝尔物理学奖，因为他们证明了宇宙不仅在膨胀，而且在加速膨胀。这种加速现在被认为是由暗能量驱动的。

2012 年

2012 年 2 月 4 日，弗洛伦斯·碧雅翠丝·格林在她 111 岁生日前不久去世。当她作为最后一位第一次世界大战老兵被问及110 岁是什么感觉时，弗洛伦斯回答说："和 109 岁没什么不同。"

这使他成为我书中的英雄。

事实上，攀爬绳索在我心中有着特殊的地位。因为我的一个朋友，悉尼的健身和肌肉控马库斯·邦迪保持着一项官方吉尼斯世界纪录：他在 60 秒内反复攀爬 5 米长的绳索达到 5 次之多，最终总计攀爬了 27.8 米。

马术跳远

祝贺比利时选手范·兰根多克和他的马"特干"，他们以 6.1 米的成绩获得金牌，成为历史上唯一的马术跳远奥运冠军。比赛的银牌颁给了意大利选手乔瓦尼·乔吉奥·特里西诺，他骑着自己的马"奥瑞斯特"跳出了 5.7 米的成绩，而这匹马在同一天也以 1.85 米的成绩获得跳高金牌！

游泳障碍赛

澳大利亚在奥运会游泳项目上有着不错的成绩，这也是我们迄今为止最成功的体育项目之一。但是大多数人都不知道，澳大利亚历史上第一个奥运游泳传奇人物曾在两项水上运动中获胜——其中一项已经退出了奥运会，但我个人认为应该尽快恢复这个项目。

弗雷德·莱恩在 1900 年巴黎奥运会上为澳大利亚赢得了第一枚和第二枚游泳金牌。第一枚来自 200 米自由泳，你可能对在 50 米游

测验

2012 年，"数字狂人"德里克·尼德曼发行了一本名为《令人费解的难题》的书，其中就包含了这样一个问题："1111111111111111113111"这个序列代表了什么？

泳池里游 4 圈的比赛形式比较熟悉。不过在 1900 年，游泳比赛实际上是在流经法国首都的塞纳河的一段水域中进行的。在这次特殊的奥运会上，一些最快的比赛记录要归结于运动员们在非常强劲的浪潮中游泳！

赢得 200 米自由泳冠军是一项巨大的成就，但弗雷德·莱恩的第二枚金牌才绝对是一个突破。

男子 200 米游泳障碍赛只在 1900 年奥运会上举行过。在 8 月 11 日和 12 日，游泳运动员在 50 米、100 米和 150 米 3 组障碍赛中奋力拼搏。他们必须爬过前两个障碍 (一根杆子和一排船)，并从水下游过第 3 个障碍 (另一排船)。我们强大的弗雷德·莱恩以 2 分 38 秒的成绩获胜。

艺术比赛

也许最著名的奥运金牌是与运动会同行的奥林匹克艺术比赛——因为现代奥运会的创始人、法国教育家和历史学家皮埃尔·德·顾拜旦男爵认为，对于古代奥运精神来说，艺术和文化与跑步、跳跃以及射击活鸽子一样重要。

从 1912 年到 1948 年，奥林匹克艺术比赛的奖牌都给了那些受体育启发的艺术作品。这些作品被分为 5 类：建筑、文学、音乐、绘画和雕塑。在这几十年的奥林匹克艺术比赛中有一些伟大的事迹，

2013 年

2013 年，计算机程序"深度学习神经网络"在检测癌细胞有丝分裂的国际竞赛中获胜。该程序能够自我学习并不断改进，在检测某些图像时，它的错误率比人工检测还要低。

这些程序被希望能向贫困国家提供医疗服务，并从全球卫生开支中节省数十亿美元。

包括下面这些彩蛋。

爱尔兰历史上的第一枚奥运奖牌来自于……绘画。是的，1924年的这位银牌得主是著名诗人威廉·巴特勒·叶芝的弟弟杰克·叶芝。

英国的约翰·科普利在1948年的版画比赛中获得银牌时已有73岁高龄，这使他成为迄今为止年龄最大的奥运奖牌获得者。

1912年，顾拜旦男爵自己也获得了一枚文学金牌。他用假名乔治·霍赫罗德和马丁·艾歇巴赫提交了自己的诗歌《体育颂》。

阿尔弗莱德·哈约什这位"匈牙利海豚"是同时在体育和艺术比赛中获得奖牌的仅有的两人之一。在1896年的奥运会上，他在地中海可怕的寒冷海水和4米高的海浪中赢得了100米和1200米自由泳冠军。谈到他在1200米比赛中18分钟的努力拼搏时，他说："我活下去的意志完全战胜了我获胜的欲望。"

在从海水的寒冷中恢复过来、手指和脚趾恢复了知觉之后，这位"海豚"把他的能力投入了建筑领域。1924年，他设计的体育场在混合建筑比赛中获得银牌。但那年的评委们决定不颁发奖牌。"海豚"的运气不太好！

1908年，美国选手沃尔特·温纳斯在"跑鹿双发"射击项目中取得了更好的成绩并夺得金牌（别害怕，鹿只是一种射击目标而不是真的动物）。1912年，沃尔特又用一尊马的雕塑赢得了一枚金牌。

2014 年

2014年，科学家们运行的计算机模型显示，我们每天喝的一些水很可能是在地球形成之前就存在的星际气体云中留存下来的！

2014 年

2014年3月，奥克兰大学的萨拉·杰尔伯特发表了一项研究，声称在某些情况下，新喀鸦具有和7岁孩子一样的推理能力。

也许应该说"这些孩子像新喀鸦一样机灵"？

遗憾的是，1954 年奥林匹克艺术比赛被取消了。这不是因为人们觉得城市规划方面的奥运奖牌听起来有点奇怪，而是因为太多参赛者被认为是专业人士，这有悖于奥运会的"业余原则"。

2015 年

2015 年 6 月 30 日，世界官方时钟增加了第 26 个"闰秒"，再次与地球自转的逐渐放缓保持一致。

2016 年

于 1971 年通过阿帕网这个互联网早期形式（见第 356 页）发送了最早的电子邮件的雷·汤姆林森于 2016 年 3 月 5 日去世，享年 74 岁。这是一条如此容易被遗忘的信息，汤姆林森自己都不记得第一封电子邮件到底说了什么！他还决定使用 @ 符号来显示电子邮件用户和他们的主机之间的关系，因此被称为"@ 符号的救世主"。

突破摄星

2016年4月12日，英国理论物理学家、宇宙学家和作家斯蒂芬·霍金宣布了"突破摄星"计划，计划发射一群微型纳米飞行器进入太空，由1亿束激光提供动力，其速度可达每小时1.6亿千米！

这1亿束激光将被安装在位于智利阿塔卡马沙漠(这里非常干燥，很适合激光)中近1000米宽的阵列上，对准驱动微型宇宙飞船的"光帆"。

这种推进方法突破了现有方法的限制，即动力越大，需要的燃料越多，则质量越大，因此需要的动力就更大……在10分钟内，这个激光阵列就可以将1万亿焦耳的能量传输到一个只有几米宽的光帆上。

如果成功的话，这个微型宇宙飞船将在大约20年后到达离我们最近的恒星系统——半人马座阿尔法星（即南门二）。目前的宇宙飞船需要近3万年才能完成4.4光年的旅程。

如果"突破摄星"计划真的实现了，那微型宇宙飞船只需要几年的时间便可以到达。但是，当你翻过这一页，离开2016年4月12日的时候，请坐下来，对我们所处的这个不可思议的时代思考片刻。正如斯蒂芬·霍金所说，"今天，我们致力于实现向宇宙的重大飞跃，因为我们是人类，我们的天性就是飞翔。"

2016 年

在2016年3月14日的"圆周率日"，数学家们宣布了一个令人震惊的发现。通过研究前1000万个质数，人们发现以1结尾的质数后面紧跟着另一个以1结尾的质数的概率只有18.5%。如果质数是随机出现的，那么质数以1结尾的概率应该是25%。

在一个以1结尾的质数之后，下一个质数以3或7结尾的概率约为30%，以9结尾的概率约为22%。这种"非随机性"让专家们感到困惑。

你无法读完的证明

我们已经讨论过勾股数，比如(3,4,5)这样满足$3^2+4^2=5^2$的三元数组，这个公式是由直角三角形的边长推理出来的。

现在，布尔勾股数问题提出，能否把所有正整数都涂成红色或蓝色，使得勾股数的 3 个数不止包含一种颜色？

在上面的例子中，如果你选择把 3 和 4 涂成红色，那么 5 必须涂成蓝色。这意味着，对于勾股数 (5,12,13)，12 或 13 中至少有一个是红色的，以此类推。

2016 年 5 月 3 日，马里金·休尔、奥利弗·库尔曼和维克多·马雷克宣布可以将 1 到 7824 的数字涂上颜色使其满足条件。但当到了 7825 及更大的数字时，就没有满足条件的染色方案了。

令人惊奇的是，他们证明了从数字 1 到 7824 有 10^{2300} 多种可能的涂色方案（其中必须由计算机直接检验的大约为 1000000000000 种）！他们对所有可能性进行考虑的唯一方法是使用计算机，这台计算机生成了一个 200 太字节（1 太字节 $=2^{40}$ 字节）大小的数学证明文本。这份证明的字符数大致相当于美国国会图书馆拥有的所有电子文本的字符数之和，一个人需要花 100 亿年才能读完。

如今，随着计算能力的增长，这种大规模的"蛮力证明"变得

2016 年

2016 年 5 月 10 日，美国航空航天局宣布开普勒空间望远镜又发现了 1284 颗新行星。这是迄今为止最大数量的行星发现，是自这台超凡的设备 2009 年 3 月 7 日发射以来发现

的行星数量的两倍还多。

越来越普遍，但这次使用的计算机比以往任何计算机证明的体量都要大 1.5 万倍。一些数学家对这种数字优势无动于衷，而另一些人则认为这是一个充满发现的、令人兴奋的新世界。

马里金分享了这张令人惊叹的图片，它展示了在 7824 以内多种满足条件的勾股数涂色方案中的一种解答。白色方块表示可以涂任何一种颜色的数字。

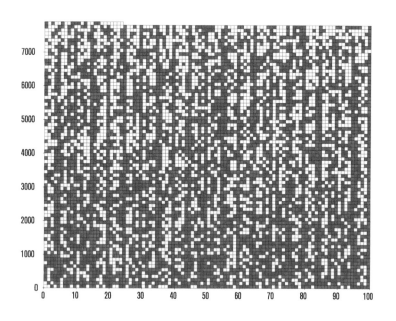

2016 年

2016 年 6 月，爱尔兰草皮切割师杰克·康威发现了一个重达 10 千克的"沼泽黄油"球，它估计已有 2000 年左右的历史。理论上，沼泽黄油"仍然可以食用"，但专家建议

不要把它抹在早餐吐司上。专家还表示，这可能是为古代神灵准备的祭品。对那些没有尝过沼泽黄油的人我想说，它闻起来有点像奶酪。杰克·康威已将发现的标本捐给了爱尔兰

国家博物馆。

答案

第 14 页

学校。

第 15 页

第一次掷骰子时，结果是掷得 6 或未掷得 6。掷得 6 的概率是 1/6，而未掷得 6 的概率是 5/6，后一种情况下需要重新掷骰子。假设我们掷得 6 所期望的局数为 E，先考虑有 1/6 的概率一次就成功，有 5/6 的概率第一次不成功，此时再度开始，同样还需 E 局才能掷得 6。

我们可以由下式计算出 E：

$E = 1/6 + 5/6 \, (E + 1)$

答案是 $E = 6$。

现在我们将第一个答案扩展一下，得到第二个答案。假设两次掷得 6 所期望的局数为 E。第一次掷骰子时，我们平均需要 6 次可以掷得一次点数 6。如果成功掷得 6，接下来同样有 1/6 的概率一次掷得 6，有 5/6 的概率需要再度开始，并且还需 E 局才能掷得 6。于是可以得到：

$E = 6 + 1/6 + 5/6 \, (E + 1)$

计算得 $E = 42$。

第 18 页

一个 18 英寸的比萨和 4 个 9 英寸的比萨面积相等。它们都比两个 12 英寸的比萨大。

当你理解了比萨的面积是 πr^2（r 为半径，即我们所说的比萨尺寸数值的一半）时，这就变得很清楚了。

第 21 页

将数值代入公式即可。

$$V = \frac{1}{3} h(a^2 + ab + b^2)$$

$$= \frac{1}{3} \times 6 \times (2^2 + 2 \times 4 + 4^2)$$

$$= \frac{6 \times 28}{3}$$

$$= 56 \,(\text{立方单位})$$

第 23 页

(5, 12, 13), (7, 24, 25), (9, 40, 41), (11, 60, 61), (13, 84, 85), (15, 112, 113), (17, 144, 145), (19, 180, 181), (21, 220, 221), (23, 264, 265), (25, 312, 313), (27, 364, 365), (29, 420, 421), (31, 480, 481)

第 26 页

有人认为答案是"至少一个"，到圣艾夫斯去的包括问问题的叙述人，以及任何与其同向而行去圣艾夫斯的人，因为叙述中并未指明有 7 位妻子的男子是否也去圣艾夫斯。

在我看来，这是一种逃避问题的做法，它把寻找真正解答的乐趣都给抛却了。正确的答案是：去圣艾夫斯的猫崽、猫、袋子和妻子的总数是

$7 + 7^2 + 7^3 + 7^4 =$

$7 + 49 + 343 + 2401 = 2800$

如果再加上该男子，总数是 2801。

第 30 页

这是一道你可以很有把握地猜到答案的问题。很容易想到一个边长分别为 3 和 4 的矩形，因为 3 是 4 的 3/4。而且幸运的是，$3 \times 4 = 12$ 是期望的面积。

对于代数爱好者，通用的解法是令边长为 $3x$ 和 $4x$，这就保证了两边长的比例为 $3:4$。利用矩形的面积公式，我们得到 $3x \times 4x = 12x^2 = 12$。解出 x 只能为 1 或 −1，但矩形的长度不可能为负数，因此 $x = 1$，这证明可行的一对边长只能是 3 厘米和 4 厘米。

第31页

总共有 255168 种可能的棋局。

如果不管玩家什么时候赢，所有的棋局都走完 9 步，那么就会有 9! = 362880 种可能的棋局。（第 1 步有 9 个选择，第 2 步有 8 个选择，等等。）

计算出正确答案的方法是，算出从第 5 步到第 9 步有多少种可能获胜的棋局。

棋盘上的 3 个正方形包括 8 条线（3 条垂线、3 条水平线和 2 条对角线），3 个叉的排列顺序并不重要，而 2 个圈可以以任何顺序进入另外 6 个正方形中的 2 个。所以，在第 5 步以胜利结束的棋局一共有 $8 \times 3! \times 6 \times 5 = 1440$ 种可能。

看看你是否可以用类似的方法计算以 6、7、8 和 9 步结束的游戏，以达到上面给出的总数。

第32页

答案取决于你选择的 p，有时对于同一个分数，你可以找出两种不同的答案。

$2/35 = 1/20 + 1/140 = 1/21 + 1/105$

$2/49 = 1/28 + 1/196$

$2/93 = 1/48 + 1/1448 = 1/62 + 1/186$

对于这些数值，可以找出的"最简单"的埃及分数：

$2/35 = 1/18 + 1/630$

$2/49 = 1/25 + 1/1225$

$2/93 = 1/47 + 1/4371$

……但是，你需要使用不同的方法才能找出这样的答案。

第38页

首先圈出 2，划掉 4、6、8、10、12、…

接着圈出 3，划掉 6、9、12、…

如果一个数已经被划掉，你无须再划一次，但是你可能会用笔从上面扫过，并继续往下数。无须划掉 4、8、12，…，因为它们已经被 4、6、8、10、…包含，所以你会发现我们只需划掉质数的倍数。下一个质数是 5，

所以圈出它，并划掉 10, 15, 20,…，之后圈出 7，并划掉 14, 21, 28,…，如此继续下去。这种方法名叫"埃拉托色尼筛选法"，按照题目的要求，你可以使用其找出 100 以内的所有质数：2, 3, 5, 7, 11, 13, 17, 19, 23, 29, 31, 37, 41, 43, 47, 53, 59, 61, 67, 71, 73, 79, 83, 89 ,97。

第39页

在下一种情况中 $p = 3$，我们可以得到 $2^{(2^3 - 1)} - 1 = 2^{(8-1)} - 1 = 2^7 - 1 = 128 - 1 = 127$。你可以通过将这个数除以 3、5、7、11，来验证其是质数（试除法）。一旦确定 127 不能被 11 整除，便不必用更大的质数作为除数，因为下一个质数 13> $\sqrt{127}$ = 11.27…，如果 13 是 127 的因数，则另一个因数须小于 11.27…。我们已经检查过所有情况，并未发现任何合适的数。

第40页

已知 $S_0 = 1$，$S_1 = 1$。

当 $n = 2$ 时，我们可以得到 $S_2 = 2 \times S_1 + S_0 = 2 \times 1 + 1 = 3$。

当 $n = 3$ 时，我们可以得到 $S_3 = 2 \times S_2 + S_1 = 2 \times 3 + 1 = 7$，等等。

你可以得出 $n = 1, 2, \cdots, 9$ 时的 S_n：1, 1, 3, 7, 17, 41, 99, 239, 577, 1393。当 $n = 10$ 时，$S_{10} = 3363$。

该列表中的质数为：3、7、17、41、239 和 577。

根据题目要求，NSW 质数的 n 为奇数，所以去掉 S_2、S_4 和 S_8。

故我们可得，对于 $n = 3, 4, \cdots, 10$，只有 3 个数是 NSW 质数：7、41 和 239。

注意，$1393 = 7 \times 199$；而 3363 的 4 位数之和为 $3 + 3 + 6 + 3 = 15$，15 可被 3 整除，故 3363 亦可被 3 整除。

第41页

问题 1

1000 以内的胡道尔数有：1、7、23、

63、159、383、895。根据定义，1 不是质数；$63 = 7 \times 9$；159 可被 3 整除（各位之和 $1+5+9 = 15 = 3 \times 5$，故 159 是 3 的倍数），895 显然可被 5 整除。用 19 以内的质数试除，可知 383 是质数。故 1000 以内的胡道尔质数为 7、23 和 383。事实上，紧接着的下一个胡道尔质数是 32212254719。

问题 2

我承认这个问题太难了。我们已经讨论过 $b = 2$ 的情况。现在由 $b = 3$ 开始，取 $n = 2$, 3, 4, …直到 $nb^n - 1 > 1000$。我们可以得到 17 $(n = 2)$, $80 = 16 \times 5$ $(n = 3)$, $323 = 17 \times 19$ $(n = 4)$, 当 $n = 5$ 时，$nb^n - 1 > 1000$。接着，当 $b = 4$ 时，从 $n = 3$ 开始，可得 191（$n = 3$），$n = 4$ 时的结果超过了 1000。对于 $b = 5$，第一个结果 $4 \times 5^4 - 1$ 就超过了 1000。

所以，1000 以内的所有广义胡道尔质数只有 17 和 191。如果你算出来这个答案，那实在是太棒了！

第 42 页

当 $n = 1, 2, \cdots, 7$ 时，

$n! = 1, 2, 6, 24, 120, 720, 5040$

$n!+1 = 2, 3, 7, 25, 121, 721, 5041$

$n! - 1 = 0, 1, 5, 23, 119, 719, 5039$

在 $n!+1$ 和 $n! - 1$ 的结果中，2、3、5、7、23 和 119 明显是质数，而 25 和 121 则明显不是。使用 29 以内的质数试除，可知 719 也是质数。同样用质数试除 721，可知 $721 = 7 \times 103$。最后剩下 5039 和 5041。你需要将试除法的除数（质数）一直增大到 71，才能发现 5039 是质数，而 $5041 = 71 \times 71$。

因此，前 8 个阶乘质数为 2, 3, 5, 7, 23, 119, 719 和 5039。

第 43 页

100 以内的幸运数有：1, 3, 7, 9, 13, 15, 21, 25, 31, 33, 37, 43, 49, 51, 63, 67, 69, 73, 75, 79, 87, 93，99。

进一步可得到 100 以内的幸运质数：3, 7, 13, 31, 37, 43, 67, 73, 79。

第 44 页

100 以内的快乐数有：1, 7, 10, 13, 19, 23, 28, 31, 32, 44, 49, 68, 70, 79, 82, 86, 91, 94, 97, 100。

其中的快乐质数有：7, 13, 19, 23, 31, 79, 97。

注意，当你检验一个两位数是否为快乐数时，对于个位和十位对换的两个数，只需计算一次，结果相同。比如 13 是快乐数，那么可知 31 也是快乐数。

第 45 页

100 以内的孪生质数：(3, 5), (5, 7), (11, 13), (17, 19), (29, 31), (41, 43), (59, 61)，(71, 73)。

100 以内的表兄弟质数：(3, 7), (7, 11), (13, 17), (19, 23), (37, 41), (43, 47), (67, 71), (79, 83)，以及两个数分别小于和大于 100 的表兄弟质数: (97, 101)。

100 以内的六质数：(5, 11), (7, 13), (11, 17), (13, 19), (17, 23), (23, 29), (31, 37), (37, 43), (41, 47), (47, 53), (53, 59), (61, 67), (67, 73), (73, 79), (83, 89)，以及两个数分别小于和大于 100 的六质数: (97, 103)。

第 65 页

你应该发现了，6 的真因数之和 $1+2+3 = 6$，28 的真因数之和 $1+2+4+7+14 = 28$，所以 6 和 28 是前两个完全数。

你是否尝试将 2 到 30 之间的整数分类？盈数：12, 18, 20, 24 和 30。其他的即为亏数：2, 3, 4, 5, 7, 8, 9, 10, 11, 13, 14, 15, 16, 17, 19, 21, 22, 23, 25, 26, 27 和 29。

第 66 页

二十面体有 20 个面、30 条棱、12 个顶点，有 $20 + 12 - 30 = 2$。

第 81 页

$25 = 5^2$

$121 = 11^2$

$125 = 5^{(1+2)}$

$126 = 6 \times 21$

$127 = 2^7 - 1$

$128 = 2^{(8-1)}$

$153 = 3 \times 51$

$216 = 6^{(2+1)}$

$289 = (8+9)^2$

$343 = (3+4)^3$

$347 = 7^3 + 4$

$625 = 5^{(6-2)}$

$688 = 8 \times 86$

$736 = 7 + 3^6$

$1022 = 2^{10} - 2$

$1024 = (4-2)^{10}$

$1206 = 6 \times 201$

$1255 = 5 \times 251$

$1260 = 6 \times 210$

$1285 = (1+2^8) \times 5$

$1296 = 6^{[(9-1) \div 2]}$

$1395 = 15 \times 93$

$1435 = 35 \times 41$

$1503 = 3 \times 501$

$1530 = 3 \times 510$

$1792 = 7 \times 2^{(9-1)}$

$1827 = 21 \times 87$

第 92 页

3 位的回文质数有：101, 131, 151, 181, 191, 313, 353, 373, 383, 727, 757, 787, 797, 919，929。

第 106 页

(1184, 1210)、(2620, 2924) 和 (5020, 5564) 均为亲和数。以下列出了它们的真因子，你可以检查它们的和是否等于其同伴。

1184: 1, 2, 4, 8, 16, 32, 37, 74, 148, 296, 592

1210: 1, 2, 5, 10, 11, 22, 55, 110, 121, 242, 605

2620: 1, 2, 4, 5, 10, 20, 131, 262, 524, 655, 1310

2924: 1, 2, 4, 17, 34, 43, 68, 86, 172, 731, 1462

5020: 1, 2, 4, 5, 10, 20, 251, 502, 1004, 1255, 2510

5564: 1, 2, 4, 13, 26, 52, 107, 214, 428, 1391, 2782

第 107 ~ 108 页

将 $n = 100$ 带入第 1 个公式，得：

$$\frac{100 \times 101 \times 201}{6} = 50 \times 101 \times 67 = 338350$$

同样地，将 $n = 7$ 带入第 2 个公式，得：

$$(1 + 2 + \cdots + 7)^2 = 28^2 = 784$$

第 115 页

问题 1

把山羊带过去，一个人回来。把狼（或卷心菜）带过去，把山羊带回来。把卷心菜（或狼）带过去，一个人回来。最后带山羊过去。

问题 2

将 3 个男人分别记为 A、B、C，将他们的姐妹分别记为 a、b、c。如果 A 和 a 一起过河，之后 A 返回，我们将这记为 (Aa, A)。那么可行的方案是：(bc, a)、(BC, Bb)、(AB, c)、(ac, B)，最后 (Bb) 即可。

问题 3

将孩子、男人和女人分别记为 C、M、W，使用和问题 2 解答中同样的记法，答案是：(CC, C)、(M, C)、(CC, C)、(W, C)、(CC)。

第 128 页

$c = 2$ 时，有 $\sqrt{2} + \sqrt{18} = \sqrt{32}$。

$c = 5$ 时，有 $\sqrt{80} + \sqrt{5} = \sqrt{125}$。

$c = 3$ 时，有 $\sqrt{48} - \sqrt{12} = \sqrt{12}$。没错，前面两式中的加号在此处变成了减号。

第 133 页

前 6 个数为：3、13、1113、3113、132113、1113122113，我们要找的第 7 个数为 311311222113。

第 139 页

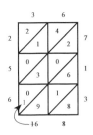

第 151 页

$2048 = 8^4 \div 2 + 0$

$2187 = (1^8 + 2)^7$

$2349 = 29 \times 3^4$

$2500 = 50^2 + 0$

$2501 = 50^2 + 1$

（现在，2502 到 2509 应该很明显了！）

$2592 = 2^5 \times 9^2$

$2737 = (2 \times 7)^3 - 7$

$2916 = (1 \times 6 \times 9)^2$

$3125 = (3 + 1 \times 2)^5$

$3159 = 9 \times 351$

$3281 = (3^8 + 1) \div 2$

$3375 = (3 + 5 + 7)^3$

$3378 = (7 + 8)^3 + 3$

$3685 = (3^6 + 8) \times 5$

$3784 = 8 \times 473$

$3864 = 3 \times (6^4 - 8)$

$3972 = 3 + (9 \times 7)^2$

$4088 = 8^4 - 8 + 0$

$4096 = (4 + 0 \times 9)^6$

$4106 = 4^6 + 10$

$4167 = 4^6 + 71$

$4536 = 56 \times 3^4$

$4624 = (64 + 4)^2$

$4628 = 68^2 + 4$

$5120 = 5 \times 2^{10}$

$5776 = 76^{(7-5)}$

$5832 = (2 \times 5 + 8)^3$

$6144 = 6 \times 4^{(4+1)}$

$6145 = 6 \times 4^5 + 1$

$6455 = (6^4 - 5) \times 5$

$6880 = 8 \times 860$

$7928 = 89^2 + 7$

$8092 = 90^2 - 8$

$8192 = 8 \times 2^{(9+1)}$

$9025 = 95^2 + 0$

$9216 = 1 \times 96^2$

$9261 = 21^{(9-6)}$

如果你得出了以上全部解答，恭喜你！繁复的计算告一段落了。

第 152 页

如果你试过了，可能会发现，无论用什么方法，你都不可能完全覆盖所有剩下的方块。如果看得更仔细一些，你可能会注意到这两个未覆盖的方块总是浅色的。事实上，棋盘着色对于解决这个问题非常有用。请注意，去掉两个相对的顶角后，我们已经去除了两个深色方块。这意味着剩下的 62 个方块中，有 32 个是浅色的，只有 30 个是深色的。

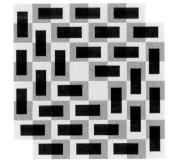

无论你如何放置多米诺骨牌，它总是恰好覆盖一个浅色和一个深色的方块。这意味着如果我们可以用 31 张多米诺骨牌来平铺棋盘，那我们就需要 31 个深色方块和 31 个浅色方块。所以，我们从数学上证明了这样的拼接是不可能的！

第 153 页

2^{20} = 1048576 是满足条件的第一个超过 100 万的数，所以方格的号码是 21。

第 157 页

如果只有 3 枚硬币，你可以称重一次就找到较轻的那个。称重两枚硬币，较轻的那枚就是假币。如果你称的两枚硬币重量相等，那么第 3 枚硬币就是假币。

如果一共有 9 枚硬币，把它们分成 3 堆。首先比较两堆的重量。如果其中一堆比另一堆轻，轻的一堆中一定有假币。取出轻的一堆 3 枚硬币，重复上述 3 枚硬币称重寻找假币的过程，你会找到假币。如果你选择的两堆硬币重量相同，那么第 3 堆硬币中必然包含假币。再称一下那 3 枚硬币中的任何两枚，总共只需称重两次就能发现假币。

如果你喜欢的话，在网上找找其他的硬币称重问题吧！或者看一看 225 页那个非常棘手的问题。

第 163 页

在调和级数中，先保持 1 和 1/2 不动，将 1/3 和 1/4 归为一组。显然有 1/3 + 1/4 > 1/4 + 1/4 = 1/2。同样地，我们可将级数中接下来的几项归为一组，有 1/5 + 1/6 + 1/7 + 1/8 > 1/8 + 1/8 + 1/8 + 1/8 = 1/2。你可以继续对级数中的项分组，结果是调和级数大于 1 + 1/2 + 1/2 + 1/2 + …，后者显然是发散的，因此调和级数必然发散。

第 176 页

如果你从左上角的马开始，先将其顺时针移动，然后顺时针移动第 2 个马，继续顺时针移动下一个马，16 步之后就会实现目标。

以下是前 5 个步骤，看看你能不能把它做完。

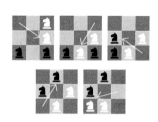

第 177 页

这道题目的解法就是字面意义上的"打破条条框框"：

第 179 页

1 天后，老鼠下降了 1/2 布拉西亚（布），爬回了 1/6 布的高度，总共下降了 1/2 – 1/6 = 2/6 = 1/3（布）。同样地，猫爬升了 3/4 布。它们之间的距离从 60 布开始，由于杨树生长收缩，每天增加 1/4 – 1/8 = 1/8（布）。所以，它们一天总共靠近了 1/3 + 3/4 – 1/8 = 23/24（布），距离变为 60 – 23/24 = 59$\frac{1}{24}$（布）。2 天后它们的距离是 60 – 2 × 23/24 = 58$\frac{2}{24}$（布），3 天后是 60 – 3 × 23/24 = 57$\frac{3}{24}$（布）。

我们可以一直做下去，直到它接近 0，但是我们必须小心。62 天后，它们相距 60 – 62 × 23/24 = 7/12（布）。在第 63 天，它们将靠近 1/2 + 1 – 1/4 = 1$\frac{1}{4}$（布），在晚上前会合。

第 182 页

3	107	5	131	109	311
7	331	193	11	83	41
103	53	71	89	151	199
113	61	97	197	167	31
367	13	173	59	17	37
73	101	127	179	139	47

第 203 页

问题 1

计算沃利斯乘积到 10/11 项，可得 $\pi/2 =$ 1.501…，计算到 12/11 项时，得到 $\pi/2 =$ 1.637…，可知乘积收敛的速度很慢。欲得到 $\pi/2 = 1.5708$ 的近似值（对应于 $\pi =$ 3.1416），你需要将沃利斯乘积的前 16000 项相乘！

问题 2

在 A、B 和 C 都说"不知道"之后，我们知道至少有一个人拥有红绿组合。想想看，如果所有人都是红 - 红或绿 - 绿，A、B 或 C 中一定有一个人只看到一种颜色，他就会知道自己有另外一种颜色的邮票。

当 C 说"不知道"时，我们实际上得到了更多信息。我们可以排除 A 是红 - 红，B 是绿 - 绿（或 A 是绿 - 绿，B 是红 - 红）的情况，因为如果 C 看到，C 就知道自己一定是红 - 绿……否则 A 或 B 就会看到 4 张相同颜色的邮票，并且知道自己邮票的颜色。

同样的道理，在 A 第二次说"不知道"之后，我们可以排除 B 是红 - 红，C 是绿 - 绿（或者 B 是绿 - 绿，C 是红 - 红），因为在这种情况下，A 知道自己是红 - 绿。

如果 A 看到 B 是红 - 红或绿 - 绿，而 C 是红 - 绿呢？那么 A 也知道自己是红 - 绿，因为如果他是绿 - 绿，C 早就知道它们的颜色了。

你可能会注意到，剩下的唯一可能的

场景是 B 为红 - 绿。我们刚刚排除了以下情况：3 个人都是双色；B 及 A 或 C 中的一个是双色；B 是唯一一个有双色的人。

所以当 B 第二次猜的时候，不管 A 和 C 有什么，他都可以肯定地说他有红 - 绿。这就是 4 个否定回答，以及一个 B 的肯定回答可以得出的结论。

第 207 页

$$325 = 1^2 + 18^2 = 6^2 + 17^2 = 10^2 + 15^2$$

第 210 页

问题 1

$1 + 2 + 4 + 8 + 16 = 31$ 是质数，而且 $16 \times 31 = 496$。可以发现 496 是完全数，检验方法是将其所有真因数 1, 2, 4, 8, 16, 31, 62, 124 和 248 相加，结果就是 496。同样地，$1 + 2 + 4 + 8 + 16 + 32 + 64 = 127$ 是质数，$64 \times 127 = 8128$ 是完全数。

问题 2

$2^{16} = 65536$，$2^{17} = 131072$，所以我们可知 $2^{16} \times (2^{17} - 1) = 8589869056$ 是完全数。$2^{18} = 262144$，$2^{19} = 524288$，同理可以产生完全数 137438691328。

第 214 页

你可能已经注意到《辛普森一家》中的第 1 个例子左边是奇数，右边是偶数。如果考虑第 2 个例子中数字的可整除性，你会发现数字 3987 和 4365 可以被 3 整除，但是 4472 不能。这样就省去了计算 4472^{12} 这个 44 位的"怪兽"。考虑到这一集最初播出时大多数人可以使用的技术，由于四舍五入，荷马的公式在任何计算器上看起来都是正确的。

第 217 页

在正方体右侧的八面体有 8 个面、12 条棱和 6 个顶点，最右侧的十二面体有 12 个面、30 条棱和 20 个顶点。对于两者，均有 $F - E + V = 2$。

上方的立体图形有 15 个面、30 条棱和

15 个顶点，所以对于这个非简单多面体，$F - E + V = 0$。

第 222 页

如果计算到下一层，可以得到 π 的近似值为 355/113。

如果计算到更下一层（到 292），得到的近似值为 103993/33102，该近似值精确到了第 9 个小数位！

第 223 页

问题 1

首先易发现 1873432 + 2288168 + 2399057 = 6560657。

这 4 个数两两作差，有以下规律：

$2288168 - 1873432 = 414736 = 644^2$

$2399057 - 1873432 = 525625 = 725^2$

$2399057 - 2288168 = 110889 = 333^2$

$6560657 - 1873432 = 4687225 = 2165^2$

$6560657 - 2288168 = 4272489 = 2067^2$

$6560657 - 2399057 = 4161600 = 2040^2$

问题 2

对于第一列数，前 3 个数的和是第 4 个数，前 3 个数中任意两个数的和是一个完全平方数。对于第 2 列数，任意两个数的差是一个完全平方数，前 3 个数的和（1507984）也是一个完全平方数（1228^2）。如果你同时发现这两个规律，那么你真的很厉害！

第 225 页

以下是一种解决方案。

取 8 枚硬币，在天平的两边各放 4 枚，把另外 4 枚放在桌子上。有两种可能性，要么一边比一边重，要么两边完全一样。让我们来看看这些可能性。

1. 如果一边比另一边重，从较重的一边移走 3 枚硬币，从较轻的一边移走 3 枚硬币，并把 3 枚第一次没有称重的硬币放在较轻的一边。（记住哪些是哪些。）现在可能会发生以下 3 种情况。

a) 第 1 次较重的那一边仍然较重。这意味着要么留在那里的硬币更重，要么留在较轻一侧的硬币更轻。选择仍在较重一侧的硬币，并将其与较重一侧的另一枚硬币进行比较。你很容易就能看出那枚硬币是不是更重。如果不是，留在另一边的硬币会更轻。不管怎样，你已经找到了假币。

b) 第 1 次较重的一边第 2 次较轻。这意味着从较轻的一边到较重的一边的 3 枚硬币中的一枚是较轻的硬币。在第 3 次也是最后一次称硬币的时候，把这两枚硬币称一下：如果一枚较轻，那它就是假币；如果它们平衡，那第 3 枚硬币是轻的假币。

c) 现在双方势均力敌。这意味着从较重的一侧移走的 3 枚硬币中，有一枚是较重的硬币。在第 3 次尝试中，将从移出较重一侧的 3 枚硬币中的两枚相互称一称。如果其中一个更重，那就是假币；如果它们平衡，则第 3 枚硬币是重的假币。

2. 如果你原来的重量是每边 4 枚硬币，两边平衡，那么所有的 8 枚硬币都是一样的，可以放在一边。把剩下的 4 枚硬币中的 3 枚放在天平的一边，将 8 枚相同的硬币中的 3 枚放在另一边。有如下 3 种可能。

a) 你选出的 3 枚新硬币比第 1 次称重时的 3 枚轻。这意味着这 3 枚新硬币中有一枚有问题，而且重量更轻。从这 3 枚硬币中取两枚，把它们放在一起称一称。如果天平倾斜，那么较轻的硬币就是假币。如果这两枚硬币是平衡的，那么你刚刚称过但不在秤上的第 3 枚硬币是假币，它更轻。

b) 剩下的 3 枚硬币更重。进行和上一种完全相同的操作，但这次找到较重的硬币。

c) 称重剩余的 3 枚硬币。在这种情况下，你唯一没有称重的硬币是唯一可能的假币。只要把它和其他 11 枚硬币中的任何一枚进行比较，看看它是重的还是轻的，是假币还是真币。

第 226 页

问题 1

对于以 1 米为半径的圆，半径增加 1 米，圆的周长增加 $2\pi \times (1+1) - 2\pi \times 1 = 4\pi - 2\pi = 2\pi$（米）。对于绕地球赤道一周的绳子，答案或许令人惊讶，要使绳圈的半径增加 1 米，绳子只需要增加 2π 米。为什么？如果 r 是地球的半径（绳子原来的半径），绳子的半径要变为 $(1+r)$，周长的变化为 $2\pi \times (1+r) - 2\pi \times r = 2\pi$。无论半径 r 是多少米，绳子增加的长度都是 2π 米。

问题 2

答案是"元音"。

谜语中的"glass""jet""tin""box""you"的发音中分别包含了元音 [a]、[e]、[i]、[o]、[u]。

第 227 页

使用相关的公式：

1. 100 ℉：$C = (100 - 32) \times 5/9 = 68 \times 5/9 = 37\frac{7}{9}$（℃）（或约 37.8℃）

2. 15℃：$F = 15 \times 9/5 + 32 = 27 + 32 = 59$（℉）

3. 若 $F = C$，则：

$F = (F - 32) \times 5/9$

$9F = 5F - 160$

$4F = -160$

$F = -40$

故 -40 ℉ $= -40$℃

使用近似：

1. 100 ℉：$C = 1/2\,(100 - 30) = 35$（℃）

2. 15℃：$F = 2 \times 15 + 30 = 60$（℉）

3. 若 $F = C$，则 $C = 2C + 30$，解得 -30 ℉ $= -30$℃。所以，当温度更极端（低）时，近似公式的表现就更差。

第 234 页

问题 1

你自己拿 30 枚 1 美元的硬币演示一下，你就会看到错误出在哪里。没有钱消失。客人们总共付了 27 美元；酒店有 25 美元，经理有 2 美元，25 + 2 = 27（美元）。同样，客人们一开始付了 30 美元，然后拿回了 3 美元，实付 27 美元。将 27 美元和 2 美元相加是一个无关紧要的误导，刚好接近 30 美元，看起来就像是发生了什么"奇迹"。

问题 2

这些数是：7, 15, 23, 28, 31, 39, 47, 55, 60, 63, 71, 79, 87, 92, 95。

将 $23 = 3^2 + 3^2 + 2^2 + 1^2$ 简写成 23 : (3, 3, 2, 1) 的形式，有：

7: (2, 1, 1, 1)

15: (3, 2, 1, 1)

23: (3, 3, 2, 1)

28: (3, 3, 3, 1)

31: (5, 2, 1, 1)

39: (6, 1, 1, 1)

47: (6, 3, 1, 1)

55: (7, 2, 1, 1)

60: (7, 3, 1, 1)

63: (7, 3, 2, 1)

71: (6, 5, 3, 1)

79: (7, 5, 2, 1)

87: (9, 2, 1, 1)

92: (9, 3, 1, 1)

95: (9, 3, 2, 1)

第 237 页

问题 1

$23 = 8 + 8 + 1 + 1 + 1 + 1 + 1 + 1 + 1$。23 之前的所有整数都可以用不超过 8 个立方数之和表示。

问题 2

$8042 = 2^3 + 3^3 + 5^3 + 8^3 + 9^3 + 12^3 + 17^3$。

第 240 页

前 10 个三角形数是：1, 3, 6, 10, 15, 21, 28, 36, 45, 55。

$19 = 1 + 3 + 15 = 3 + 6 + 10$

$25 = 10 + 15 = 1 + 3 + 21$

$60 = 15 + 45 = 3 + 21 + 36$

$62 = 1 + 6 + 55$

第 244 页

相关的年份是：

1811（2 × 1811 + 1 = 3623 是质数）

1889（2 × 1889 + 1 = 3779 是质数）

1901（2 × 1901 + 1 = 3803 是质数）

第 257 页

第 258 页

摆出的是"4"，4是2的平方。（译者注：原文题目要求移动一根火柴，将图案变为"square"，由于"square"既有"正方形"又有"平方"之意，答案利用了这个双关，摆出了一个平方数。事实上，无法通过只移动一根火柴就变成正方形。）

第 262 页

约翰先把礼物放在一个盒子里，用挂锁把盒子锁上。当珊莎收到盒子时，她再给盒子上自己的挂锁，然后把加双重锁的盒子寄回去。约翰收到盒子后可以取下他自己的挂锁，然后把盒子寄还给珊莎。现在盒子上只有珊莎的挂锁，她可以打开挂锁，拿到自己的礼物。

第 263 页

如果先尝试20个储物柜的问题，你会发现只有第1、4、9和16个储物柜是打开的。为什么？如果储物柜序号有奇数个因数（包括1和其自身），那储物柜就会一直开着。例如，16有5个因数，所以对于第1、2、4、8和16名学生，第16个储物柜的状态变化将是：打开（1）、关闭（2）、打开（4）、关闭（8）和打开（16）。而18有6个因数，所以第18个储物柜的状态变化将是：打开（1）、关闭（2）、打开（3）、关闭（6）、打开（9）、关闭（18）。你应该能够看到，有奇数个因数的数字是平方数，所以储物柜1、4、9、16……最后是打开的。由于 10000 = 100²，所以最后有100个开着的储物柜。

第 273 页

113 和 127 之间的间隔（14）是第一个大于 10 的质数间隔。139 和 149 之间的间隔是第一个正好为 10 的质数间隔。质数 199 和 211 相差 12，同样，质数 211 和 223 也相差 12。

第 274 页

不能，如果不把一条管线"射向天空"或使用类似的要赖方法是做不到的。说到要赖，既然你已经使用那个著名的谜题让数学课上的同学们头晕目眩，为什么不拿出这个解答让他们大吃一惊呢！

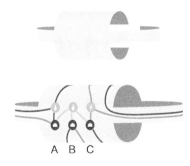

A B C

只要你生活在一个形状不同的地球上，你就可以"不作弊"地解开这个谜题！数学家称这个曲面为环面，你可以在第 217 页上看到这样一个曲面的例子。

第 279 页

将重物放下去。将儿子放下去，把重物拉上来。将女儿送下去，把儿子拉上来。女儿出来待在下面，重物再次放下去。王后下去，女儿和重物上来。女儿走出来，将重物放回篮子，重物回到下面。儿子进篮子又下去，重物上来。儿子待在篮子里，女儿下去，儿子上来。重物又下去。儿子下去，重物又上来。儿子出来了，他们退后一步，这样重物就不会砸到他们。

第 282 页

问题 1

事实上，你总是可以把 31 张多米诺骨牌放在每种颜色格去掉一个方块的棋盘上。看我们在图上画的红色线条。从一个 × 到另一个 × 的每条路径都以不同颜色的方块开始和结束，所以很容易被多米诺骨牌覆盖。这两条路覆盖了整个棋盘！

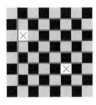

问题 2

是可以的。将 8×8 的棋盘分割成 4×4 的几块，对任意一个缺少一个方块的 4×4 的板块，都可以用 5 个 L 型骨牌铺满，如图所示：

接着将一个 L 型骨牌放置于 8×8 棋盘的中央，如此使其余 3 块 4×4 的板块都遮住一角上的方块，相当于 3 个 4×4 的板块各自去掉了一个小方块，按照上述解答，它们都可以用 5 块 L 型骨牌铺满。因此可以实现。

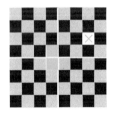

第 288 页

德国人养鱼。

第 300 页

下面是一种可能的排列：

A1 B2 C3 D4
B4 A3 D2 C1
C2 D1 A4 B3
D3 C4 B1 A2

第 314 页

令人惊讶的是，答案是第 100 个人有 50% 的机会得到正确的座位。将乘客分别记为 P_1、P_2 直到 P_{100}，他们正确的座位分别记为 S_1、S_2 直到 S_{100}。在登机过程的某个阶段，乘客 P_n 会首先选择 S_1 和 S_{100} 中的一个。不管乘客是谁，在他做出选择之后，

所有直到 P_{99} 的剩余乘客将选择他们正确的座位。P_{100} 只能选择 P_n 剩下的 S_1 和 S_{100} 中的一个。但是 P_n 在 S_1 和 S_{100} 之间做的选择是随机的，所以 P_{100} 选到 S_1 和 S_{100} 的概率都是 1/2。

第 315 页

第 319 页

（c）多项选择测试。

第 349 页

$145 = 1! + 4! + 5!$

除了 $1 = 1!$ 和 $2 = 2!$ 的情况，十进制的阶乘数只有 145 和 40585。

第 352 页

费曼是怎么做到的？首先，很幸运服务员选择了 1729.03，它接近 12^3 (1728)。

其次，费曼足够聪明，知道微积分中一个著名的等式，即"泰勒公式"，这并不是靠幸运。这是一种非常通用的近似方法，它允许你由一个精确的等式得到一个近似等式。天才！这个故事的寓意是，运算速度快是一个方便的技巧，但"通晓"数字完全是另一回事。

第 354 页

$153 = 1 + 125 + 27 = 1^3 + 5^3 + 3^3$。

其他 3 个 3 位的阿姆斯特朗数是：

$370 = 27 + 343 + 0 = 3^3 + 7^3 + 0^3$
$371 = 27 + 343 + 1 = 3^3 + 7^3 + 1^3$
$407 = 64 + 0 + 343 = 4^3 + 0^3 + 7^3$

第 365 页

$588^2 + 2353^2 = 5882353$。

对了，5882353 是质数！

第 372 页

（A）是。一个已婚的人在看一个未婚的人！如果安妮结婚了，她会看着未婚的乔治。如果安妮未婚，已婚的杰克会看着她。

第 373 页

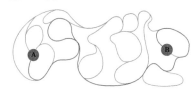

第 376 页

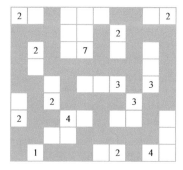

第 378 页

如果你决定改变你的选择，你赢得一辆车的概率加倍！

要解释这一点，请考虑不同的可能场景。如果你的第一个选择是汽车，那么改变选择肯定会让你选中一只山羊。另一方面，如果你的第一个选择是一只山羊，主持人打开了藏有另一只山羊的那扇门，这

pg425

意味着换一扇门就能保证你选到车。

第一次选择，你只有 1/3 的概率选中汽车，但却有 2/3 的概率选中山羊。因此，如果在第一次选择后更改选择，赢得汽车的概率变成了 2/3；坚持第一次的选择，赢得汽车的概率为 1/3。

第 379 页

一个聪明的办法是：沿着顶部切开圆柱体，然后"展开"它。

你将得到一个矩形，长 12 厘米，宽 4 厘米（原来圆柱体的底面周长）。这条绳子现在在矩形上变成了 4 条斜线：

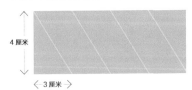

4 厘米

< 3 厘米 >

如果矩形长 12 厘米，绳子分成 4 等份，它必须每隔 3 厘米与矩形的底边相交。根据勾股定理，每条斜线都是 5 厘米长（记住 $a^2 + b^2 = c^2$，这里是 $3^2 + 4^2 = 25 = 5^2$）。所以绳子总共有 20 厘米长。

如果你不明白，不要惊慌。1995 年，国际能源署（IEA）出了这道烧脑题来考核 16 名拥有国家顶尖数学水平的学生的能力。他们认为这可能是他们遇到的最难的问题！

第 389 页

都不是（回文质数）。只需要略施计算，可知 $1001 = 7 \times 143$，而其他数都是 1001 的倍数。

第 390 页

澳大利亚日期的记法为：日 / 月 / 年。日、月、年 3 个数除了满足勾股数条件外，还需满足：日 < 月 < 年。因此 21 世纪的"毕达哥拉斯日"只有 3 个，且都已过去，除书中已提到的 2005 年 4 月 3 日（3/04/05），还有 2010 年 8 月 6 日（6/08/10）和 2013 年 12 月 5 日（5/12/13）。但在美国，日期的记法为：月 / 日 / 年，"毕达哥拉斯日"也就更多了，比如：

2017 年 8 月 15 日，$8^2 + 15^2 = 17^2$；

2020 年 12 月 16 日，$12^2 + 16^2 = 20^2$；

2025 年 7 月 24 日，$7^2 + 24^2 = 25^2$。

第 406 页

26 个数字表示字母表中的字母。为什么只有第 23 个字母 (W) 对应数字 3，而其他字母都对应 1？

因为其他字母都只有一个音节，而 W 有 3 个音节。